Miguel Ángel González Martínez
María José Bañuls Polo

Química orgánica básica para áreas afines a las ciencias de la vida

Ejercicios y cuestiones

edUPV

Universitat Politècnica de València

Colección *Académica* http://tiny.cc/edUPV_aca

Para referenciar esta publicación utilice la siguiente cita:
González Martínez, Miguel Ángel y Bañuls Polo, María José (2026). *Química orgánica básica para áreas afines a las ciencias de la vida. Ejercicios y cuestiones.* edUPV

ISBN: 978-84-1396-369-3
Depósito Legal: V-232-2026

Imprime: Byprint Percom, S. L.

Si el lector detecta algún error en el libro o bien quiere contactar con los autores, puede enviar un correo a edicion@editorial.upv.es

edUPV se compromete con la ecoimpresión y utiliza papeles de proveedores que cumplen con los estándares de sostenibilidad medioambiental https://editorialupv.webs.upv.es/compromiso-medioambiental/

Impreso en España

Prólogo

Este libro se ha concebido para el alumnado que cursa una asignatura de Química Orgánica General, durante los primeros cursos de un grado universitario, de cualquier titulación relacionada con las ciencias de la vida y afines que contenga esta asignatura en su *curriculum.* El enfoque que se ha dado al mismo lo hace adecuado para titulaciones en las que la química orgánica es fundamental para la comprensión a nivel molecular de las interacciones que se establecen en el ámbito biológico (estructuras y modificaciones de las proteínas, rutas metabólicas, etc.), y no profundiza en otros aspectos de la química orgánica puramente sintética o industrial. De este modo, el libro se puede utilizar como texto complementario de trabajo en titulaciones que incluyen no solo Química, sino también Biología, Bioquímica, Biotecnología, Ingeniería Agronómica, Ingeniería Biomédica, Ciencia y Tecnología de los Alimentos, Nutrición y Bromatología, y Farmacia.

Puesto que esta disciplina de conocimiento es eminentemente práctica, el libro pretende revisar todos estos conceptos básicos a través del planteamiento de ejercicios y cuestiones teórico-prácticas.

El libro está estructurado en seis capítulos más uno introductorio de revisión de conceptos previos. Dicho capítulo introductorio está planteado para que el estudiante revise todos aquellos conceptos de química orgánica aprendidos durante la formación preuniversitaria, incluyendo formulación orgánica, teoría general del enlace covalente e isomería, que sirven de partida para los capítulos siguientes.

El primero capítulo aborda aspectos generales de la química orgánica y puede considerar en parte como una extensión del capítulo introductorio. No obstante, se introducen conceptos generales de química orgánica que no existen en los cursos preuniversitarios, o bien aparecen de modo superficial. Ejemplos de estos conceptos son el efecto inductivo, la resonancia, o la nucleofilia/electrofilia. Se trata de un capítulo de máxima importancia para el estudiante, ya que todos los conceptos que aparecen en el mismo, y sus interrelaciones, son la base de las propiedades físicas y químicas de las familias de los compuestos orgánicos, por lo que es fundamental haber asimilado este capítulo en su totalidad para poder abordar los siguientes, especialmente a partir del capítulo tercero.

El capítulo segundo analiza en profundidad el concepto de isomería en química orgánica, y las consecuencias que de él se deriva, principalmente en cuanto a la estructura tridimensional de las moléculas orgánicas y la forma de representarlas. Se trata también de un capítulo clave, ya que permite desarrollar la visión tridimensional del estudiante, asimilar la base del reconocimiento molecular por parte de las biomoléculas, y comprender fenómenos que se abordarán en los capítulos siguientes de química orgánica descriptiva y reactividad.

Los siguientes capítulos abordan la descriptiva de los grupos funcionales y las familias de compuestos orgánicos. Están centrados en las familias de mayor importancia desde el punto de vista de la química orgánica aplicada a las ciencias de la vida, sin entrar en otros grupos funcionales que, indudablemente, tienen gran importancia, pero ésta es más relativa a la síntesis orgánica o a la química industrial. Esta parte se ha estructurado en tres capítulos: el primero desarrolla la química de los hidrocarburos, desde los más sencillos hasta los complejos; el segundo está dedicado a compuestos orgánicos que poseen grupos funcionales con enlaces sencillos, principalmente compuestos halogenados, alcoholes y aminas; y el tercero aborda los grupos funcionales con enlaces múltiples, principalmente compuestos carbonílicos, ácidos carboxílicos y sus derivados más importantes.

Finalmente, el último capítulo recopila ejercicios y cuestiones que implican conceptos de todo lo anterior, y que se proponen como una colección de ejercicios de autoevaluación.

Cada uno de los capítulos de esta obra comprende varios subapartados, y para cada uno de ellos se ha incluido una pequeña introducción con los objetivos de aprendizaje, un esquema de los conceptos teóricos a utilizar en la resolución de los ejercicios, algunos ejemplos de estrategia de resolución de ejercicios tipo –identificados en el texto como "ejercicio resuelto"–, y una colección de ejercicios a resolver por el alumnado. Asimismo, al final de cada capítulo, se proporcionan las soluciones finales de todos los ejercicios propuestos.

La selección de cuestiones y ejercicios se ha realizado con el criterio de garantizar que el alumnado capaz de resolver con fluidez las cuestiones y problemas que aquí se plantean, posee sobradamente las bases de química orgánica que necesitará en el futuro en su campo de trabajo.

Valencia, enero de 2026

Índice

Revisión de conceptos

Introducción

En este capítulo inicial se revisan conceptos básicos de química orgánica pertenecientes al *curriculum* de la asignatura de Química del curso preuniversitario. Estos conceptos son los siguientes:

- La química del carbono. Fórmulas empíricas, moleculares y estructurales. Cálculos estequiométricos.

- Grupos funcionales y familias de compuestos orgánicos.

- Formulación y nomenclatura.

- Teoría general del enlace covalente. Estructuras electrónicas de Lewis.

- Hibridación y geometría.

- Introducción a la isomería. Isomería estructural. Isomería geométrica *cis-trans*. El carbono asimétrico.

Todos estos contenidos pertenecen al *curriculum* habitual de las asignaturas de Química que se cursan en el Bachillerato. Se introducen aquí para establecer una base de partida para el estudio de los capítulos subsiguientes, y que los estudiantes que aborden el presente libro de ejercicios hayan realizado previamente la misma puesta en común.

La bibliografía de consulta para abordar estos temas incluye, además de los textos de Química de segundo curso de Bachillerato, libros de Química General de primer curso universitario, en los que se incluyen capítulos de teoría del enlace covalente y de introducción a la química orgánica. A modo de ejemplo se recomiendan los siguientes:

- Petrucci, R.H. y Harwood, W.S. *Química General. Principios y aplicaciones modernas.* Prentice Hall. Capítulos 11, 12 y 27.

- Chang, R. *Química*. McGrawHill. Capítulos 9, 10 y 24.

Ejercicios y cuestiones

1. Representar y nombrar todas las estructuras posibles de los alcanos y cicloalcanos con 4 átomos de carbono.

2. Representar y nombrar todas las estructuras posibles de hidrocarburos no cíclicos, saturados e insaturados, con 3 átomos de carbono.

3. La fórmula molecular general de los alcanos es C_nH_{2n+2}. Indicar la fórmula general de los cicloalcanos de un solo anillo, así como la de los alquenos con un único doble enlace y la de los alquinos con un único triple enlace.

4. Representar y nombrar la fórmula estructural de todos los cicloalcanos cuya fórmula molecular es C_5H_{10}. Hacer lo mismo para los alquenos con la misma fórmula molecular.

5. Un alqueno de fórmula C_6H_{12} tiene todos los átomos de hidrógeno iguales. Representarlo y nombrarlo.

6. Escribir la fórmula estructural de un alcohol, un aldehído y un ácido derivados del pentano y del hexano.

7. Nombrar los siguientes compuestos:

a)

b)

c)

d)

e)

f) $H_3C-CH=CH-CH_2Br$

g) $H_2C=CH-CH=CH_2$

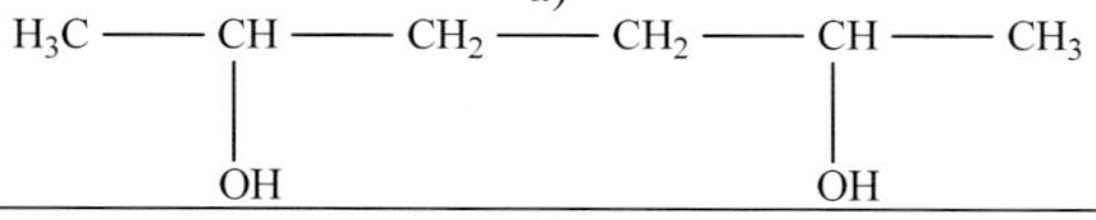

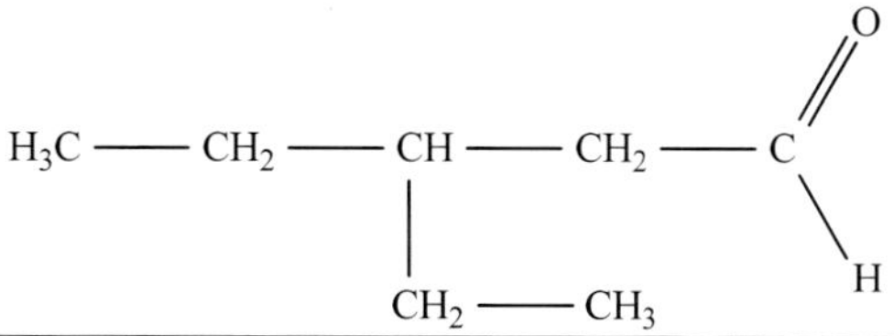

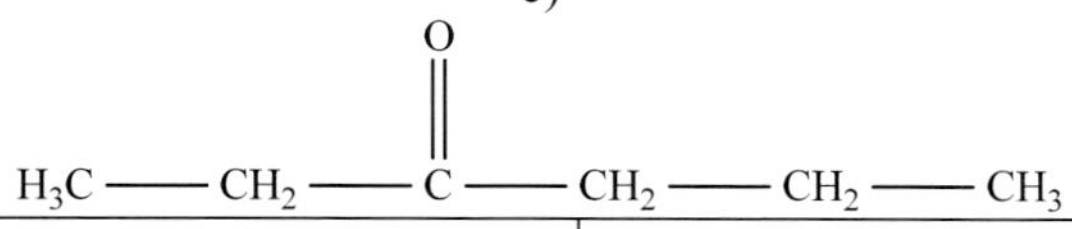

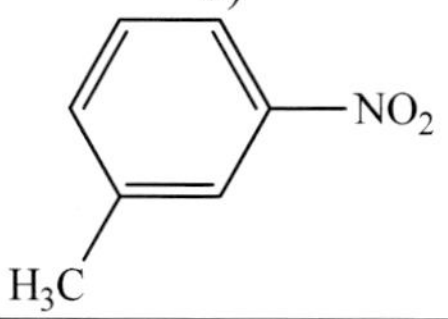

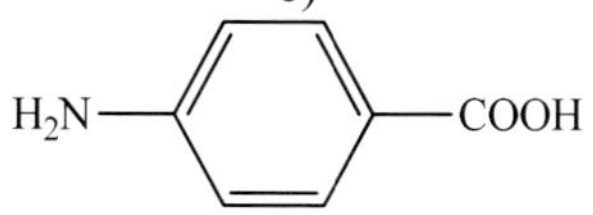

8. Indicar, para todos los átomos de carbono de la siguiente molécula, si se trata de carbono primario, secundario o terciario.

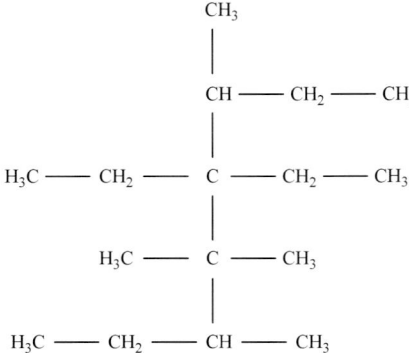

9. Dadas las siguientes moléculas, indicar cuáles de los grupos funcionales o estructuras que aparecen en la lista están presentes en cada una de ellas:

a) aldehído	b) alqueno *cis*	c) éster	d) imina
e) amina	f) fenol	g) amida	h) alquino
i) nitrilo	j) haluro	k) cetona	l) éter
m) alcohol	n) alqueno *trans*	o) anillo aromático	

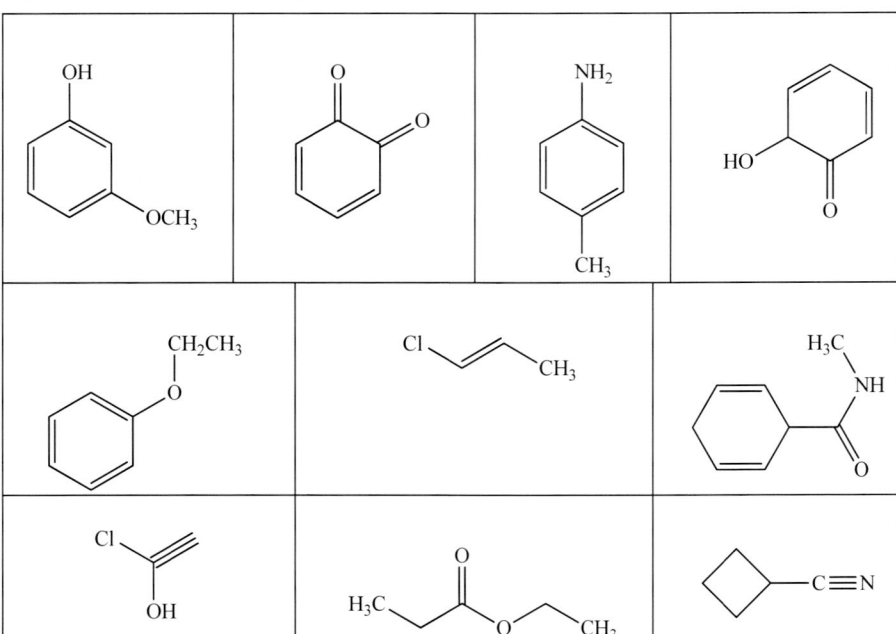

10. Dibujar las estructuras de Lewis del etano $H_3C\text{-}CH_3$, etileno $H_2C\text{=}CH_2$, metanol H_3COH, metanal HCHO, propanona $H_3C\text{-}CO\text{-}CH_3$, ácido metanoico o fórmico HCOOH y dimetilamina $H_3C\text{-}NH\text{-}CH_3$, indicando la geometría molecular. Consultar los números atómicos de los elementos en la tabla periódica.

11. Utilizando datos de la tabla periódica, ordenar los siguientes enlaces en orden decreciente de polaridad.

   a) N-H

   b) N-C

   c) N-Cl

   d) N-O

   e) N-N

   f) N-S

12. En los cuatro compuestos representados:

   O_2 H_2O_2 H_2O O_3

   a) ¿Qué átomos de oxígeno presentan hibridación sp^3?

   b) ¿Cuántos pares de electrones no compartidos tienen todos los átomos de oxígeno?

   c) ¿Qué forma tienen el ozono, el agua y el agua oxigenada?

   d) ¿Son iguales los dos enlaces de la molécula de ozono?

13. En los tres compuestos representados:

   $H_2N\text{-}NH_2$ (diazano o hidrazina) $HN\text{=}NH$ (diazeno o diimida) $N\text{≡}N$

   a) ¿Cuál es el que tiene el enlace nitrógeno-nitrógeno más largo?

   b) ¿Cuál es el que tiene el enlace nitrógeno-nitrógeno más corto?

   c) ¿En qué caso los dos nitrógenos son sp^3?

   d) ¿Qué forma tienen las dos moléculas con hidrógeno?

   e) ¿En qué caso los nitrógenos presentan un par de electrones no compartido?

14. Formular y nombrar tres compuestos que contienen tres átomos de carbono, uno de oxígeno y suficientes de hidrógeno para que no haya ningún doble enlace.

15. Escribir las fórmulas estructurales de todos los hidrocarburos con una insaturación cuya masa molecular sea de 56.

16. Formular y nombrar tres isómeros estructurales del 1-hexanol.

17. Formular y nombrar 3 isómeros estructurales de la 3-hexanona.

18. Dibujar los distintos isómeros *cis-trans* del 1,2-dicloroetileno y del 2-buteno.

19. Escribir la fórmula estructural del tolueno, la anilina y el *o*-xileno.

20. Escribir la fórmula estructural del etanoato de etilo, etanoato de propilo, propanoato de metilo, propanoato de etilo, metanoato de butilo y butanoato de metilo, indicando cuáles de todos ellos son isómeros entre sí.

21. Formular y nombrar los productos de oxidación sucesivos del 1-pentanol, del 2-pentanol y del 3-pentanol.

22. Indicar cuáles de los siguientes compuestos tiene algún carbono asimétrico y señalarlo.

   a) $H_3C-CHOH-CH_2-CH_2-CHOH-CH_3$

   b) $H_3C-CH_2-CH(CH_2CH_3)-CH_2-CHO$

   c) $H_3C-CH_2-CO-CH_2-CH_2-CH_3$

   d) $H_3C-CH=CH-CH_3$

   e) $H_3C-CH_2-CH(CH_3)-CH_2-CHO$

   f) $H_3C-CHOH-C_6H_5$

   g) $H_3C-CHOH-CH_2-CHOH-CH_2-CHOH-CH_3$

   h) $CH_2OH-CHOH-CH_2OH$ (glicerina)

   i) $HOOC-CHOH-CHOH-COOH$ (ácido tartárico)

   j) $HOOC-CHOH-CHOH-CHOH-COOH$

23. Indicar el número de insaturaciones de los compuestos correspondientes a las siguientes fórmulas moleculares y representar dos isómeros de cada uno de ellos.

   a) C_5H_8O

   b) $C_7H_{10}O_3$

   c) C_5H_9ON

   d) $C_{11}H_{15}O_3N$

24. Un hidrocarburo gaseoso tiene un 81,82 % de carbono. Sabiendo que un litro de este gas a 0 °C y 1 atmósfera de presión tiene una masa de 1,966 g, determinar la fórmula empírica y molecular del hidrocarburo.

   Datos: masas atómicas relativas: H = 1,0; C =12,0. $R = 0,082$ atm L mol^{-1} K^{-1}

25. Una muestra de 116 mg de un compuesto constituido por C, H y O, originó en su combustión 264 mg de CO_2 y 108 mg de H_2O. Determinar la fórmula empírica.

   Datos: masas atómicas relativas: H = 1,0; C =12,0; O =6

26. Un hidrocarburo gaseoso tiene un 82,7 % de carbono. Su densidad a 25 °C y 755 mmHg es de 2,36 g L^{-1}. Determinar su fórmula molecular e indicar el número de insaturaciones que contiene.

   Datos: masas atómicas relativas: H = 1,0; C =12,0. $R = 0,082$ atm L mol^{-1} K^{-1}. 1 atm = 760 mmHg

Soluciones a los ejercicios propuestos

1.

butano	isobutano o metilpropano
H_3C —— CH_2 —— CH_2 —— CH_3	CH_3 | H_3C —— CH —— CH_3
ciclobutano CH_2 —— CH_2 | | CH_2 —— CH_2	metilciclopropano CH_2 | $\diagdown$ $>$ HC —— CH_3 CH_2

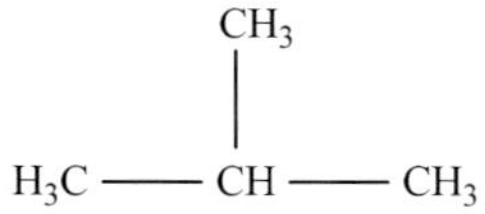

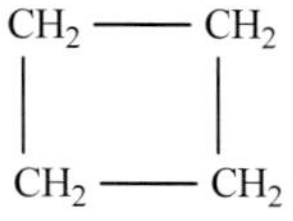

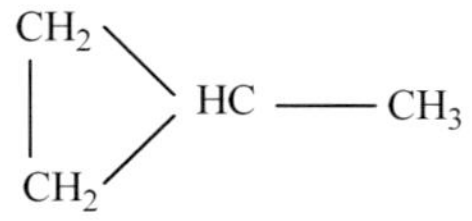

2.

propano $H_3C\text{-}CH_2\text{-}CH_3$	propeno o propileno $H_3C\text{-}CH=CH_2$	propadieno $H_2C=C=CH_2$	propino $H_3C\text{-}C\equiv CH$

3. Cicloalcanos monociclo C_nH_{2n}; Alquenos C_nH_{2n}; Alquinos C_nH_{2n-2}

4.

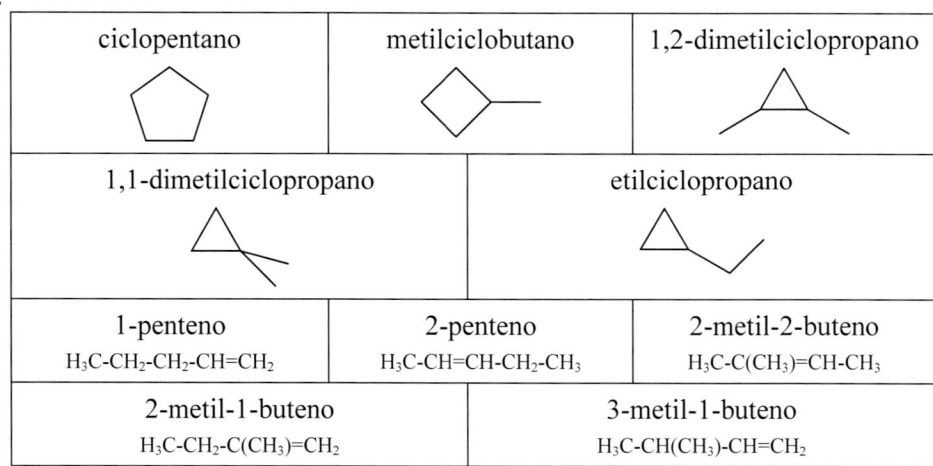

ciclopentano	metilciclobutano	1,2-dimetilciclopropano

1,1-dimetilciclopropano	etilciclopropano

1-penteno $H_3C\text{-}CH_2\text{-}CH_2\text{-}CH=CH_2$	2-penteno $H_3C\text{-}CH=CH\text{-}CH_2\text{-}CH_3$	2-metil-2-buteno $H_3C\text{-}C(CH_3)=CH\text{-}CH_3$
2-metil-1-buteno $H_3C\text{-}CH_2\text{-}C(CH_3)=CH_2$		3-metil-1-buteno $H_3C\text{-}CH(CH_3)\text{-}CH=CH_2$

5. $(H_3C)_2C=C(CH_3)_2$ 2,3-dimetil-2-buteno

6. Derivados del pentano: $H_3C-CH_2-CH_2-CH_2-CH_2OH$ 1-pentanol (p. ej.)

                                  $H_3C-CH_2-CH_2-CH_2-CHO$ pentanal

                                    $H_3C-CH_2-CH_2-CH_2-COOH$ ácido pentanoico

     Derivados del hexano: $H_3C-CH_2-CH_2-CH_2-CH_2-CH_2OH$ 1-hexanol (p. ej.)

                                    $H_3C-CH_2-CH_2-CH_2-CH_2-CHO$ hexanal

                                    $H_3C-CH_2-CH_2-CH_2-CH_2-COOH$ ácido hexanoico

7. a)   2,5-hexanodiol

     b)   3-etilpentanal

     c)   3-hexanona

     d)   *meta*-nitrotolueno

     e)   ácido *para*-aminobenzoico

     f)   1-bromo-2-buteno

     g) 1,3-butadieno

8.

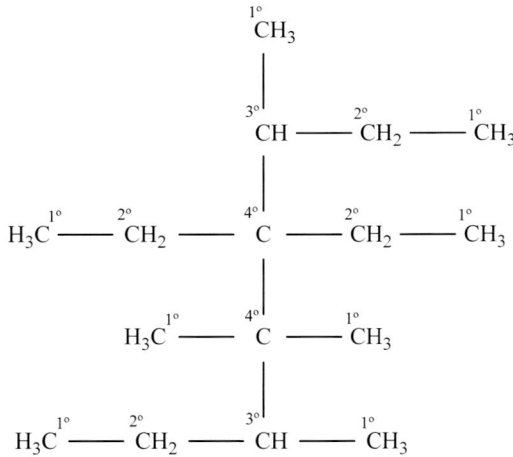

9.

f, l y o 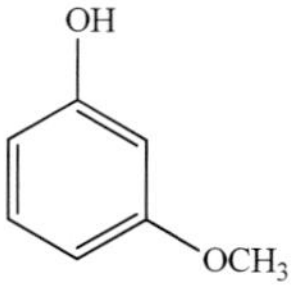	b y k 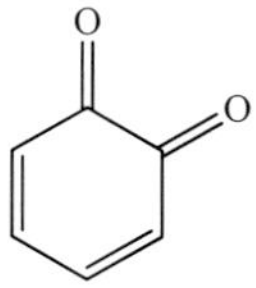	e y o 	b, k y m 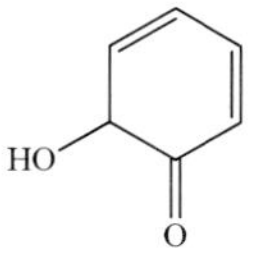
OH ... OCH₃	O ... O	NH₂ ... CH₃	HO ... O

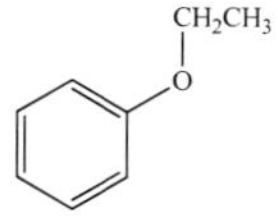

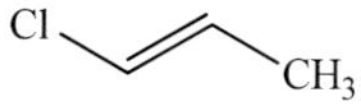

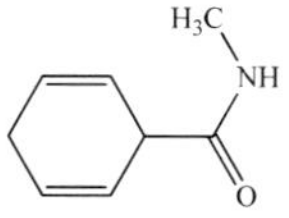

	j y n		
CH₂CH₃ ... O	Cl ... CH₃		H₃C ... NH ... O

l y o h, j y m 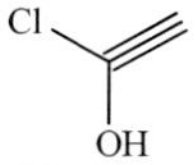	c 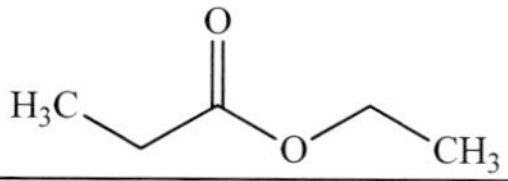	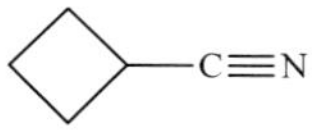 b y g i
Cl ... OH	H₃C ... O ... O ... CH₃	▢—C≡N

10. Cada par de electrones, sean de enlace o no, se representa mediante una línea.

etano	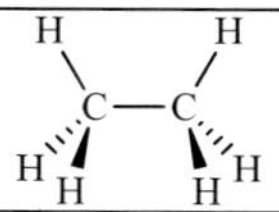 (estructura)	carbono tetraédrico
etileno	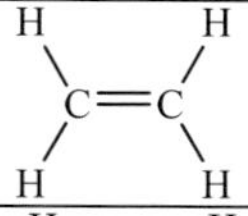 (estructura)	molécula plana, ángulos 120°
metanol	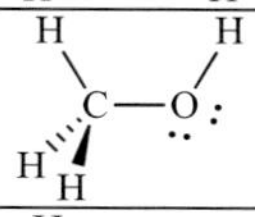 (estructura)	angular en el oxígeno
metanal	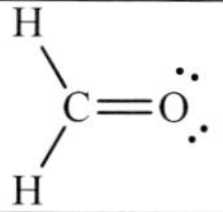 (estructura)	molécula plana, ángulos 120°
propanona	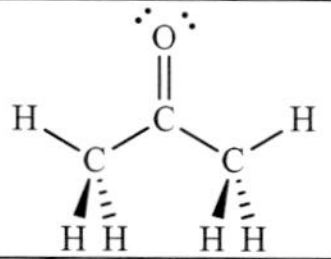 (estructura)	plana en el centro
ácido fórmico	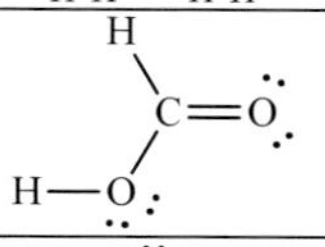 (estructura)	plana en C, angular en OH
dimetilamina	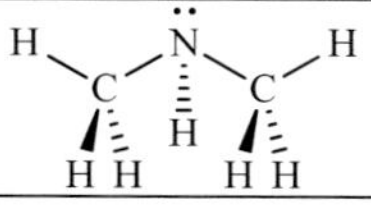 (estructura)	pirámide trigonal en el N

11. N-H > N-CO > N-S > N-O > N-Cl > N-N

12. a) Los de las moléculas de H_2O y de H_2O_2, así como uno de los dos átomos laterales del ozono.

b) En las moléculas de O_2, H_2O_2 y H_2O, los átomos de O tienen dos pares de electrones no compartidos. En la molécula de O_3, el átomo de O central tiene solamente un par de electrones no compartido, pues el otro está cedido a uno de los átomos de O laterales, que a su vez tiene sus tres pares de electrones no compartidos.

c) Ver figura. El ozono tiene forma angular, con ángulo algo menor de 120°. La molécula de H_2O es también angular, con ángulo algo menor de 109°, mientras que la molécula de H_2O_2 es plana angular (*transoide*).

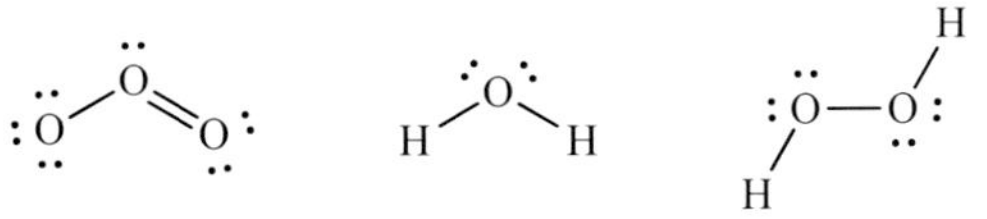

d) Realmente los dos enlaces son iguales, ya que el ozono es un híbrido de resonancia de dos formas canónicas principales:

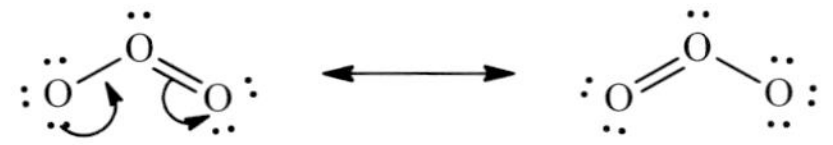

13. a) H_2N-NH_2

b) $N\equiv N$

c) H_2N-NH_2

d) La hidrazina tiene forma aproximada de "silla de montar", mientras que la diimida es plana angular (*transoide*), como se muestra en la figura:

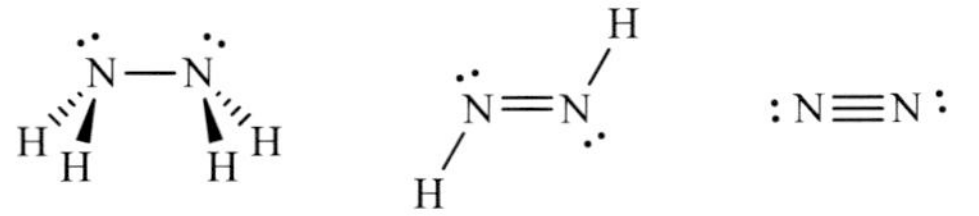

e) En todos los casos, los nitrógenos tienen un par de electrones no compartido, tal como se muestra en la figura anterior.

14. Tres ejemplos propuestos (hay más posibilidades) son los siguientes:

CH_3-CH_2-CH_2OH	1-propanol
CH_3-$CHOH$-CH_3	2-propanol
CH_3-CH_2-O-CH_3	etilmetiléter

15. Fórmula molecular del hidrocarburo: C_4H_8. Las estructuras posibles son:

    H_3C-CH_2-CH=CH_2 1-buteno

    H_3C-CH=CH-CH_3 2-buteno

ciclobutano	metilpropeno	metilciclopropano
CH_2——CH_2 $\vert$ $\vert$ CH_2——CH_2	H_3C C=CH_2 H_3C	CH_2 $\vert$ HC——CH_3 CH_2

16. Tres ejemplos propuestos (hay más posibilidades) son los siguientes:

    H_3C-CH_2-CH_2-CH_2-$CHOH$-CH_3 2-hexanol

    H_3C-CH_2-CH_2-O-CH_2-CH_2-CH_3 dipropiléter

    H_3C-$CH(CH_3)$-CH_2-$CHOH$-CH_3 4-metil-2-pentanol

17. Tres ejemplos propuestos (hay más posibilidades) son los siguientes:

    H_3C-CH_2-CH_2-CH_2-CH_2-CHO hexanal

    H_3C-CH_2-CH_2-CH_2-O-CH=CH_2 butileteniléter

    H_3C-CH_2-CH=CH-$CHOH$-CH_3 3-hexen-2-ol

18.

cis-1,2-dicloroetileno	*trans*-1,2-dicloroetileno

Cl Cl
   C=C
H H
	Cl H
	   C=C
	H Cl

cis-2-buteno	*trans*-2-buteno

H_3C CH_3
   C=C
H H
	H_3C H
	   C=C
	H CH_3

19.

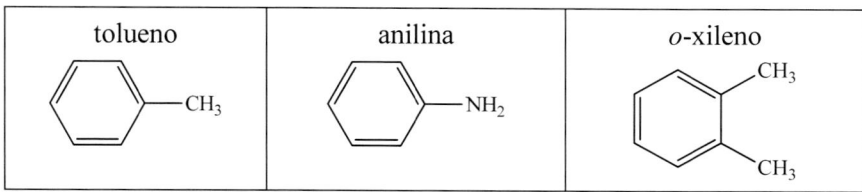

tolueno	anilina	*o*-xileno

20.

etanoato de etilo	etanoato de propilo	propanoato de metilo
H_3C-COO-CH_2-CH_3	H_3C-COO-CH_2-CH_2-CH_3	H_3C-CH_2-COO-CH_3
propanoato de etilo	metanoato de butilo	butanoato de metilo
H_3C-CH_2-COO-CH_2-CH_3	HCOO-CH_2-CH_2-CH_2-CH_3	H_3C-CH_2-CH_2-COO-CH_3

Son isómeros entre sí: acetato de etilo y propanoato de metilo
acetato de propilo, propanoato de etilo, formiato de butilo y butanoato de metilo

21. 1-pentanol H_3C-CH_2-CH_2-CH_2-CH_2OH → pentanal H_3C-CH_2-CH_2-CH_2-CHO
pentanal H_3C-CH_2-CH_2-CH_2-CHO → ácido pentanoico H_3C-CH_2-CH_2-CH_2-COOH
2-pentanol H_3C-CH_2-CH_2-CHOH-CH_3 → 2-pentanona H_3C-CH_2-CH_2-CO-CH_3
3-pentanol H_3C-CH_2-CHOH-CH_2-CH_3 → 3-pentanona H_3C-CH_2-CO-CH_2-CH_3

22. Los carbonos asimétricos se señalan en negrita cursiva y con efecto subrayado
   a) H_3C-*C*HOH-CH_2-CH_2-*C*HOH-CH_3
   b) H_3C-CH_2-CH(CH_2CH_3)-CH_2-CHO
   c) H_3C-CH_2-CO-CH_2-CH_2-CH_3
   d) H_3C-CH=CH-CH_3
   e) H_3C-CH_2-*C*H(CH_3)-CH_2-CHO
   f) H_3C-*C*HOH-C_6H_5
   g) H_3C-*C*HOH-CH_2-CHOH-CH_2-*C*HOH-CH_3
   h) CH_2OH-CHOH-CH_2OH (glicerina)
   i) HOOC-*C*HOH-*C*HOH-COOH (ácido tartárico)
   j) HOOC-*C*HOH-CHOH-*C*HOH-COOH

23. El número de insaturaciones de una molécula orgánica se puede calcular a partir de la fórmula molecular $C_CH_HO_ON_NX_X$ mediante la siguiente fórmula:

$$N^o\ insaturaciones = C + 1 - \frac{H + X - N}{2}$$

   a) C_5H_8O, 2 insaturaciones. Dos isómeros propuestos (hay más posibilidades) son:
       H_3C-CH=CH-CH_2-CHO   y H_2C=CH-CHOH-CH=CH_2
   b) $C_7H_{10}O_3$, 3 insaturaciones. Dos isómeros propuestos (hay más posibilidades) son:
       H_3C-CH=CH-CO-CH_2-CH_2-COOH y H_3C-C≡C-CH_2-CHOH-CH_2-COOH

c) C_5H_9ON, 2 insaturaciones. Dos isómeros propuestos (hay más posibilidades) son:

$H_3C\text{-}CHOH\text{-}CH_2\text{-}CH_2\text{-}C\equiv N$ y $H_2C\text{=}CH\text{-}CH_2\text{-}NH\text{-}CH_2\text{-}CHO$

d) $C_{11}H_{15}O_3N$, 5 insaturaciones. Dos isómeros propuestos (hay más posibilidades) son:

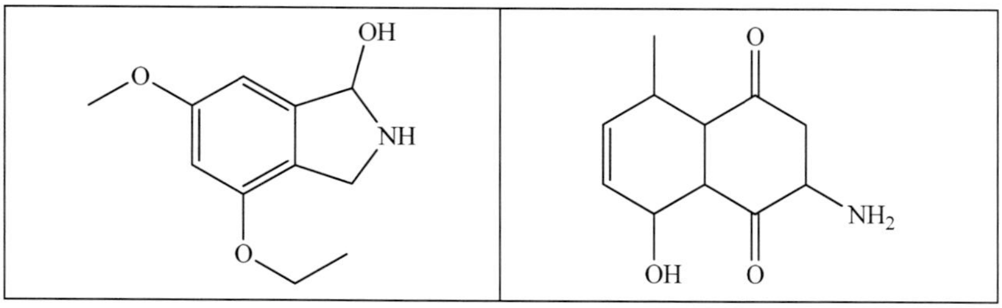

24. Fórmula empírica = fórmula molecular C_3H_8

25. Fórmula empírica C_3H_6O

26. Fórmula molecular C_4H_{10}. No tiene insaturaciones.

1
Bases de la química orgánica

Introducción

Hay una serie de conceptos que el alumno que se enfrenta al estudio de la química orgánica debe de tener muy claros. Conocer a nivel atómico la naturaleza del átomo de carbono ayuda a comprender cómo forma los enlaces, y, en consecuencia, sus características. Para ello, los conceptos básicos de teoría de enlace y todas sus implicaciones, aplicados a sustancias moleculares, son clave. Por otro lado, conocer las características del enlace y cómo los enlaces se rompen y se forman, es determinante para entender y predecir la reactividad de las moléculas orgánicas.

En definitiva, en este capítulo se hace referencia, de manera breve, a todos los conceptos que el alumno debe tener claros para abordar con confianza el resto de capítulos del libro que implican la estructura y la reactividad de las moléculas orgánicas.

El objetivo de aprendizaje de este capítulo consiste en desarrollar y aplicar estos conceptos, afianzando los ya conocidos y estudiando en profundidad los completamente nuevos, de modo que el alumnado adquiera destreza en su utilización. En este sentido, el presente capítulo es la continuación natural del capítulo anterior de puesta en común y establecimiento de las bases de partida.

El capítulo se inicia familiarizándose con la representación de las moléculas orgánicas en fórmulas de esqueleto. Seguidamente se refresca el concepto de polaridad del enlace y de la molécula, para introducir el efecto inductivo, de gran importancia a lo largo de los capítulos de química descriptiva. A continuación, se aborda en profundidad el concepto de resonancia y todas sus consecuencias. La parte de introducción a la química orgánica estructural finaliza con un análisis de las fuerzas intermoleculares y su influencia en las propiedades físicas de las sustancias. La parte de introducción a la reactividad química empieza analizando los mecanismos de reacción y las características de los mismos, para continuar con aspectos fundamentales de las reacciones orgánicas, como los intermedios de reacción, la nucleofilia y electrofilia, y la química ácido-base.

Conceptos teóricos a emplear

- Fórmulas estructurales de esqueleto.
- Polaridad del enlace y de la molécula.
- Efecto inductivo: electrodonante +I y electroatrayente –I.
- Teoría de la resonancia. Reglas de resonancia.
- Fuerzas intermoleculares. Propiedades físicas de las moléculas.
- Las reacciones orgánicas: mecanismos de reacción. Procesos elementales. Molecularidad.
- Diagramas energía potencial *vs.* coordenada de reacción.
- Intermedios de reacción: radicales libres. Carbocationes. Carbaniones.
- Concepto de electrofilia y nucleofilia. Reactivos nucleófilos y electrófilos.
- Acidez y basicidad en química orgánica.

Todos estos conceptos se tratan en el capítulo inicial de cualquier asignatura de Química Orgánica a nivel universitario. Asimismo, se pueden encontrar desarrollados en mayor o menor profundidad en cualquier texto de química orgánica general. A continuación, se listan tres referencias bibliográficas que tratan estos conceptos de manera sencilla, así como un tratado de química orgánica donde aparecen descritos con mayor profundidad y complejidad.

- Primo Yúfera, E. *Química Orgánica básica y aplicada*. De la molécula a la industria. Ed. Reverté. Capítulos 2, 4 y 5.
- Soler Martínez, V. y González Rosende, M.E. *Fundamentos de Química Orgánica para las ciencias de la salud, Volumen I: estructura y enlace*. Ed. Síntesis. Capítulos 1, 2 y 5.
- Morrison, R.T. y Boyd, R.N. *Química Orgánica*. Addison Wesley. Capítulos 1 y 2.

Ejercicios y cuestiones

Fórmulas estructurales de esqueleto

1. ***Ejercicio resuelto.*** Dibujar las siguientes moléculas en fórmula estructural de esqueleto.

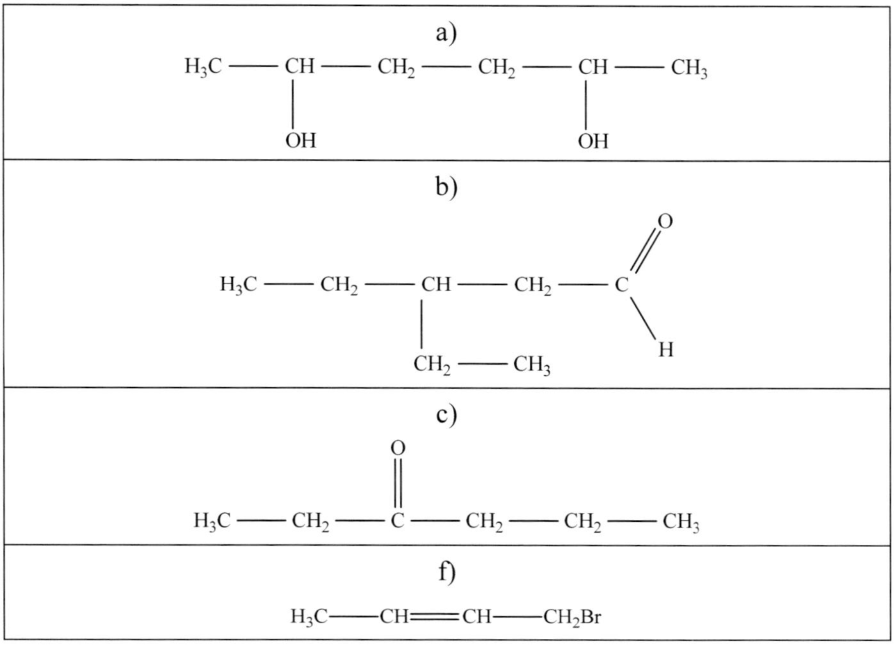

Resolución. Las fórmulas de esqueleto únicamente representan los enlaces entre los átomos de C, respetando la geometría (ángulos) de dichos enlaces. El resto de valencias de cada átomo de C, hasta completar 4, se entiende que son átomos de H. Los heteroátomos y los grupos funcionales tipo alcohol –OH se han de representar en la fórmula de esqueleto. En base a estas premisas, las cuatro moléculas ejemplo se representan del siguiente modo:

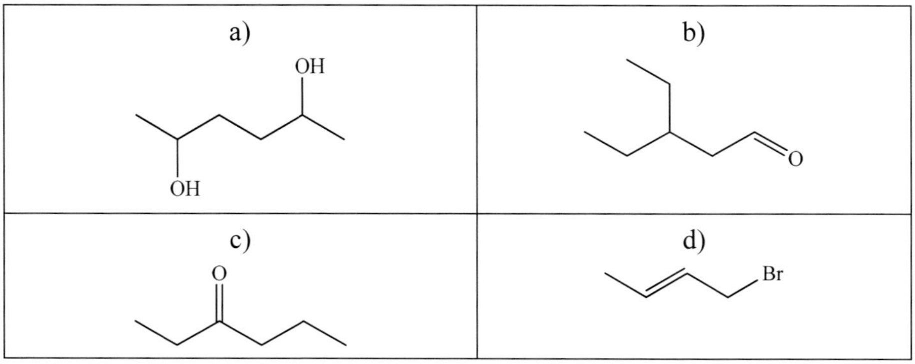

2. **Ejercicio resuelto.** Representar las siguientes especies orgánicas en su fórmula estructural semidesarrollada. Nombrar los compuestos neutros.

a)	b)	c)
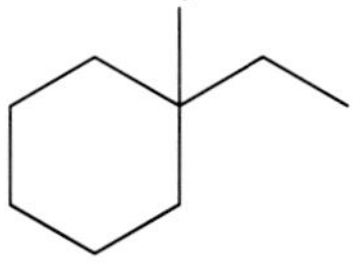	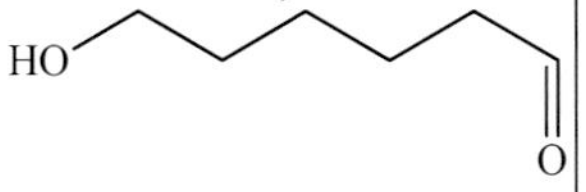	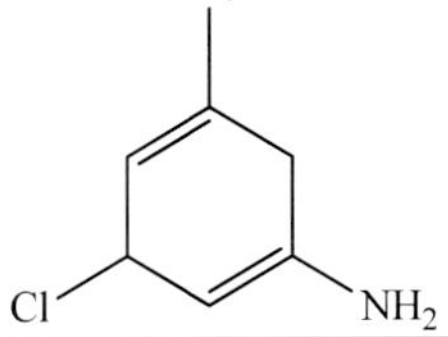

d)	e)	f)
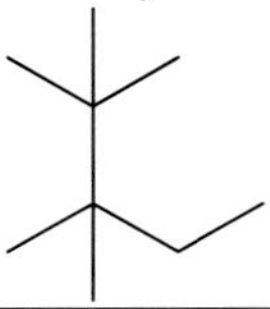	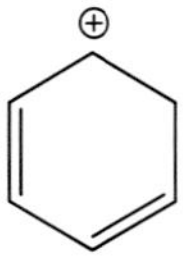	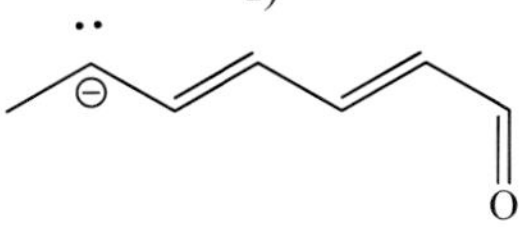

Resolución. De modo contrario a como se ha resuelto el ejercicio anterior, cada vértice de un ángulo o extremo de un segmento representa un átomo de C unido al número de átomos de H necesario para saturar sus cuatro enlaces. Los heteroátomos y los grupos funcionales se mantienen. En el caso de especies con cargas formales, el número de átomos de H unidos al C han de tener en cuenta dicha carga. En base a estar premisas, los seis compuestos del ejemplo se representan y nombran del siguiente modo:

a)	b)
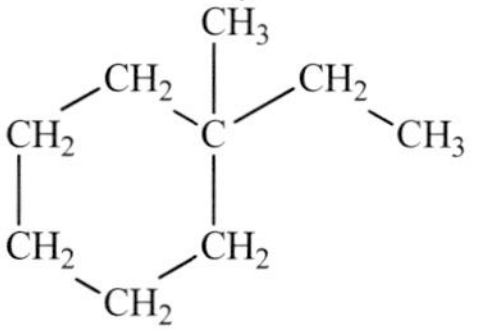 1-etil-1-metilciclohexano	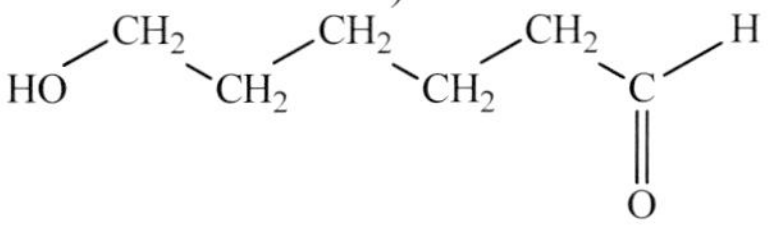 6-hidroxihexanal
c)	d)
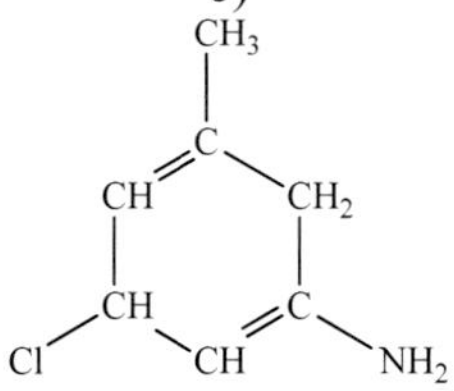 3-cloro-5-metil-1,4-ciclohexadienoamina	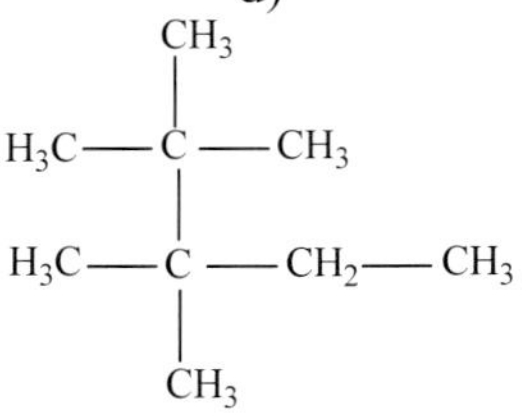 2,2,3,3-tetrametilpentano
e)	f)
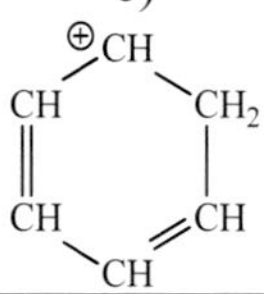	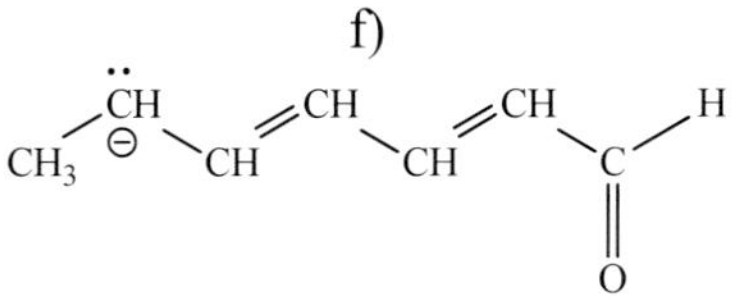

3. Dibujar la fórmula estructural de esqueleto de las moléculas 4,6-dimetil-7-hidroxi-5-oxononanal y ácido 4,5-dietil-3,6-dihidroxiocta-4-enodioico.

4. Representar las siguientes especies orgánicas en su fórmula de esqueleto. Nombrar los compuestos neutros.

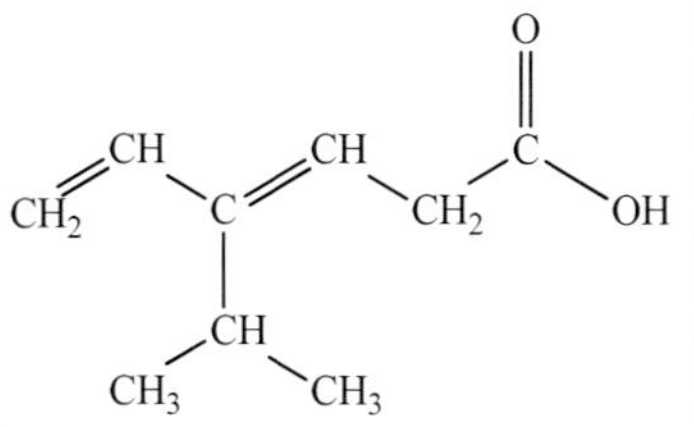

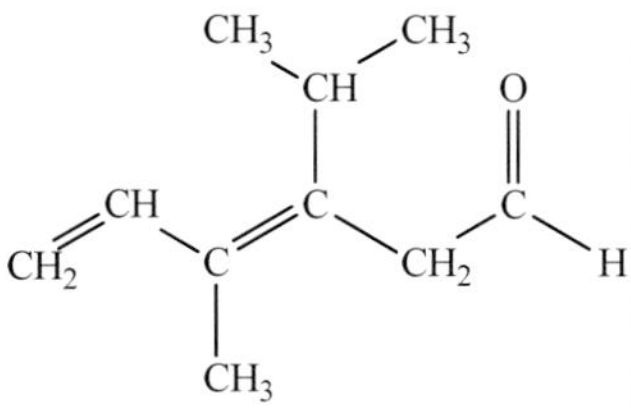

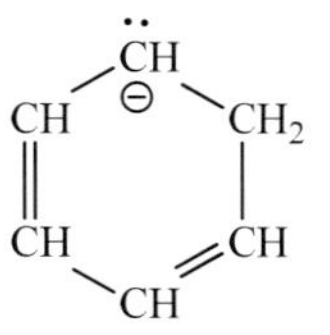

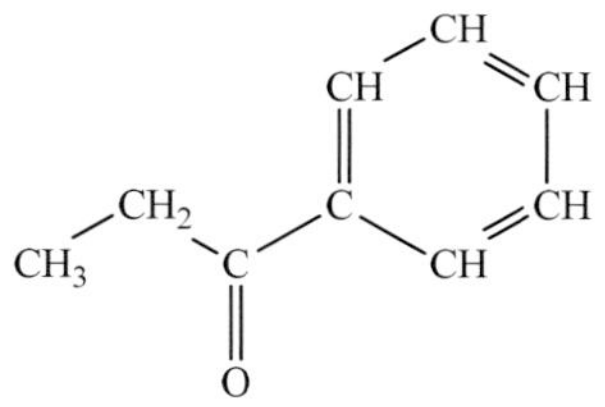

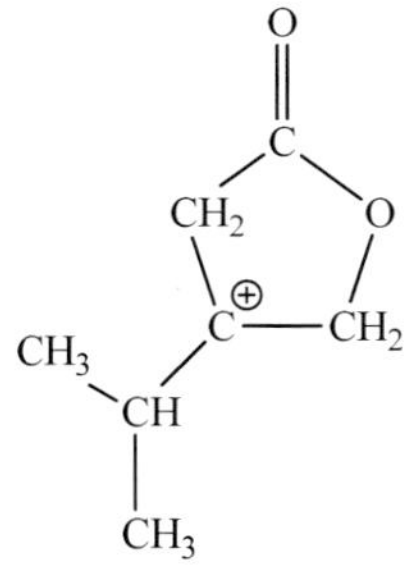

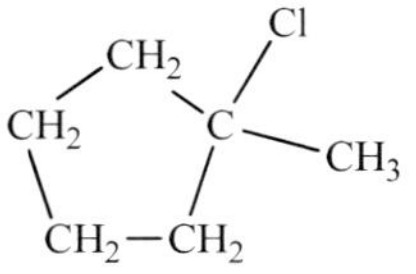

5. Señalar los átomos de carbono mal representados en las siguientes estructuras, e indicar la causa de la incorrección.

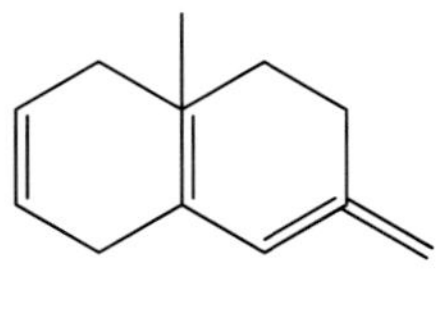

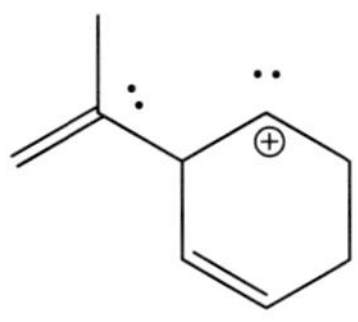

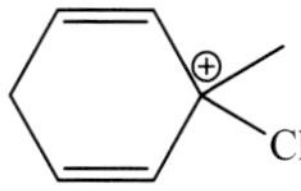

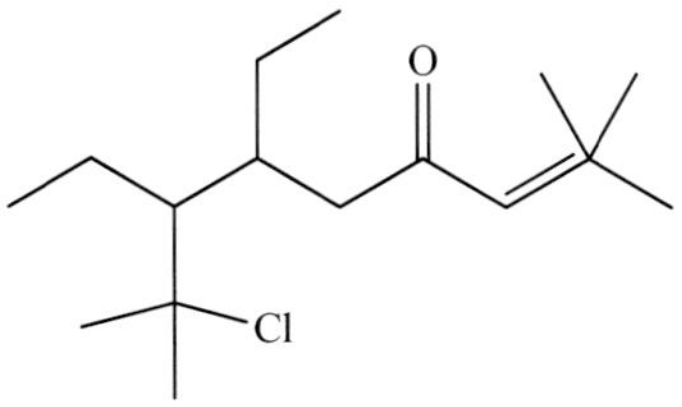

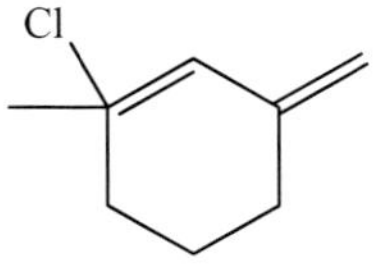

6. Señalar los átomos de carbono mal representados en las siguientes estructuras, e indicar la causa de la incorrección.

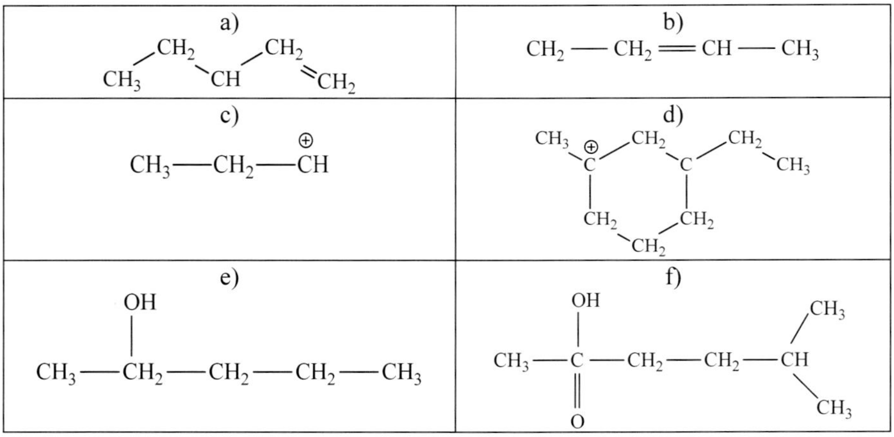

a)	b)
	$CH_2 \!-\! CH_2 = CH \!-\! CH_3$
c)	**d)**
e)	**f)**

Polaridad del enlace y de la molécula

7. Indicar, utilizando la notación δ^+ y δ^-, la polarización de los siguientes enlaces:

a) O-H b) N-H

c) F-C d) O-C

e) H-C

8. Para las estructuras siguientes 1-12:

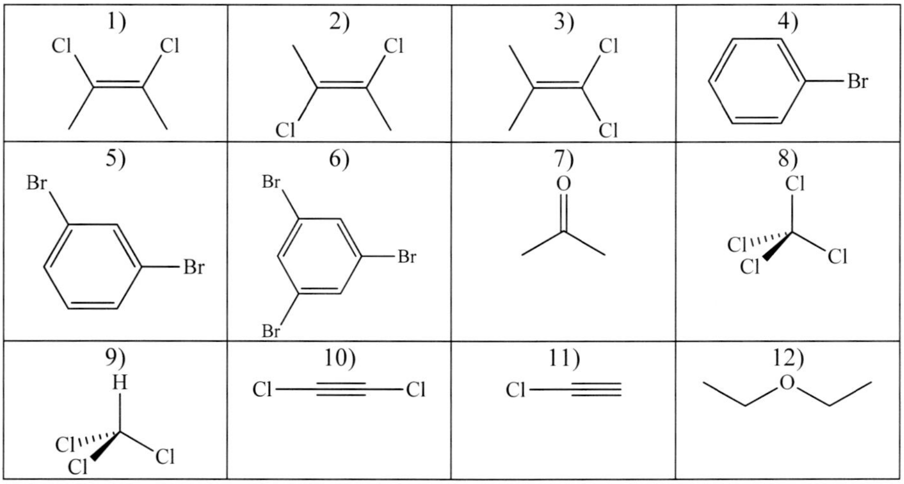

1)	2)	3)	4)
5)	**6)**	**7)**	**8)**
9)	**10)**	**11)**	**12)**
	$Cl \!-\!\!\!\equiv\!\!\!-\! Cl$	$Cl \!-\!\!\!\equiv$	

a) Indicar las que presentan momento dipolar.

b) Señalar con una flecha la dirección y el sentido del mismo en aquellas que lo tengan.

Resonancia

9. **Ejercicio resuelto.** Dibujar en cada caso las estructuras de resonancia que contribuyen en mayor grado a la estructura real:

a) ion metanoato o formiato	b) tolueno
$$H-\overset{\displaystyle O}{\underset{\displaystyle }{\overset{\|}{C}}}-\overset{..}{\underset{..}{O}}{:}^{\ominus}$$	

Resolución: Solamente se mueven pares de electrones no enlazantes de los heteroátomos y pares de electrones π de los enlaces múltiples, de modo que la molécula no se fragmenta en las estructuras resonantes, y los enlaces sigma σ permanecen siempre igual, no cambian. Los pares de electrones se mueven desde un átomo hasta un enlace contiguo (o viceversa), así como de un enlace a otro enlace contiguo. La estructura resultante no puede tener un átomo con más de 8 electrones a su alrededor (los átomos habituales que forman las moléculas orgánicas no amplían el octeto), pero sí que puede haber octetos incompletos.

Si se buscan formas canónicas que tengan una contribución significativa, han de mantener el mayor número posible de enlaces, el menor número posible de cargas formales, el menor número posible de octetos incompletos, y las cargas negativas han de estar sobre átomos electronegativos y viceversa.

De este modo, el ion formiato dibujado (apartado a) tiene otra forma canónica, resultado de colocar un par de electrones no enlazantes del átomo de O cargado en el enlace C-O, y simultáneamente mover el par de electrones del doble enlace C=O al átomo de O implicado en dicho enlace. Los movimientos de los pares electrónicos se representan por flechas curvas, y la relación entre estructuras resonantes se representa mediante una flecha recta de doble punta, tal como se muestra en la figura:

Cualquier otro movimiento de los electrones, e.g. realizar uno solo de los dos movimientos representados en la figura, daría lugar a un aumento en las cargas formales sobre los átomos, o a un átomo de C con el octeto ampliado a 10 electrones. Nótese que las dos formas canónicas representadas son equivalentes, por lo tanto, contribuyen por igual a la estructura real del anión.

Hay que destacar que la carga negativa sobre el átomo de oxígeno, en ambas formas resonantes, resulta de asignarle al átomo la *carga formal*. Esta asignación se realiza contando los electrones alrededor del átomo, teniendo en cuenta que cada enlace en el que participa el átomo equivale a un electrón aportado por el mismo, y los pares de electrones no enlazantes se cuentan en su totalidad. La carga formal resulta de comparar el número de electrones de la capa de valencia del átomo neutro (6 en el caso del átomo de O) con el número de electrones que rodean al átomo (7 en el caso del átomo de O cargado negativamente en las formas canónicas dibujadas).

En el caso del tolueno, la otra forma canónica con contribución significativa consiste en mover simultáneamente los tres pares electrónicos de los dobles enlaces al enlace contiguo, tal como se muestra en la figura. En este caso, las dos formas canónicas son también equivalentes y contribuyen por igual a la estructura real del tolueno.

10. ***Ejercicio resuelto***. Indicar si cada uno de los siguientes pares de estructuras son formas resonantes de una especie química, o se trata de especies químicas distintas:

   a)

   b) $H_3C\text{-}CH_2\text{-}N\text{=}O$ y $H_3C\text{-}CH\text{=}N\text{-}OH$

Resolución: Diferenciar entre una pareja de formas canónicas y dos especies moleculares distintas es muy sencillo, ya que la única diferencia entre dos formas resonantes es la disposición de los electrones alrededor de los átomos, pero no la de los átomos: si algún átomo ha cambiado de posición, no pueden ser formas canónicas, ya que esto implica que se han modificado los enlaces de tipo σ. De este modo, se ve claramente que las dos estructuras dibujadas en el apartado (a) son las dos formas resonantes del anión enolato, mientras que las dos estructuras dibujadas en el apartado (b) son dos moléculas distintas con dos grupos funcionales distintos: un nitrosocompuesto y una oxima.

Esta cuestión resulta algo más difícil de resolver cuando se dibujan fórmulas de esqueleto, en las que no se representan los átomos de C e H (ver ejercicio siguiente). Para resolverla, puede resultar conveniente transformar la fórmula de esqueleto en una fórmula estructural semidesarrollada.

11. Indicar si cada uno de los siguientes pares de estructuras son formas resonantes de una especie química, o se trata de especies químicas distintas:

12. Las figuras A, B, C y D son cuatro formas canónicas de la molécula de ácido salicílico:

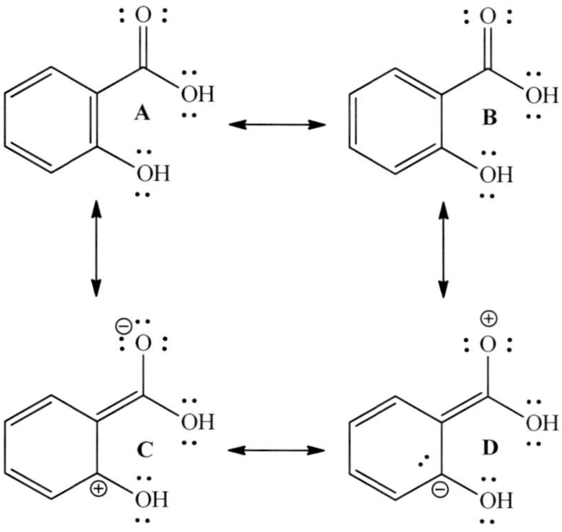

a) Indicar con flechas el movimiento de los electrones que transforman la estructura A en la estructura B. Hacer lo mismo para la transformación de la estructura A en la C y para la estructura A en la D.

b) ¿Cuál de las cuatro estructuras A, B, C, D contribuyen más a la estructura real de la molécula? ¿Cuál contribuye menos? Justificar las respuestas.

13. Para cada una de las especies químicas que se indican a continuación, dibujar las formas canónicas que tengan contribución significativa a la estructura real, indicando con flechas curvas el movimiento de los electrones que transforman unas en otras.

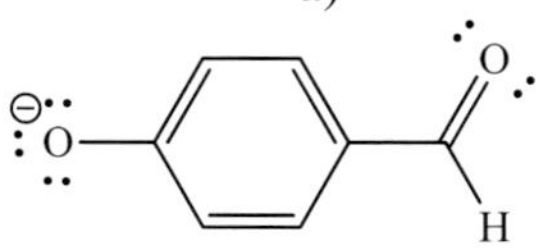

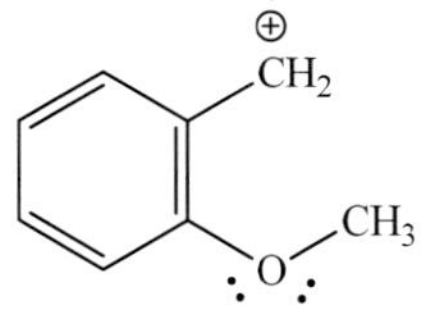

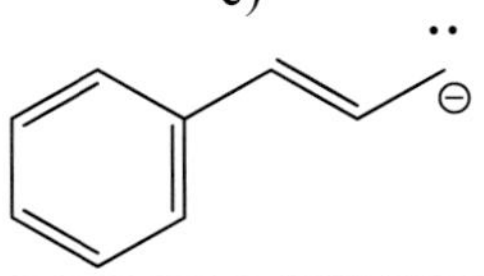

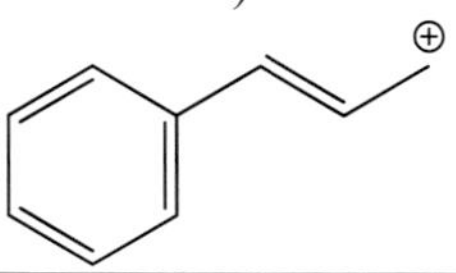

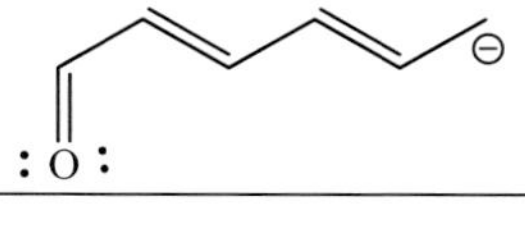

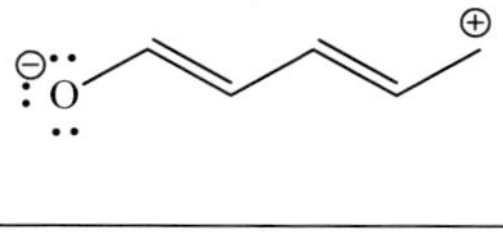

Propiedades físicas

14. Indicar si las siguientes afirmaciones son verdaderas o falsas.

a) Los compuestos polares tienen temperatura de ebullición menor que los compuestos apolares de peso molecular similar.

b) La energía del enlace doble C=C es aproximadamente igual al doble de la energía del enlace sencillo C-C.

c) El *cis*-2-buteno tiene una temperatura de fusión mayor que el *trans*-2-buteno.

d) La molécula de diclorometano CH_2Cl_2 es apolar, ya que la polaridad de un enlace C-Cl anula a la del otro.

e) El cloroformo $CHCl_3$ es muy soluble en agua, ya que forma puentes de hidrógeno entre los átomos de Cl y los átomos de H del agua.

15. Ordenar los siguientes compuestos orgánicos en orden creciente de solubilidad en agua. Justificar la respuesta:

$$H_3C\text{-}CH_3 \qquad CH_3\text{-}OH \qquad CH_3Cl$$

16. Ordenar los siguientes compuestos orgánicos en orden creciente de temperatura de ebullición. Justificar la respuesta:

2-metilbutano   n-pentano   2,2-dimetilpropano

17. Responder, justificando brevemente la respuesta, a las siguientes cuestiones sobre propiedades físicas de los compuestos orgánicos que se citan:

1) 2-butanol y 2-hexanol. ¿Cuál de los dos compuestos es más soluble en agua?

2) 2-butanol y butanal. ¿Cuál de los dos compuestos tiene mayor temperatura de ebullición?

3) butano y diclorobutano. ¿Cuál de los dos compuestos es más volátil?

4) *cis*-3-hexeno y *trans*-3-hexeno. ¿Cuál de los dos compuestos tiene mayor temperatura de fusión?

5) diclorometano y butanona ¿Cuál de los dos compuestos es más soluble en agua?

Mecanismos de reacción. Intermedios. Reactividad

18. Ordenar los siguientes intermedios en orden creciente de estabilidad:

a) Carbocationes:

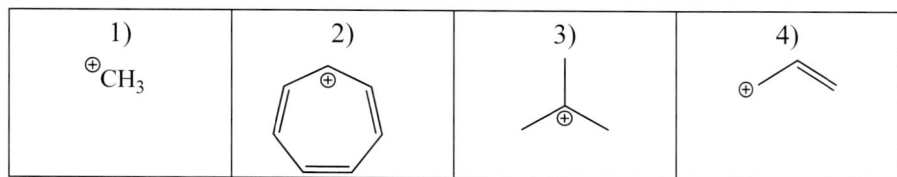

1)	2)	3)	4)
$^{\oplus}CH_3$			

b) Carbaniones:

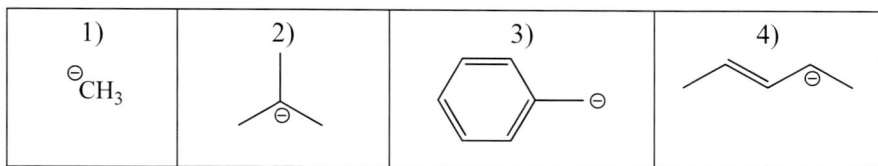

1)	2)	3)	4)
$^{\ominus}CH_3$			

c) Radicales libres:

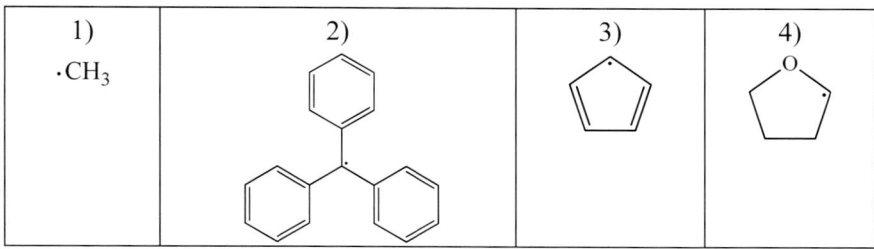

1)	2)	3)	4)
$\cdot CH_3$			

19. Clasificar las siguientes especies químicas como nucleófilos o electrófilos:

$N\equiv C^-$	$H_2C=CH_2$	Hg^{2+}	H^-	Ag^+
NH_3	H_2O	$H_3C-CH_2-O^-$		H^+
H_3C-COO^-	Br^-	BF_3		

20. *Ejercicio resuelto.* Justificar, en base al fenómeno de resonancia, las siguientes observaciones sobre acidez y basicidad de los compuestos orgánicos:

a) Los ácidos carboxílicos R-COOH tienen un carácter ácido mucho más acusado que el de los alcoholes R-OH, si bien en ambos casos la reacción de acidez consiste en la ruptura de un enlace O-H.

b) Las aminas aromáticas, por ejemplo, la anilina $C_6H_5-NH_2$, son mucho menos básicas que las aminas alifáticas, por ejemplo, la metilamina H_3C-NH_2.

Resolución

a) En el caso de la acidez relativa de los ácidos carboxílicos y los alcoholes, la especie desprotonada (ion carboxilato e ion alcóxido, respectivamente) resulta mucho más estable en el caso del ácido carboxílico puesto que la carga negativa se reparte entre los dos átomos de oxígeno, puesto que en el ion carboxilato coexisten las dos formas resonantes. Al ser la especie que se forma más estable, el equilibrio está más desplazado hacia la derecha, lo que supone un mayor valor de la constante de acidez K_a.

b) En el caso de las aminas, la basicidad de la amina se debe a la existencia del par de electrones no enlazante del N; en aminas aromáticas, éste está deslocalizado por el anillo en virtud de la resonancia, por lo que está menos disponible que en el caso de aminas aromáticas.

21. La figura siguiente muestra dos diagramas de energía potencial *vs.* coordenada de reacción para dos reacciones químicas: $A+B \rightarrow D+E$ y $M+N \rightarrow P+Q$. Indicar si las siguientes afirmaciones son verdaderas o falsas:

a) La reacción $A+B \rightarrow D+E$ es exotérmica.

b) La reacción $M+N \rightarrow P+Q$ es concertada.

c) La reacción $M+N \rightarrow P+Q$ se lleva a cabo en dos etapas, siendo la primera de mayor energía de activación.

d) La energía de activación de la etapa $C \rightarrow D+E$ tiene un valor de 50 Kj/mol.

e) Las especies $AB^{\#}$ y $MN^{\#}$ son carbaniones, carbocationes o radicales libres.

f) La reacción $M+N \rightarrow P+Q$ tiene un ΔH de -30 Kj/mol.

g) A la vista de los diagramas, se puede deducir que la reacción $A+B \rightarrow D+E$ es espontánea, pero la reacción $M+N \rightarrow P+Q$ no lo es.

h) El proceso elemental directo $A+B \rightarrow C$ tiene una energía de activación mayor que el mismo proceso en sentido inverso.

i) La reacción $D+E \rightarrow A+B$ tiene un valor de ΔH de 30 Kj/mol.

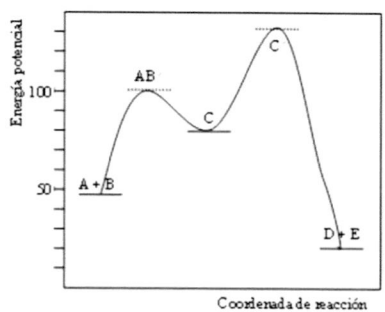

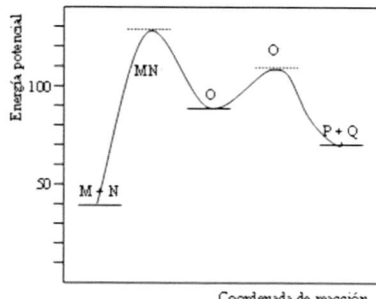

22. Indicar cuál de las siguientes especies es un ácido más fuerte. Justificar la respuesta:

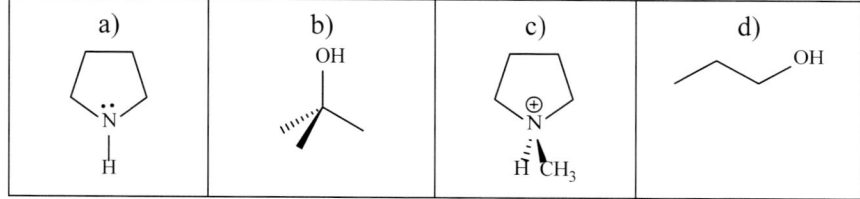

23. De las cuatro opciones a elegir, indicar cuál es correcta. Justificar la respuesta.

El siguiente mecanismo de reacción representa:

a) Una reacción exotérmica en dos etapas cuyo estado de transición es un carbocatión estabilizado por resonancia.

b) Una reacción endotérmica en dos etapas cuyo intermedio de reacción es un carbanión estabilizado por resonancia.

c) Una reacción exotérmica en dos etapas cuyo intermedio de reacción es un carbocatión estabilizado por efecto inductivo.

d) Una reacción exotérmica en dos etapas cuyo intermedio de reacción es un carbocatión estabilizado por resonancia.

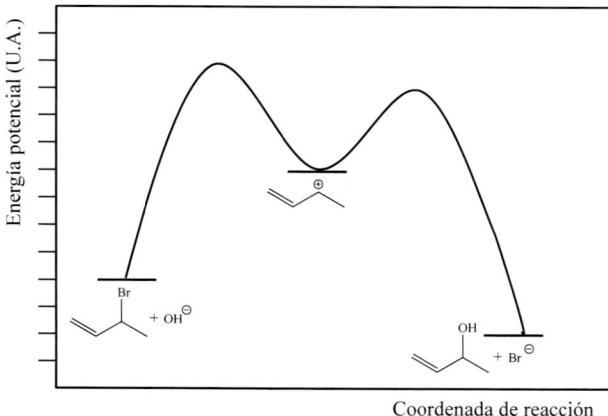

Coordenada de reacción

Ejercicios y cuestiones variados

24. Señalar la opción correcta:

1) ¿Qué fuerzas intermoleculares predominan en la molécula de propanona?
   a) Los puentes de hidrógeno
   b) Las fuerzas de dispersión de London
   c) Las interacciones dipolo-dipolo
   d) El enlace covalente

2) El orden de estabilidad de los carbocationes es el siguiente:
   a) Primario>Secundario>Terciario
   b) Terciario>Secundario>Primario
   c) Bencílico>Terciario>Secundario>Primario
   d) Terciario>Secundario>Primario>Bencílico

3) ¿Cuál de estas afirmaciones es incorrecta?
   a) Una reacción concertada ocurre en una sola etapa.
   b) El mecanismo de sustitución nucleofílica SN_1 es un ejemplo de reacción por etapas.
   c) Algunos intermedios de reacción se pueden aislar y caracterizar.
   d) En una reacción por etapas la etapa limitante de la velocidad es la que tiene menor energía de activación.

4) El efecto inductivo de tipo +I
   a) Retira densidad electrónica a través de los enlaces.
   b) Aumenta con la distancia.
   c) Tiene efecto estabilizador sobre los carbocationes terciarios por efectos de resonancia.
   d) Cede densidad electrónica a través de los enlaces de tipo sigma y lo presentan agrupaciones como los grupos alquilo.

25. Dadas las siguientes reacciones químicas de desprotonación:

a)

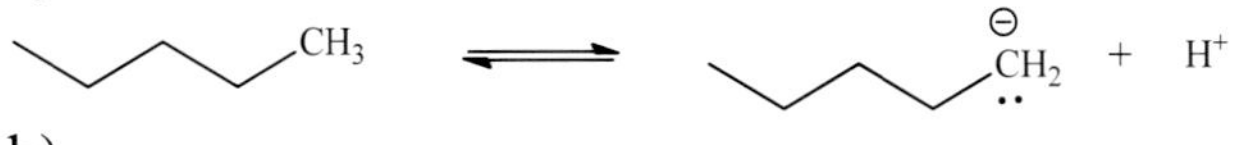

b)

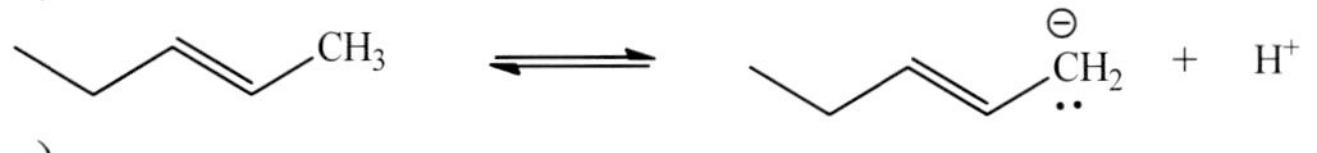

c)

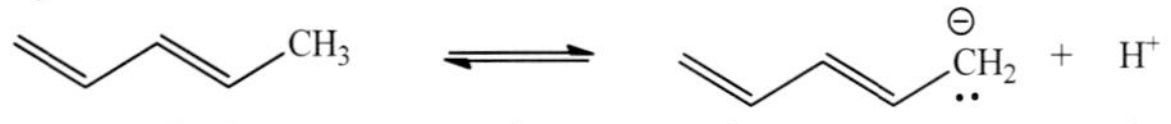

¿Cuál de las tres reacciones tendrá una constante de equilibrio mayor? ¿Cuál la tendrá menor? Justificar la respuesta.

26. Dada la siguiente estructura A

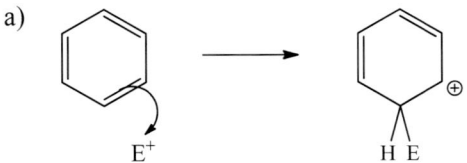

Indicar cuáles de las siguientes estructuras 1, 2, 3 y 4 son formas resonantes de A. Para aquellas que lo sean, dibujar el movimiento de los electrones que transforman la estructura A en la correspondiente forma canónica.

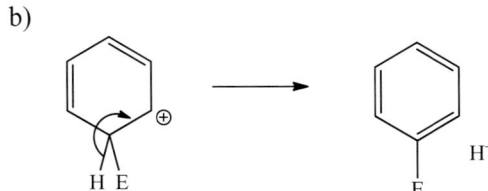

27. El mecanismo de sustitución electrofílica aromática es un proceso en dos etapas. En la primera, el electrófilo se adiciona a un doble enlace del anillo, y en la segunda se pierde un H^+ para regenerar la aromaticidad. La primera etapa es la más difícil y, por tanto, la limitante de la velocidad.

a)

b)

Indicar si las siguientes afirmaciones son verdaderas o falsas. Justificar la respuesta.

a) El intermedio de reacción es un carbanión estabilizado por resonancia.

b) El anillo aromático actúa de nucleófilo en la etapa A.

c) La segunda etapa tiene molecularidad 2.

d) El estado de transición es un carbocatión estabilizado por resonancia y desestabilizado por efecto inductivo.

28. Para la siguiente estructura (A), dibujar tres formas resonantes (B, C y D). Indicar con flechas el movimiento de electrones que ha transformado la estructura A en cada una de las otras. Ordenar las cuatro formas canónicas por orden creciente de contribución a la situación real.

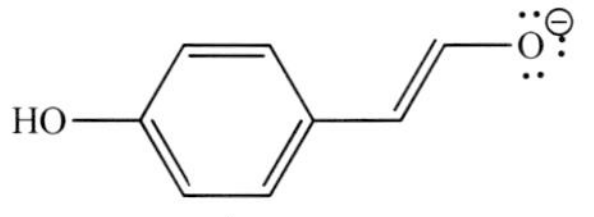

A

29. La síntesis de Wurtz usando haluros de alquilo y sodio es una reacción de gran utilidad sintética para alargar la cadena hidrocarbonada. La síntesis de Wurtz que se presenta a continuación es una reacción exotérmica que tiene lugar en dos etapas, siendo la primera la limitante de la velocidad:

a)

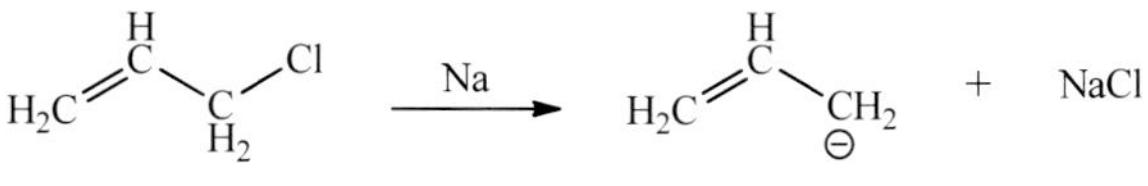

b)

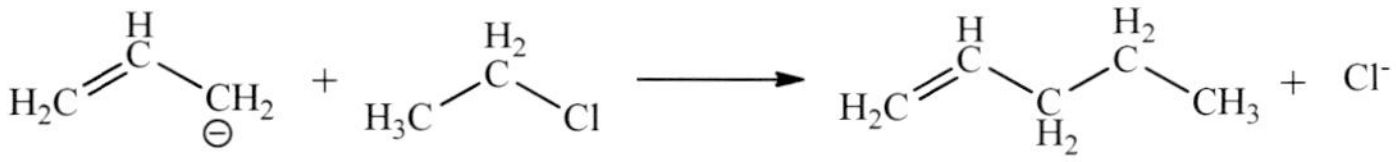

Dibujar el diagrama de energía potencial frente a coordenada de reacción, indicando claramente dónde se encuentran los intermedios de reacción, los estados de transición y las energías de activación.

30. El tratamiento de *terc*-butanol con ácido clorhídrico da lugar a un cloruro de alquilo mediante una reacción en tres etapas:

Etapa A:

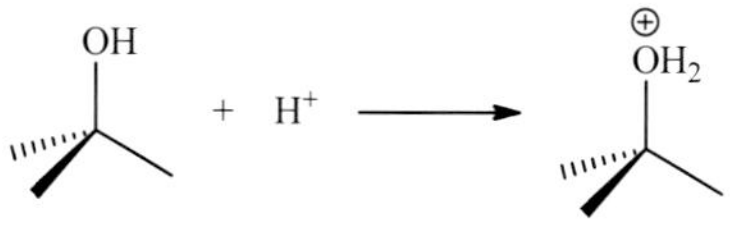

Etapa B:

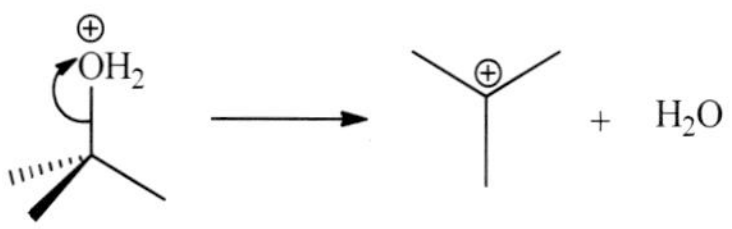

Etapa C:

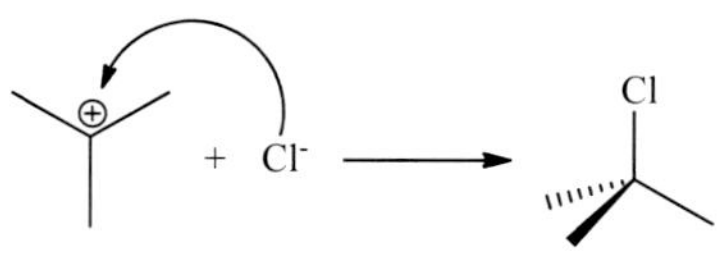

Razonar si las siguientes afirmaciones son verdaderas o falsas.

a) El estado de transición que se forma en la primera etapa (etapa A) es un carbocatión.

b) En la etapa A tiene lugar una ruptura heterolítica de un enlace.

c) El carbanión que se genera en la etapa B es plano y está estabilizado por efectos inductivos.

d) El carbocatión de la etapa C sufre, en esta etapa, el ataque nucleofílico del cloruro.

31. El mecanismo de la reacción de adición de agua al 2-metilpropeno o isobuteno, catalizada por ácidos, consiste en tres etapas, de acuerdo con el diagrama que se muestra a continuación.

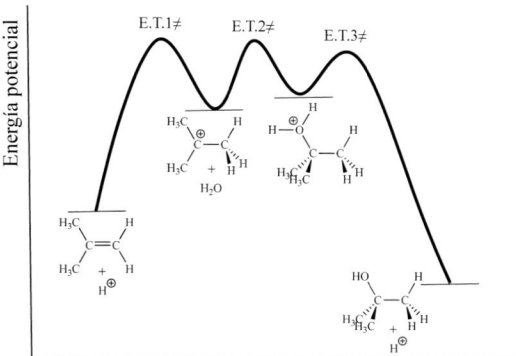

Rellenar la tabla, indicando qué etapa o etapas se ajustan a los enunciados de la primera columna:

	Etapa 1	Etapa 2	Etapa 3
Tiene molecularidad 2			
Es la etapa limitante			
Tiene molecularidad 1			
Se genera un carbocatión estabilizado por resonancia			
Se genera un carbocatión estabilizado por efecto inductivo			

32. a) Dibujar las flechas que conducen de una forma resonante a la otra, e indicar razonadamente cuál contribuye más a la estructura real. Los pares de electrones solitarios se indican explícitamente únicamente en la primera estructura.

a1)

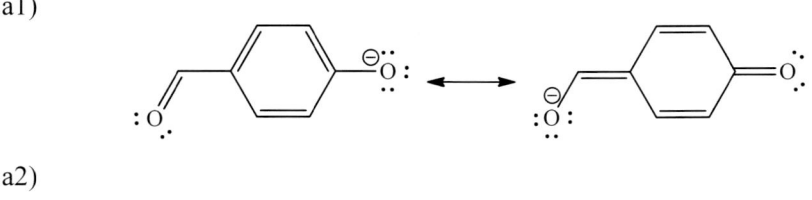

a2)

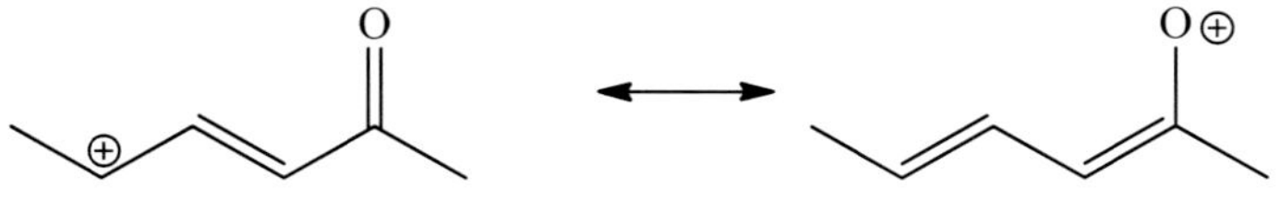

a3)

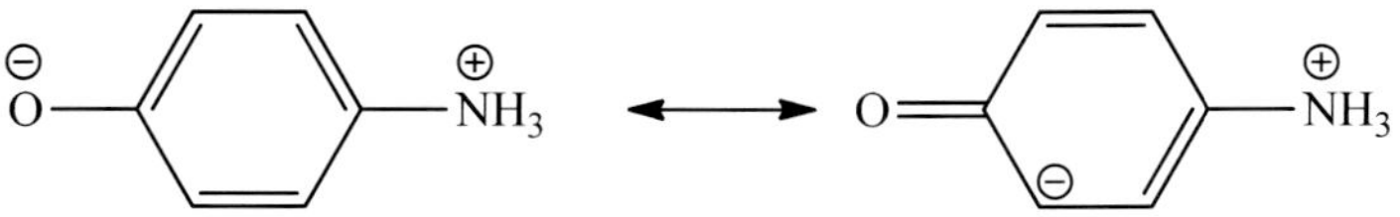

b) Ordenar por orden de estabilidad creciente:

b1)

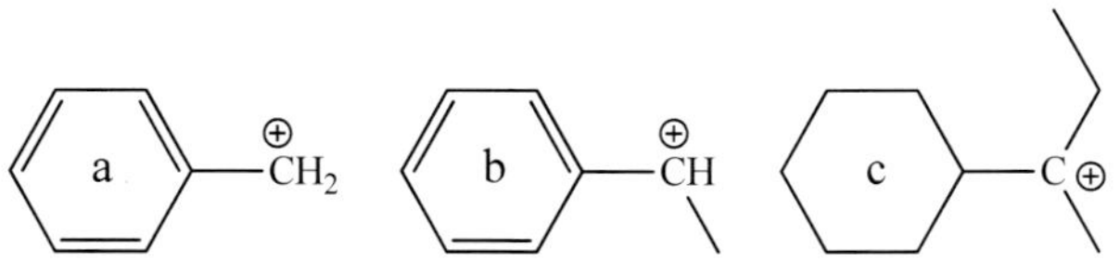

b2)

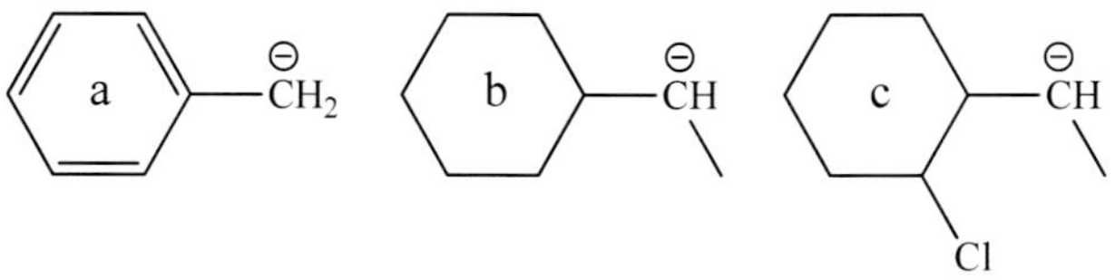

b3)

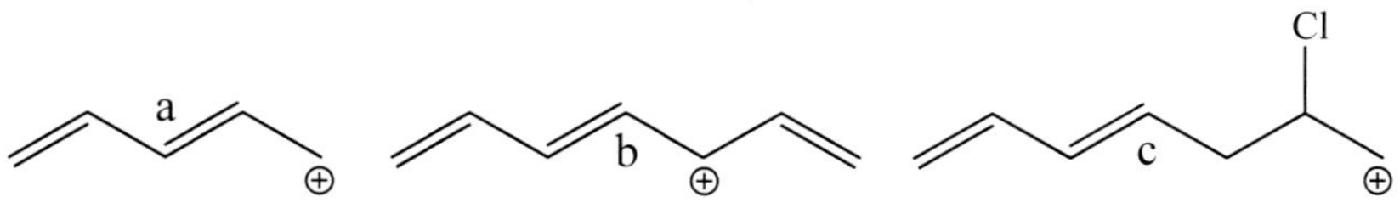

Soluciones a los ejercicios propuestos

1.

a) 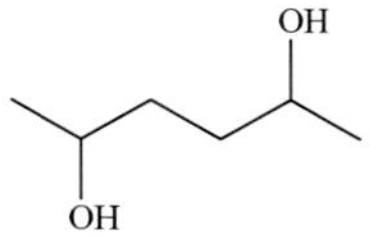	b) 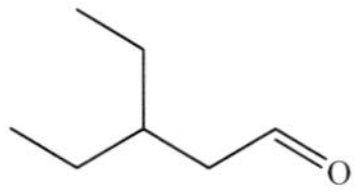
c) 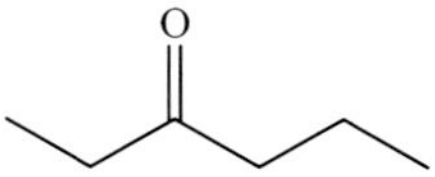	d) 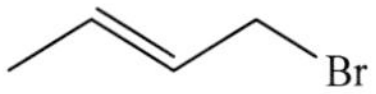

2.

a) 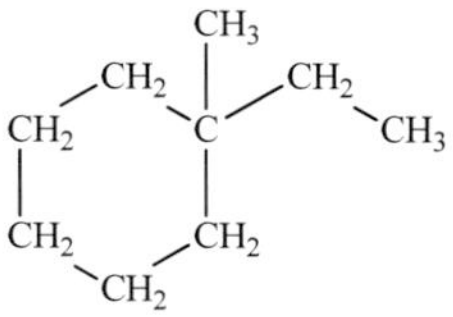 1-etil-1-metilciclohexano	b) 6-hidroxihexanal 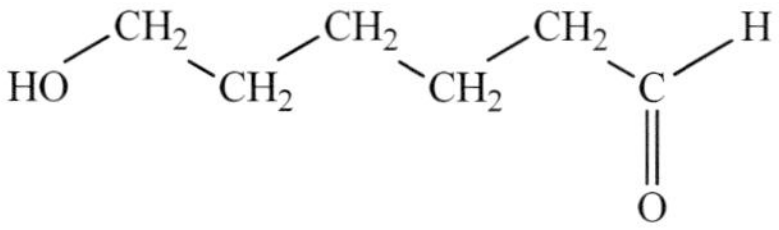
c) 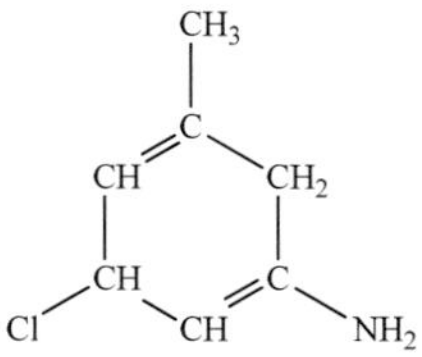 2-cloro-4-metil-1,4-ciclohexadi-enoamina	d) 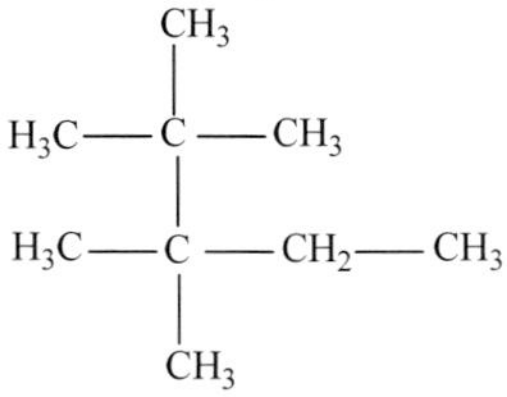 2,2,3,3-tetrametilpentano
e) 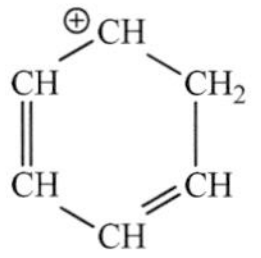	f) 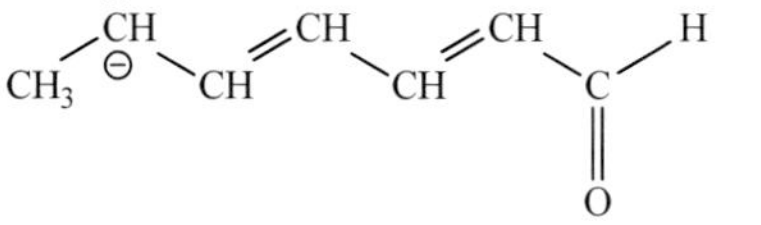

3. 4,6-dimetil-7-hidroxi-5-oxononanal

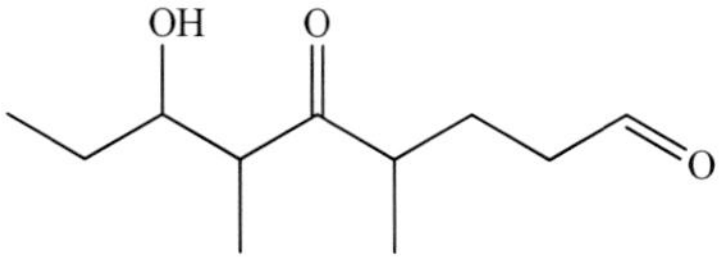

ácido 4,5-dietil-3,6-dihidroxiocta-4-enodioico

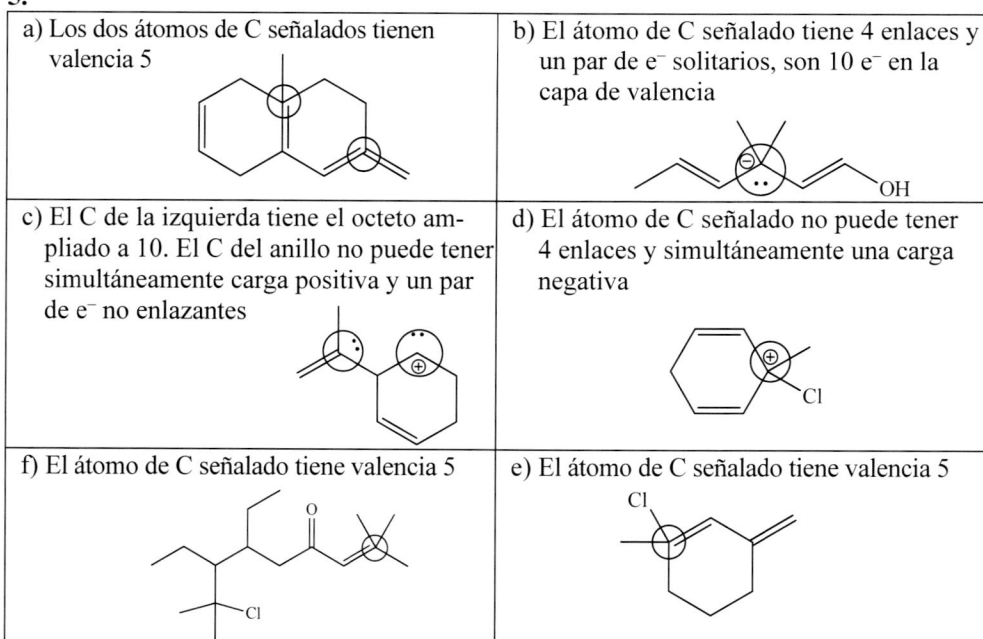

4.

a) ácido 4-isopropil-3,5-hexadienoico	b) 3-isopropil-4-metil-3,5-hexadienal	c)
d) etilfenilcetona	e)	f) 1-cloro-1-metilci-clohexano

5.

a) Los dos átomos de C señalados tienen valencia 5	b) El átomo de C señalado tiene 4 enlaces y un par de e⁻ solitarios, son 10 e⁻ en la capa de valencia
c) El C de la izquierda tiene el octeto ampliado a 10. El C del anillo no puede tener simultáneamente carga positiva y un par de e⁻ no enlazantes	d) El átomo de C señalado no puede tener 4 enlaces y simultáneamente una carga negativa
f) El átomo de C señalado tiene valencia 5	e) El átomo de C señalado tiene valencia 5

6.

a) El átomo de C de la izquierda tiene valencia 3, y el de la derecha tiene valencia 5	b) El átomo de C señalado tiene valencia 5
CH₃ —CH₂— (CH) = CH₂ ... CH₃ ... (CH₂)	CH₃ —(CH₂)= CH — CH₃
c) El átomo de C señalado tiene valencia 2, y una carga positiva, debería tener un enlace más	d) El átomo de C señalado tiene valencia 3
CH₃—CH₂—(⊕CH)	CH₃ ⊕C CH₂ C CH₂ CH₃ ... CH₂ CH₂ CH₂
e) El átomo de C señalado tiene valencia 5	f) El átomo de C señalado tiene valencia 5
OH ... CH₃—(CH₂)—CH₂—CH₂—CH₃	OH ... CH₃—(C)—CH₂—CH₂—CH(CH₃)(CH₃) ... O

7. a) $^{\delta-}\text{O-H}^{\delta+}$

b) $^{\delta-}\text{N-H}^{\delta+}$

c) $^{\delta-}\text{F-C}^{\delta+}$

d) $^{\delta-}\text{O-C}^{\delta+}$

e) $^{\delta+}\text{H-C}^{\delta-}$

8. a) Tienen momento dipolar las estructuras 1, 3, 4, 5, 7, 9, 11 y 12.

b) Ver figura.

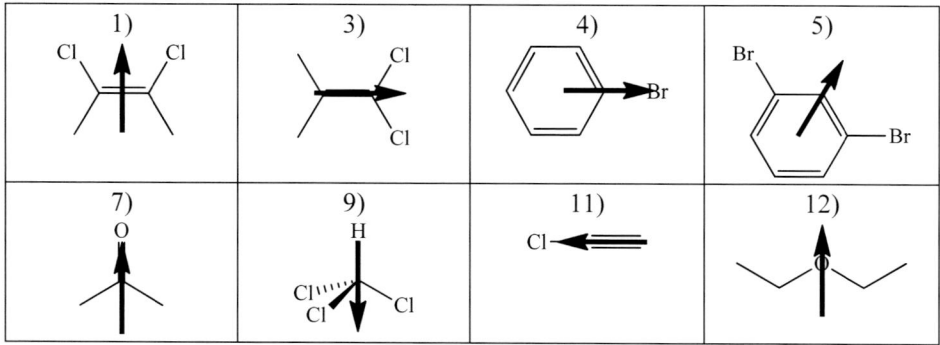

9. a)

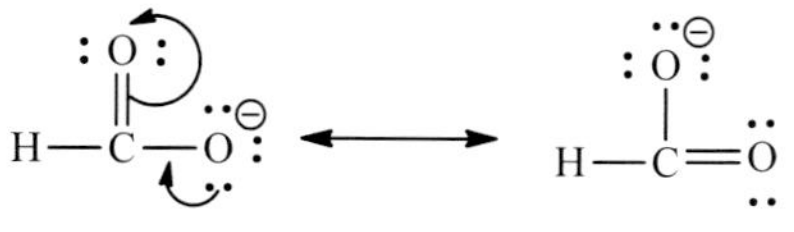

   b)

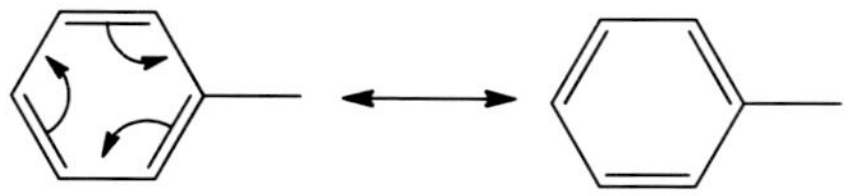

10. a) Formas resonantes (anión enolato).

   b) Especies distintas en equilibrio (tautomería nitrosocompuesto-oxima).

11. a)   Especies distintas en equilibrio (ácido-base).

   b)   Formas resonantes.

   c)   Especies distintas.

   d)   Especies distintas en equilibrio (tautomería ceto-enólica).

   e)   Especies distintas (isómeros de posición).

   f)   Formas resonantes (catión bencilo).

12. a)

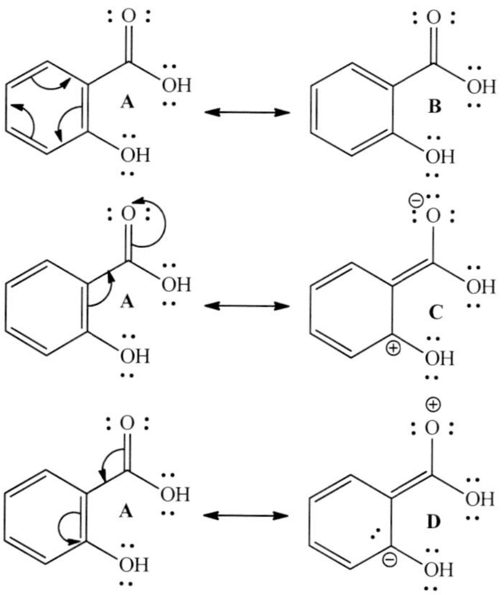

   b)   Las estructuras A y B son las que más contribuyen, siendo igual la contribución de ambas, ya que no presentan carga eléctrica, y el número de enlaces es mayor. La que menos contribuye es la D, ya que a igual número de cargas y enlaces que la estructura C, en la D la carga positiva recae sobre el átomo más electronegativo (el O).

13. a)

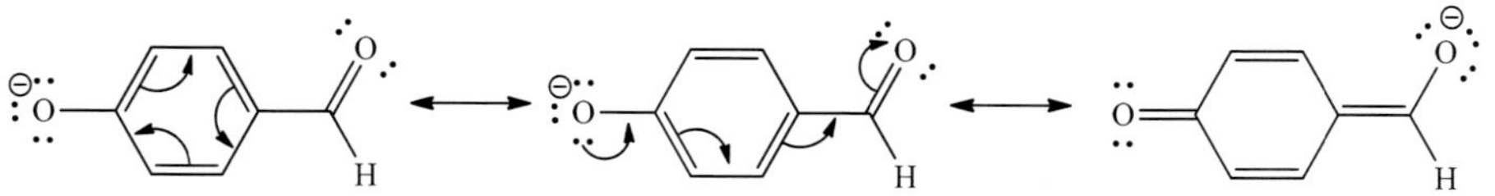

b)

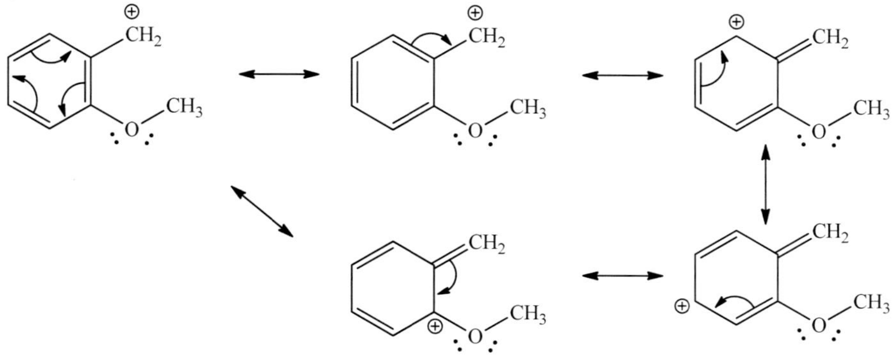

c)

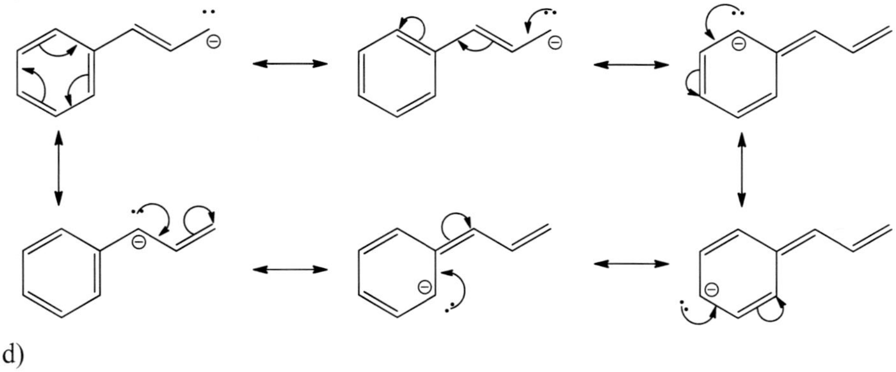

d)

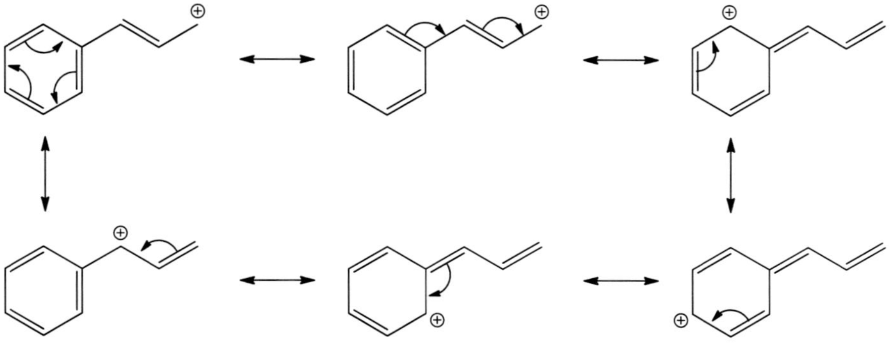

e)

f)

14. Todas las afirmaciones son falsas.

15. El compuesto menos soluble en agua es el etano CH_3-CH_3, ya que es totalmente apolar. El siguiente en orden de solubilidad creciente sería el clorometano CH_3Cl, por ser un compuesto polar. El más soluble es el metanol CH_3-OH, ya que forma puentes de hidrógeno con el disolvente

16. Los tres compuestos son apolares y tienen la misma masa molecular, por lo que la temperatura de ebullición dependerá de la forma de la molécula. Las fuerzas de London son menos intensas cuanto más esférica es la molécula, y más intensas cuanto más alargada. Por lo tanto, el compuesto de menor temperatura de ebullición (fuerzas intermoleculares más débiles) será el 2,2-dimetilpropano, seguido del 2-metilbutano, y el de mayor es el n-pentano.

17. a) El 2-butanol es más soluble en agua, ya que es de cadena carbonada más corta que el 2-hexanol, y la solubilidad en agua disminuye al aumentar la longitud de la cadena de hidrocarburo, al ser ésta la parte hidrofóbica de la molécula.

   b) El 2-butanol tiene mayor temperatura de ebullición, ya que las moléculas están unidas mediante puentes de hidrógeno, mientras que, en el butanal, las fuerzas intermoleculares son fuerzas de Van der Waals entre moléculas polares (interacciones dipolo-dipolo), más débiles.

   c) Es más volátil, i.e. tiene menor temperatura de ebullición, el butano, ya que es un compuesto totalmente apolar, con moléculas unidas entre sí mediante fuerzas de London, más débiles que las fuerzas de Van der Waals entre moléculas polares existentes en el diclorobutano.

   d) Tendrá mayor temperatura de fusión aquel compuesto cuyas moléculas se puedan compactar mejor. La figura muestra la estructura aproximada de ambos isómeros, y se aprecia que el isómero *trans* es una molécula aproximadamente lineal, mientras que el isómero *cis* es una molécula curvada, de modo que el empaquetamiento es mejor en el caso del isómero *trans* y por ello, la temperatura de fusión será mayor.

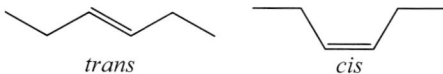

trans   *cis*

e) Ambos compuestos son polares y no forman puentes de hidrógeno entre ellos, pero la butanona, al tener un átomo de oxígeno en su estructura, sí que puede formar puentes de hidrógeno con los átomos de hidrógeno del agua, lo que no puede hacer el diclorometano. Por ello, la butanona será más soluble en agua.

18.
   a) Carbocationes: (**2** 1,3,5-cicloheptatrienilo) > (**4** alilo) > (**3** isopropilo) > (**1** metilo)
   b) Carbaniones: (**3** bencilo) > (**4** alilo) > (**1** metilo) > (**2** *terc*-butilo)
   c) Radicales: (**2** trifenilmetilo o tritilo) > (**3** 1,3-ciclopentadienilo) > (**4** tetrahidro-furanilo) > (**1** metilo)

19.

$N{\equiv}C^-$ **Nu⁻**	$H_2C{=}CH_2$ **Nu:**	Hg^{2+} **E⁺**	H^- **Nu⁻**	Ag^+ **E⁺**
NH_3 **Nu:**	H_2O **Nu:**	$H_3C{-}CH_2{-}O^-$ **Nu⁻**	**Nu:**	H^+ **E⁺**
$H_3C{-}COO^-$ **Nu⁻**	Br^- **Nu⁻**	BF_3 **E**		

20. Respuesta ya dada.

   a) En el caso de la acidez relativa de los ácidos carboxílicos y los alcoholes, la especie desprotonada (ion carboxilato e ion alcóxido, respectivamente) resulta mucho más estable en el caso del ácido carboxílico puesto que la carga negativa se reparte entre los dos átomos de oxígeno, puesto que en el ion carboxilato co-existen las dos formas resonantes.

   b) En el caso de las aminas, la basicidad de la amina se debe a la existencia del par de electrones no enlazante del N; en aminas aromáticas, éste está deslocalizado por el anillo en virtud de la resonancia, por lo que está menos disponible que en el caso de aminas aromáticas.

21. a) V   b) F   c) V   d) V   e) F
f) F   g) F   h) V   i) V

22. El ácido más fuerte es el compuesto (c), ya que es el único con carga positiva, y se trata del ácido conjugado de una amina terciaria. Al desprotonarse queda como especie neutra, mucho más estable que las especies aniónicas.

23. Es correcta la opción (d), pues se trata de una reacción exotérmica (energía de los productos menor que la de los reactivos), en dos etapas, y el intermedio de la misma es un carbocatión (carga positiva) de tipo alílico, más estable que otros carbocationes debido a la resonancia (consultar teoría).

24. 1) c   2) c   3) d   4) d

25. La reacción con mayor constante de equilibrio será aquella cuyo producto esté más estabilizado. En los tres casos el producto es un carbanión. En la reacción (a) la carga negativa permanece sobre el carbono sin deslocalizarse; en la reacción (b) la carga negativa está compartida entre dos átomos de C en virtud de la resonancia; y en la reacción (c) el reparto de la carga negativa es entre tres carbonos por la misma razón. De este modo, la reacción con mayor constante de equilibrio será la reacción (c) y la que tiene menor constante es la (a).

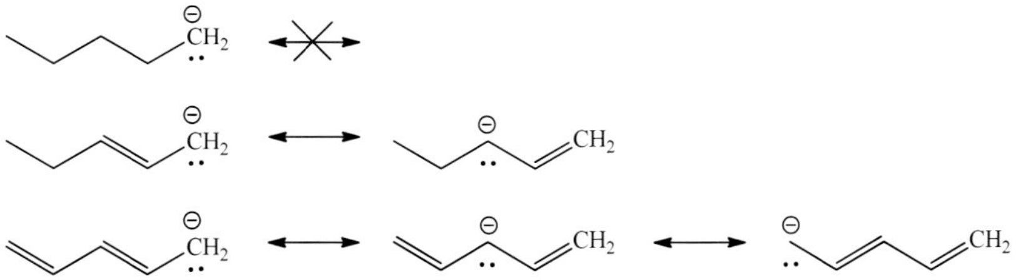

26. Las estructuras 2, 3 y 4 son formas resonantes de A.

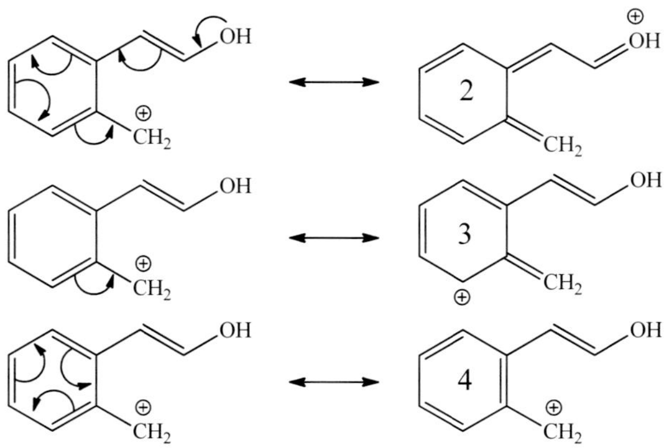

27. a) La afirmación es falsa. El intermedio de la reacción es un *carbocatión.*

b) La afirmación es verdadera. El electrófilo E^+ se une al nucleófilo, que es el anillo, y que actúa a través de uno de sus tres pares de electrones π.

c) La afirmación es falsa. En la segunda etapa solamente reacciona el intermedio, por lo tanto, la molecularidad es 1.

d) La afirmación es falsa. El estado de transición es una especie teórica de estructura desconocida. Los carbocationes y carbaniones son *intermedios* de reacción, no estados de transición.

28. $D < C < A = B$

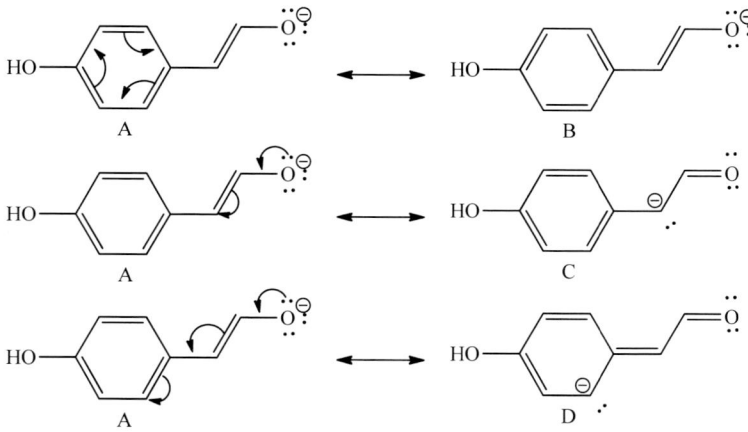

29.

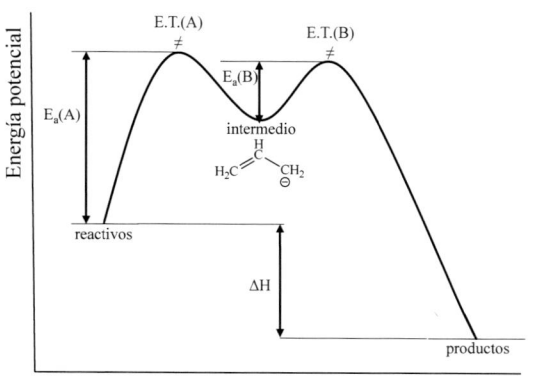

Coordenada de reacción

30.

   a) El estado de transición que se forma en la primera etapa (etapa A) es un carbocatión. FALSA. En una etapa no se forma un estado de transición, sino un intermedio.

   b) En la etapa A tiene lugar una ruptura heterolítica de un enlace. FALSA. En la etapa A se forma un enlace O-H.

   c) El carbanión que se genera en la etapa B es plano y está estabilizado por efectos inductivos. FALSA. En la etapa B se forma un carbocatión, no un carbanión.

   d) El carbocatión de la etapa C sufre, en esta etapa, el ataque nucleofílico del cloruro. VERDADERA. En esa etapa, el Cl actúa como nucleófilo y se une al carbono con carga positiva.

31.

	Etapa 1	Etapa 2	Etapa 3
Tiene molecularidad 2	X	X	
Es la etapa limitante	X		
Tiene molecularidad 1			X
Se genera un carbocatión estabilizado por resonancia			
Se genera un carbocatión estabilizado por efecto inductivo	X		

32. a1)

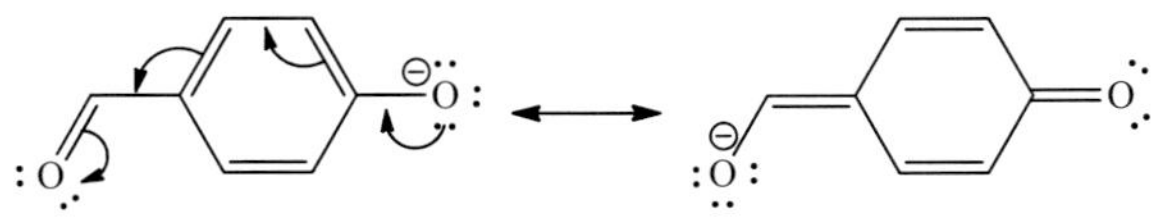

Es más estable la forma resonante de la izquierda, porque se mantiene el anillo aromático.

a2)

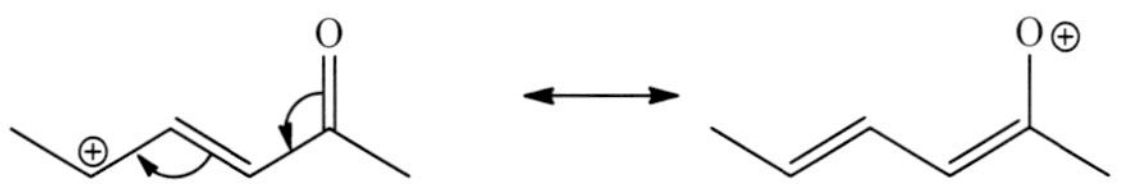

Es más estable la forma resonante de la derecha, porque la carga positiva está localizada en el átomo menos electronegativo.

a3)

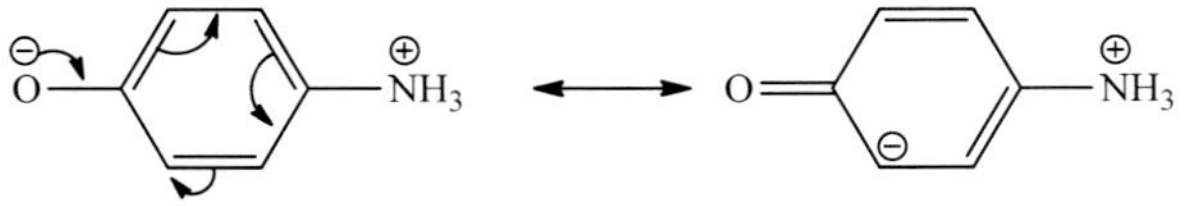

Es más estable la forma resonante de la izquierda, porque se mantiene el anillo aromático y la carga negativa está localizada en el átomo más electronegativo.

b1) c < a < b   b2) b < c < a   b3) c < a < b

2
Estereoquímica

Introducción

Conocer con gran detalle la estructura tridimensional de las moléculas, i.e. cómo se disponen los átomos de las mismas en el espacio, es uno de los aspectos clave de la química en general, y con mayor razón en la química orgánica y bioquímica en particular. Por ejemplo, las enzimas poseen "reconocimiento molecular", y solamente pueden ejercer su acción catalítica sobre moléculas cuya estructura tridimensional se ajusta perfectamente en su sitio activo. Del mismo modo, cualquier molécula con actividad biológica específica tiene un comportamiento similar, y reconoce la estructura tridimensional exacta de las moléculas sobre las que actúa.

La diferente disposición de los átomos en las moléculas, origen del concepto de isomería, tiene unas consecuencias fundamentales en la comprensión de las propiedades de las moléculas orgánicas, tanto estáticas como dinámicas. Muchas de las ideas clave que se barajan en este capítulo volverán a aparecer en los siguientes, dedicados a la descriptiva de las propiedades de las distintas familias de compuestos orgánicos. En definitiva, es imposible concebir un texto de química orgánica que no tenga un capítulo específico dedicado al estudio de la estructura tridimensional de las moléculas, centrado en la representación de dichas estructuras tridimensionales en proyecciones sobre una superficie bidimensional.

Los objetivos de aprendizaje consisten en asimilar y desarrollar los conceptos de isomería estructural y estereoisomería, establecer la importancia de la estructura tridimensional de las moléculas en las propiedades de las mismas, y adquirir destreza en el manejo de las diferentes formas de representar dichas estructuras tridimensionales en un modelo en dos dimensiones. Se comienza analizando los distintos tipos de isomería y la diferencia entre isomería estructural y estereoisomería. Seguidamente se introduce el concepto de isomería geométrica, para continuar con un análisis detallado de la isomería óptica y sus implicaciones. Se finaliza con un apartado de análisis conformacional. A lo largo de todo el capítulo se manejan diferentes formas de representar las moléculas orgánicas tridimensionales en una proyección en dos dimensiones, y las interconversiones entre las mismas.

Conceptos teóricos a emplear

- Concepto de isomería. Isomería estructural y estereoisomería.
- Isomería estructural: isómeros de cadena, de posición y de grupo funcional.
- Estereoisomería. Isomería geométrica. Configuraciones E/Z (*cis/trans*). Reglas de prelación de Cahn, Ingold y Prelog.
- Estereoisomería. Isomería óptica. Carbono asimétrico. Actividad óptica.
- Estereoisomería. Configuraciones R/S. Representación en 2D de las moléculas 3D. Proyecciones de Fischer, de Newman y en caballete.
- Estereoisomería. Enantiómeros, diasterómeros y formas *meso*.
- Análisis conformacional. Estabilidad relativa de los confórmeros.

Todos estos conceptos se abordan en cualquier curso de introducción a la química orgánica a nivel universitario, si bien la profundidad y complejidad del tratamiento puede variar de unas titulaciones a otras. En general, en cursos de química orgánica para el ámbito industrial, la estereoquímica tiene un peso específico algo menor que en aquellos destinados a las ciencias de la vida y la salud. En todo caso, cualquier texto de química orgánica contiene uno o varios capítulos específicos de estereoquímica tratados con gran detalle. A continuación, se recomiendan algunos ejemplos de textos de consulta.

- Soler Martínez, V. y González Rosende, M.E. *Fundamentos de Química Orgánica para las ciencias de la salud, Volumen I: estructura y enlace*. Ed. Síntesis. Capítulo 4.
- Primo Yúfera, E. *Química Orgánica básica y aplicada. De la molécula a la industria*. Ed. Reverté. Capítulo 3.
- Morrison, R.T. y Boyd, R.N. *Química Orgánica*. Addison Wesley. Capítulo 4.

Ejercicios y cuestiones

Isomería estructural

1. Dibujar la estructura de dos isómeros de cadena, dos isómeros de posición y dos isómeros de grupo funcional del 3-hidroxihexanal.

2. Sea la molécula 5-hidroxi-5-octaen-2-ona. Indicar, para cada una de las moléculas siguientes, si se trata de un isómero de cadena, de posición, de grupo funcional, o no es un isómero, de la molécula citada.

   a) 6-hidroxiocta-4-en-2-ona

   b) ácido 3-octaenoico

   c) 3-pentaenoato de propilo

   d) 2,3-dimetil-2-ciclohexaenona

   e) 4-metil-5-hidroxi-5-heptaen-2-ona

Isomería geométrica. Reglas de Cahn, Ingold y Prelog

3. Indicar cuáles de los siguientes alquenos presenta isomería geométrica, dibujando y nombrando los isómeros geométricos correspondientes. Para el apartado f), utilizar fórmulas de esqueleto.

a)	b)
$H_3C-CH_2-\underset{\underset{CH_2-CH_2}{\vert}}{\overset{\overset{CH_3}{\vert}}{C}}=C-CH_2-CH_3$	$H_2C=C\underset{CH_3}{\overset{Cl}{<}}$
c)	d)
$H_3C-CH_2-CH=CH-CH_2I$	$H_3C-CH=CH-CH=CH_2$
e)	f)
$H_3C-CH=CH-CH=CH-CH_2-CH_3$	$H_3C-CH=CH-CH=CH-CH_3$

4. Dibujar las fórmulas estructurales de todos los alquenos isómeros del penteno, incluyendo los estereoisómeros. Nombrar todos los compuestos dibujados.

5. Disponer los siguientes grupos en orden de prioridad decreciente, de acuerdo con las reglas de Cahn, Ingold y Prelog:

   (a) -C$_6$H$_5$ (fenilo)   (b) -CH=CH$_2$ (c) -C≡N
   (d) -CH$_2$I   (e) -CHO   (f) -COOH
   (g) -CH$_2$-NH$_2$ (h) -CO-NH$_2$ (i) -CO-CH$_3$

6. Asignar configuración E o Z a los siguientes isómeros geométricos.

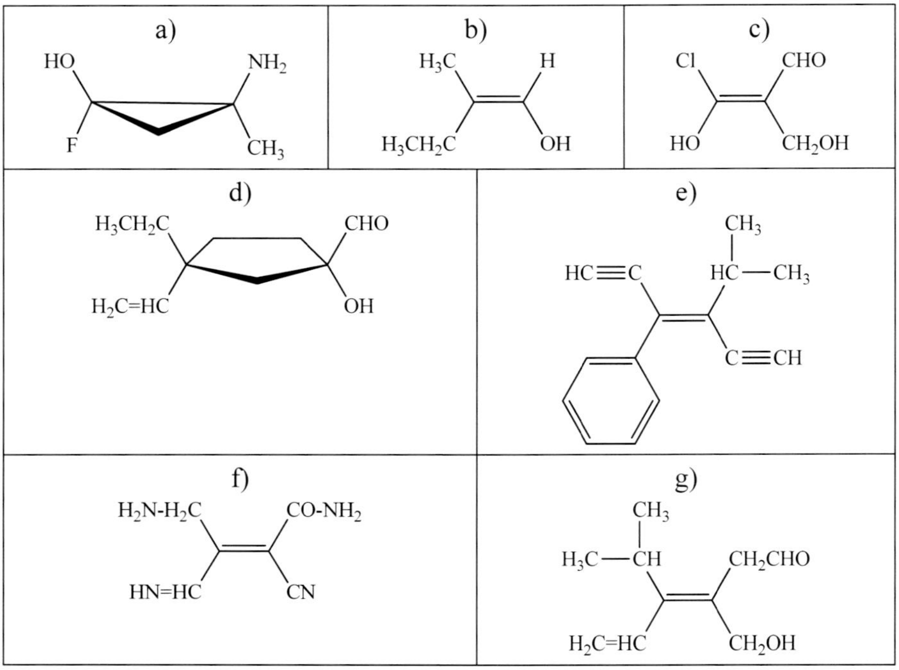

a)	b)	c)
HO, NH$_2$, F, CH$_3$	H$_3$C, H, H$_3$CH$_2$C, OH	Cl, CHO, HO, CH$_2$OH

d)	e)
H$_3$CH$_2$C, CHO, H$_2$C=HC, OH	HC≡C, CH$_3$, HC—CH$_3$, C≡CH

f)	g)
H$_2$N-H$_2$C, CO-NH$_2$, HN=HC, CN	CH$_3$, H$_3$C—CH, CH$_2$CHO, H$_2$C=HC, CH$_2$OH

7. En las siguientes fórmulas estructurales de esqueleto, asignar configuración E o Z a los dobles enlaces.

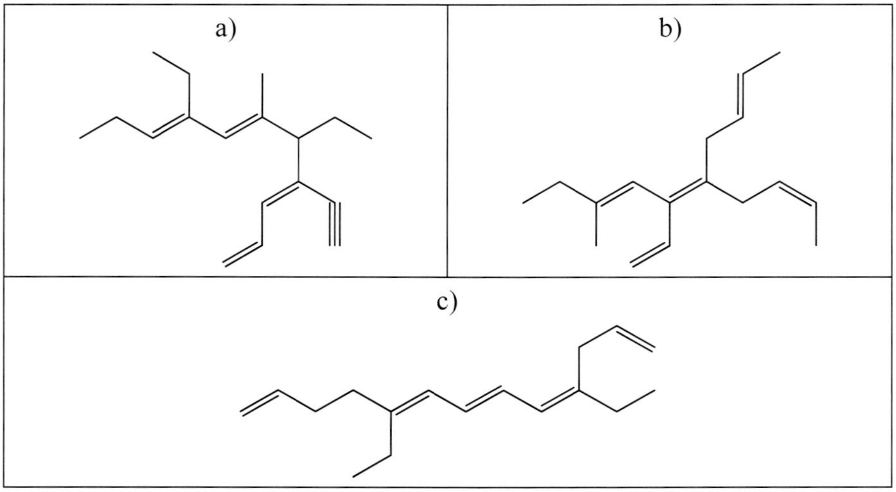

a)	b)

c)

8. Dibujar la fórmula estructural de esqueleto de las moléculas 4-etil-8-metil-1,4Z,6E-nonatrieno y 4,7-dipropil-3Z,5E,7Z-decatrieno.

Isomería óptica. Carbono asimétrico. Actividad óptica

9. Indicar cuáles de las siguientes estructuras son quirales y cuáles no. Señalar la razón de la quiralidad.

10. Indicar cuáles de estos compuestos pueden presentar simultáneamente isomería geométrica y óptica, dibujando su antípoda correspondiente en los casos en que haya isomería óptica.

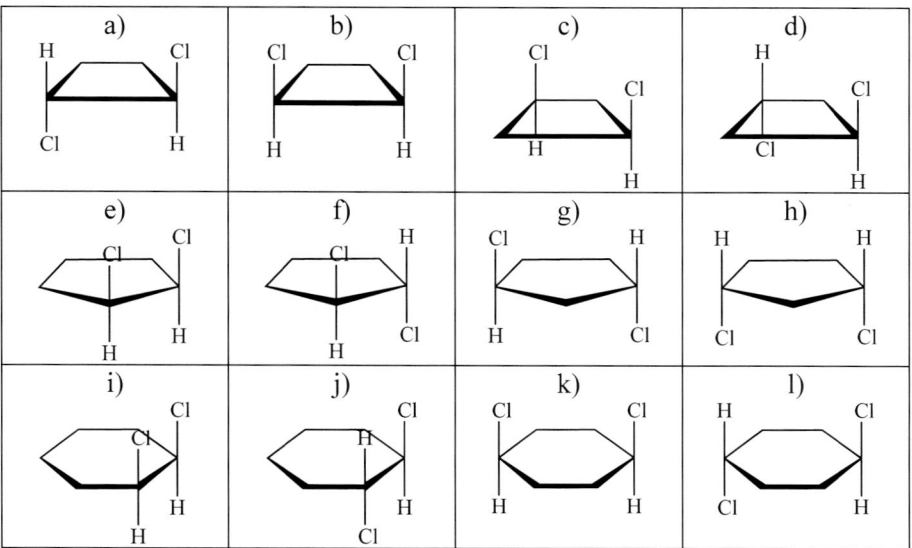

11. Señalar los carbonos asimétricos de las siguientes moléculas (recuérdese que muchos átomos de hidrógeno no se dibujan para simplificar).

Heliotridane (alcaloide)	Eucaliptol (aceite esencial)
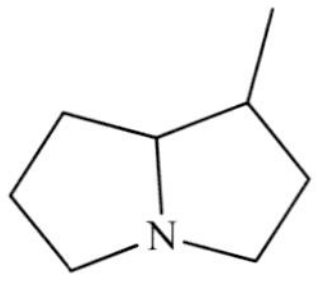	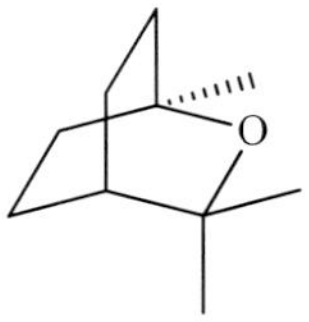
Ácido clavulánico (antibiótico)	Testosterona (hormona)
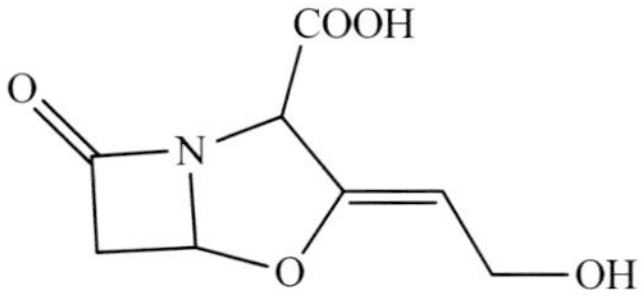	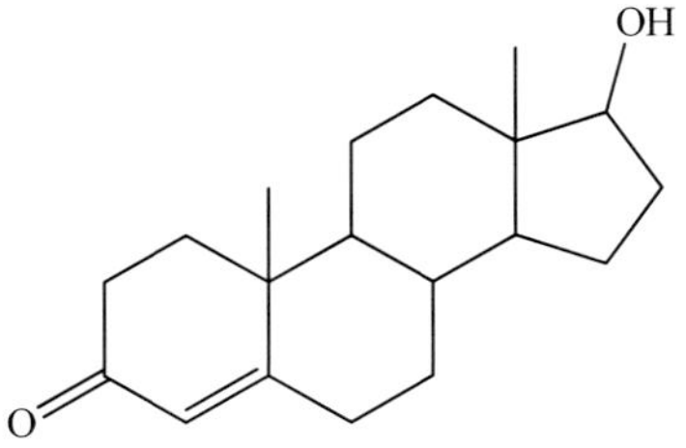
Piretrina (insecticida)	Licorina (alcaloide)
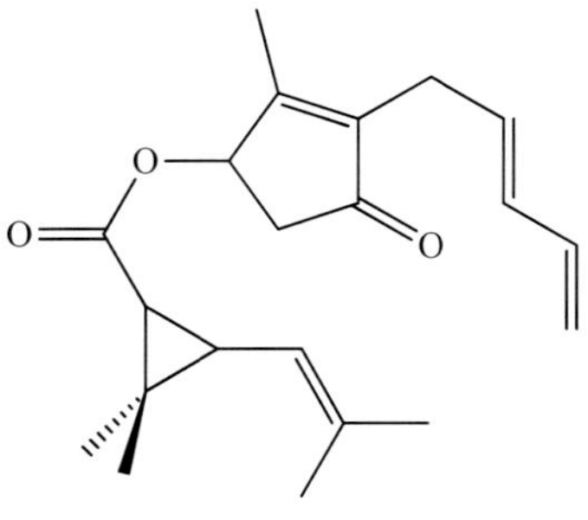	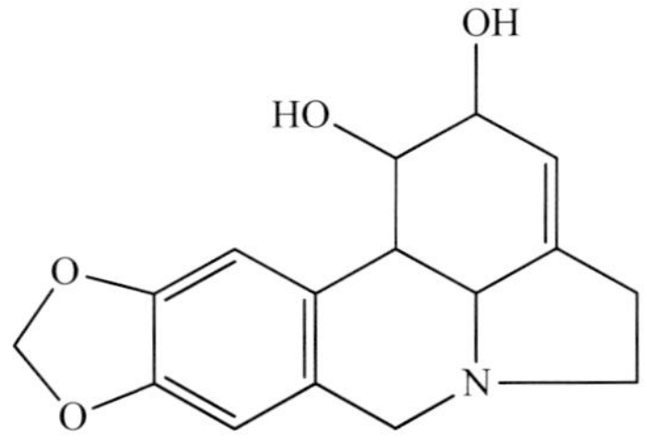

12. Se disuelven 1,5 g de una molécula quiral en etanol, dando lugar a 50 mL de disolución.

a) Determinar la rotación específica a 20 °C para la línea D del Na si la disolución tiene una rotación observada de +2,79 ° en un tubo polarimétrico de 10 cm.

b) Calcular la rotación que se observará si se emplea un tubo de 5 cm.

c) Calcular la rotación medida si la disolución se diluye de 50 a 150 mL y se emplea un tubo polarimétrico de longitud 10 cm.

Isomería óptica. Configuración R/S. Representación en papel de las moléculas. Proyecciones de Fisher, de Newman y en caballete

13. *Ejercicio resuelto*. Asignar configuración R o S a los carbonos asimétricos de las siguientes moléculas.

a)	b)
c)	d)

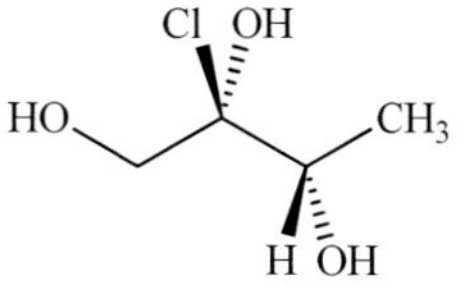

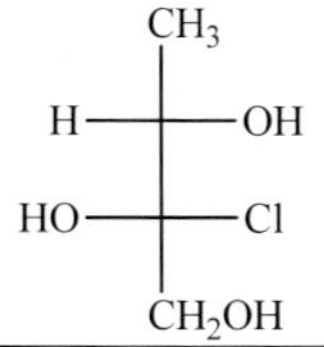

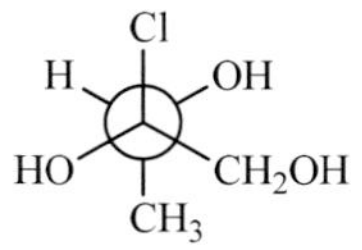

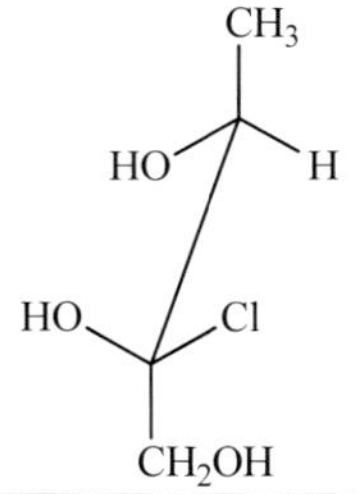

Resolución

a) En primer lugar, hemos de recordar que, en la representación en papel de la molécula, las líneas gruesas indican que el sustituyente se proyecta hacia afuera saliendo del papel; mientras que las líneas a trazos discontinuos indican que el sustituyente se proyecta hacia adentro, por detrás del plano del papel; y las líneas de trazos "normales" son enlaces que están contenidos en el plano del papel.

La molécula tiene dos carbonos asimétricos, uno unido a un CH_3 (derecha) y el otro unido a un CH_2OH (izquierda). En el primero, el sustituyente de categoría nº 1 es el –OH, el nº 2 es el otro carbono asimétrico, el nº 3 es el metilo –CH_3, y el nº 4 es el H. La disposición de los cuatro sustituyentes queda:

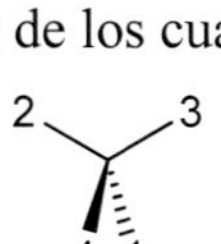

A continuación, se gira la molécula para que el sustituyente nº 4 quede orientado hacia atrás, en este caso un giro de 180º alrededor del centro. La figura se transforma en:

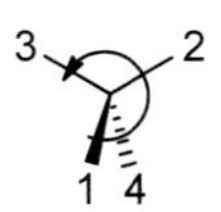

49

La línea que une el sustituyente 1 con el 2 y luego el 3 gira en sentido contrarreloj, de modo que la configuración de dicho carbono asimétrico es S.

Hay otra forma de asignar la configuración, una vez establecida la numeración de los cuatro sustituyentes. En lugar de mover la molécula para conseguir que el sustituyente número 4 quede hacia atrás, sin hacer ningún movimiento se intercambia el sustituyente número 4 con el que haya quedado hacia atrás. Cuando se intercambian dos sustituyentes cualesquiera en cualquier representación, la molécula obtenida tiene la configuración contraria a la de la molécula original. De este modo, una vez hecho el cambio, se dibuja la línea 1-2-3, pero se asigna la configuración contraria a la que indica el dibujo de dicha línea.

Utilizando como ejemplo el carbono asimétrico anterior, la asignación de las categorías conduce a la figura que aparece anteriormente:

Para que el sustituyente número 4 quede hacia atrás, se ha de intercambiar con el número 1:

Si dibujamos la línea 1-2-3, dicha línea gira en sentido reloj, pero como se han intercambiado dos sustituyentes, la configuración del carbono asimétrico no es R, sino S. Nótese que se ha llegado al mismo resultado que utilizando el giro de toda la molécula.

Pasemos ahora al otro carbono asimétrico de la molécula modelo. La categoría n° 1 es el átomo de Cl, la n° 2 es el –OH, la n° 3 el otro carbono asimétrico y la n° 4 es el –CH_2OH. La disposición de los sustituyentes resulta:

Para poner el sustituyente n° 4 hacia atrás, se gira la molécula 90° desde el centro hacia la izquierda (si se mira la molécula desde arriba, un cuarto de vuelta en sentido reloj). La disposición de los sustituyentes resulta:

La línea que une el sustituyente 1 con el 2 y luego el 3 gira en sentido reloj, de modo que la configuración de dicho carbono asimétrico es R.

Es fácil comprobar que, 2i en la figura inicial intercambiamos el 4 por el 2, la línea 1-2-3 gira en sentido contrarreloj por lo tanto se deduce que la configuración del carbono asimétrico es R.

b) En el caso de la proyección de Fischer, se ha de dibujar una proyección de un solo átomo de C para cada uno de los dos carbonos asimétricos, ya con los sustituyentes cambiados por números de acuerdo a sus respectivas categorías. En el caso de la molécula problema, con los mismos sustituyentes que la del apartado anterior, los dos carbonos asimétricos (el superior unido al metilo en la parte izquierda de la figura siguiente, y el inferior unido a –CH$_2$OH en la parte derecha) quedan con la siguiente disposición:

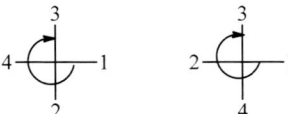

En el carbono asimétrico superior, al dibujar la línea que une los sustituyentes 1, 2 y 3, dicha línea gira en sentido reloj. Como el sustituyente 4 está en una barra lateral (izquierda), la configuración es la contraria a la que indica el giro de la línea, de modo que dicho carbono asimétrico tiene configuración S. Se propone comprobarlo haciendo, en dicha proyección de Fischer, dos cambios consecutivos de manera que el sustituyente 4 quede en una barra vertical (arriba o abajo).

En el carbono asimétrico inferior, el sustituyente 4 está en una barra vertical (abajo), de modo que el sentido de giro de la flecha indica directamente la configuración, que en este caso es sentido reloj y configuración R.

c) En el caso de la proyección de Newman, en los dos carbonos asimétricos (el de delante y el de detrás) se vuelven a repetir los sustituyentes de los apartados anteriores. Si nos fijamos en el carbono asimétrico de delante, la disposición de los cuatro sustituyentes es la siguiente:

En este caso, para colocar el sustituyente nº 4 hacia atrás, lo más sencillo es inmovilizar el sustituyente nº 1 y girar la molécula 120º en sentido contrarreloj visto desde arriba, de modo que el sustituyente nº 4 pasa a la posición del 3, el 3 a la del 2 y el 2 a la del 4:

La línea que une los sustituyentes 1, 2 y 3 gira en sentido reloj, por lo tanto, configuración R.

Si se hace lo mismo con el carbono asimétrico de detrás en la proyección de Newman, la disposición de los sustituyentes queda la siguiente:

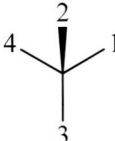

En este caso, para poner el sustituyente nº 4 hacia adentro, se ha de fijar el sustituyente nº 3, y se gira la molécula 60° en sentido reloj mirando desde arriba, de modo que la disposición quedaría la siguiente. Nótese que la posición de los sustituyentes en el dibujo parece que apenas ha cambiado:

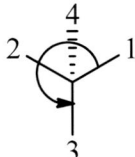

La configuración del carbono asimétrico de detrás es S.

d) Para la proyección en caballete, la estrategia es análoga que en el caso de la proyección de Newman. Hay un carbono asimétrico delante y otro detrás. La disposición de los sustituyentes en el carbono asimétrico de delante es la siguiente:

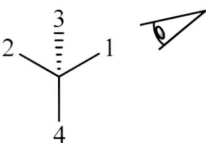

Para poner el sustituyente nº 4 hacia detrás, se inmoviliza la posición 1 y se gira la molécula 120° en sentido contrarreloj, mirándola desde el punto de vista señalado con el ojo dibujado. La figura resultante es la siguiente, configuración R.

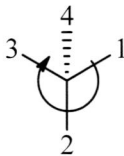

Y en el caso del carbono asimétrico de detrás en la proyección en caballete, la disposición de los sustituyentes es la siguiente:

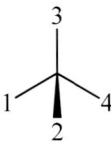

En este caso, inmovilizando el sustituyente n° 3 y girando la molécula 60° en sentido contrarreloj mirando desde arriba, dejamos el sustituyente n° 4 hacia atrás.

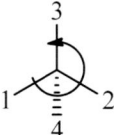

Y el carbono asimétrico de detrás tiene configuración S. Nótese que las cuatro moléculas del ejercicio son exactamente las mismas, representadas en cuatro formas diferentes.

14. Indicar las designaciones R o S de los siguientes compuestos.

a)	b)	c)
CH₃ Br——CH=CH₂ CH₂CH₃	H F——CH=CH₂ CH(CH₃)₂	H H₃C——C≡CH CH(CH₃)₂
d)	e)	f)
CHO H₃C——OH CH₂OH	NH₂ H₃C——H CH₂OH	CH=CH₂ H——CH₃ Cl
g)	h)	i)
CHO HO——COOH CO—CH₃	Cl ◁——NH₂ OH	CH₃ ◁——H CH₂CH₃
j)	k)	l)
CHO HO——◇ △	CH=CH₂ H₃C——◇ △	C≡CH OHC——◇ △

15. Indicar la configuración R o S de los carbonos asimétricos de las siguientes moléculas (recuérdese que muchos átomos de hidrógeno no se dibujan para simplificar)

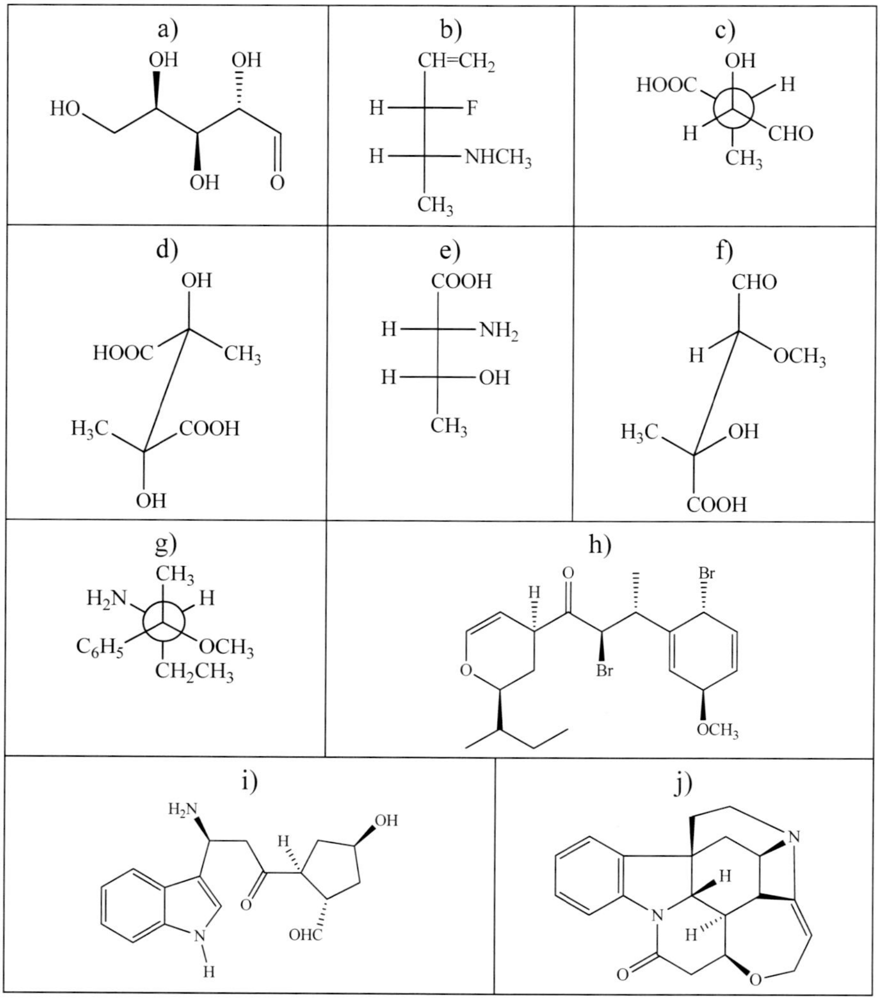

Enantiómeros, diasterómeros y formas meso

16. Dibujar las proyecciones de Fischer de todos los estereoisómeros de las siguientes
moléculas e indicar cuáles son ópticamente activas y cuáles meso. Asignar configuraciones R y S para cada C asimétrico:

a) 2,3-dibromobutano

b) 4-cloro-2,3-pentanodiol

17. Dibujar cada una de las siguientes proyecciones de Fischer en forma comparable con los dos grupos metilo en el extremo. ¿Son la misma, enantiómeros o diasterómeros?

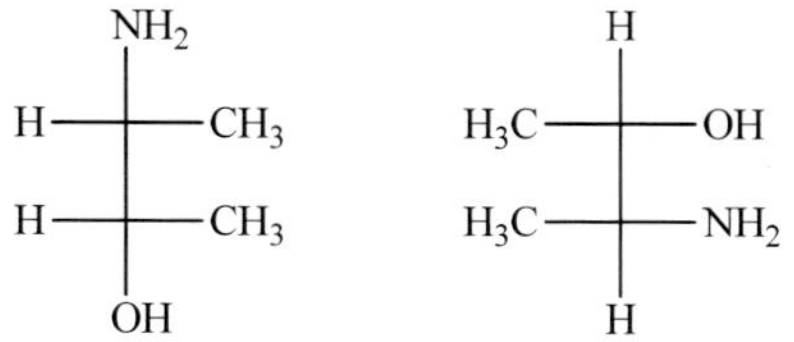

18. *Ejercicio resuelto.* Identificar la relación entre los pares de moléculas representadas a continuación como enantiómeros, diasterómeros, isómeros geométricos, isómeros estructurales o idéntica molécula.

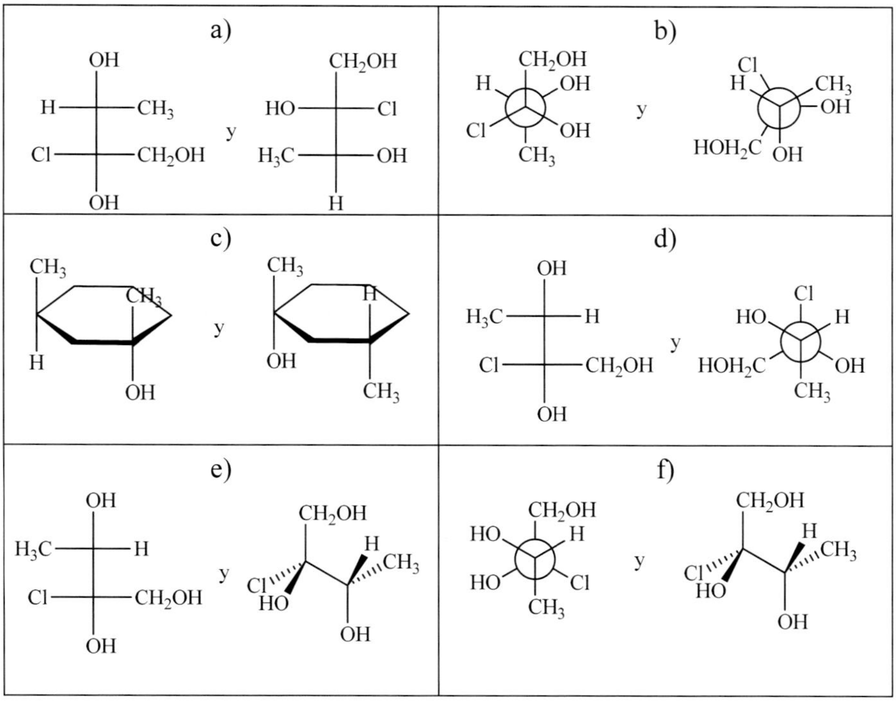

Resolución: El método general para resolver los ejercicios en que hay que comparar dos moléculas representadas consiste en mantener una de ellas de modelo y modificar el modo de representar la otra (sin que cambie la molécula) de manera que se obtenga una estructura fácilmente comparable a la del modelo y al dibujar una al lado de la otra, se pueda visualizar si se trata de la misma molécula (misma posición de todos los substituyentes), enantiómeros (imágenes especulares), diasterómeros (no son la misma molécula pero tampoco con enantiómeros), isómeros geométricos (E/Z), o isómeros estructurales (cadena, posición o función).

Otra forma de resolver este tipo de ejercicios consiste en escribir el nombre completo de cada una de las dos moléculas representadas, incluyendo las configuraciones E/Z en el caso de moléculas con isomería geométrica y R/S para cada uno de los centros quirales. Al comparar los nombres se visualiza inmediatamente si se trata de la misma molécula (nombres idénticos), son enantiómeros (todas las configuraciones R/S son distintas), diasterómeros (algunas configuraciones R/S son las mismas, pero otras son distintas), etc. Esta metodología requiere una gran habilidad a la hora de nombrar estructuras orgánicas y asignar configuraciones.

a)

Cuando en la pareja de moléculas a comparar hay al menos una proyección de Fischer, es recomendable utilizar ésta de modelo y modificar la otra estructura. En el apartado (a) se han de comparar dos proyecciones de Fischer, de modo que se deja una invariable (e.g., la de la izquierda) y se modifica el dibujo de la otra manteniendo siempre la misma molécula. Para comparar las estructuras, se ha de conseguir que en las dos proyecciones de Fischer los dos carbonos asimétricos se encuentren en la misma posición, y los sustituyentes verticales sean los mismos. En primer lugar, se aprecia que las dos proyecciones de Fischer del apartado no tienen los carbonos en la misma posición, pues en la figura de la izquierda el carbono con sustituyente metilo está en la parte superior, mientras que en la de la izquierda dicho carbono está en la parte inferior. Para poner las dos moléculas con los carbonos en la misma posición, se ha de invertir la molécula de la derecha, mediante un giro de 180º a toda la molécula (sin despegarla del plano del papel), ya que esa operación mantiene invariable la molécula:

A continuación, para que la molécula se asemeje al modelo, el sustituyente –OH del carbono de arriba se ha de poner en la barra superior, en base a realizar dos cambios consecutivos sobre dicho carbono. Análogamente, el –OH del carbono de abajo se ha de poner en la barra inferior del mismo modo:

H ── HO ── CH₃ ── Cl ── OH ── CH₂OH   →   OH ── H₃C ── H ── HOH₂C ── Cl ── OH

Finalmente, se coloca la molécula modelo (a la izquierda) al lado de la modificada (a la derecha), y se visualiza la relación entre las imágenes:

OH ── H ── CH₃ ── Cl ── CH₂OH ── OH   OH ── H₃C ── H ── HOH₂C ── Cl ── OH

Se ve fácilmente que las dos estructuras son entre sí imágenes especulares, por lo tanto, las dos moléculas del apartado (a) son enantiómeros.

Si se opta por escribir el nombre completo de las dos moléculas, la molécula de la izquierda es el 2R-3R-2-cloro-1,2,3-butanotriol, mientras que la molécula de la derecha es el 2S-3S-2-cloro-1,2,3-butanotriol. Se deduce fácilmente que las dos moléculas son enantiómeros.

b)

CH₂OH, H, OH, Cl, OH, CH₃   y   Cl, H, CH₃, OH, HOH₂C, OH

En el caso de las proyecciones de Newman, para compararlas han de coincidir los dos carbonos de delante y los dos carbonos de detrás, y si están al revés, hay que dar la vuelta a una de las mismas. La molécula que dejemos de modelo ha de estar en conformación alternada con un sustituyente vertical en cada átomo de carbono, y la molécula a modificar ha de quedar con los sustituyentes verticales igual que los de la molécula modelo. Las modificaciones en la posición de los sustituyentes de cualquiera de los dos átomos de carbono se realizan girando las aspas, en virtud del libre giro del enlace sencillo C–C.

En el ejercicio a resolver, dejamos como modelo la molécula de la izquierda, pues ya se encuentra en conformación alternada y con dos sustituyentes en posición vertical. En primer lugar, hemos de dibujar la molécula de la derecha en posición también alternada y con dos sustituyentes en posición vertical, para poder realizar las subsiguientes modificaciones fácilmente. Para ello, únicamente hay que girar el átomo de carbono de detrás en sentido reloj hasta que todos los sustituyentes queden en conformación alternada:

57

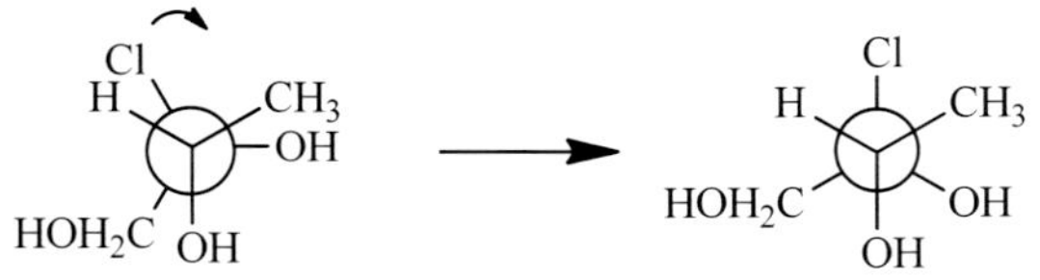

A continuación, se ha de poner detrás el carbono de delante, y viceversa, para que la posición de los átomos de carbono coincida con la del modelo. Esto se realiza mentalmente cogiendo la molécula por el punto medio del enlace C–C y girándola media vuelta. Nótese que los dos sustituyentes verticales se mantienen verticales (pero han cambiado de detrás a delante y viceversa), mientras que los sustituyentes laterales pasan de estar a la derecha a estar a la izquierda, y viceversa. Este movimiento se observa muy bien utilizando un modelo molecular.

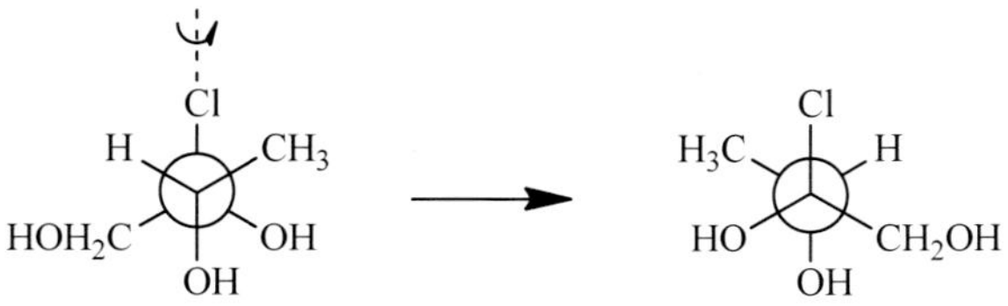

Por último, para comparar la molécula a la que hemos dejado de modelo, hemos de colocar el sustituyente CH_2OH del carbono de delante en posición vertical hacia arriba, y el sustituyente CH_3 del carbono de detrás en posición vertical hacia abajo, girando el aspa de delante 120° en sentido contrarreloj y el aspa de detrás también. Nótese que ambos giros son totalmente independientes, y se pueden realizar en cualquier magnitud y en cualquiera de los dos sentidos.

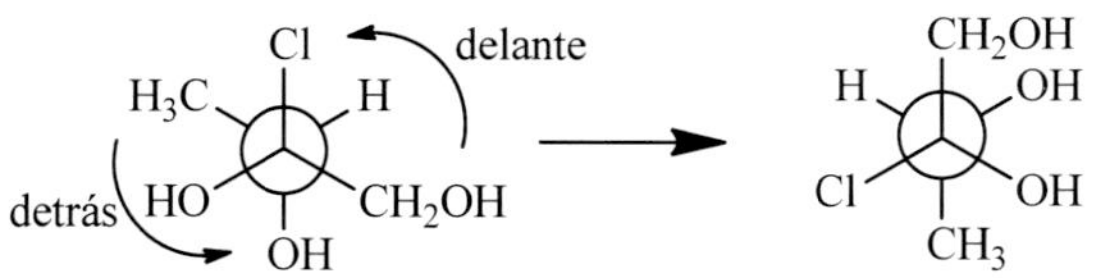

Al poner la molécula resultante al lado de la molécula modelo, se ve inmediatamente que se trata de moléculas idénticas.

Si se opta por escribir el nombre completo de las dos moléculas, la molécula de la izquierda es el 2R-3S-2-cloro-1,2,3-butanotriol, mientras que la molécula de la derecha es el 2R-3S-2-cloro-1,2,3-butanotriol. Al ser los nombres idénticos, se trata de moléculas idénticas.

c)

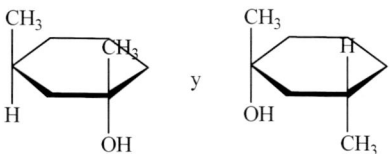

En el caso de las proyecciones de Hawort para representar anillos, y siguiendo la estrategia general de dejar una molécula de modelo y modificar la otra, lo más habitual es hacer coincidir los sustituyentes del anillo en las mismas posiciones, y comprobar si la posición de los mismos es la misma (arriba o abajo). Para modificar una proyección de Hawort sin modificar la molécula, es conveniente hacer girar la molécula en la horizontal, como si fuera un disco en un tocadiscos, o bien voltearla.

En el ejemplo del ejercicio, y dejando de modelo la molécula de la izquierda, en primer lugar, hay que colocar el carbono con el sustituyente metilo en la posición de la izquierda, girando horizontalmente la molécula 120° en sentido reloj mirando desde arriba:

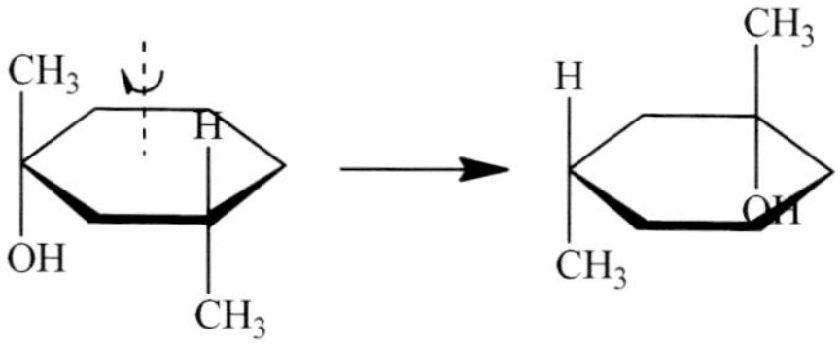

A continuación, para que el carbono con los dos sustituyentes metilo e hidroxilo quede en la misma posición que en modelo, sin cambiar la posición del carbono de la izquierda, se ha de voltear la molécula de modo que los carbonos de detrás pasen adelante, y viceversa:

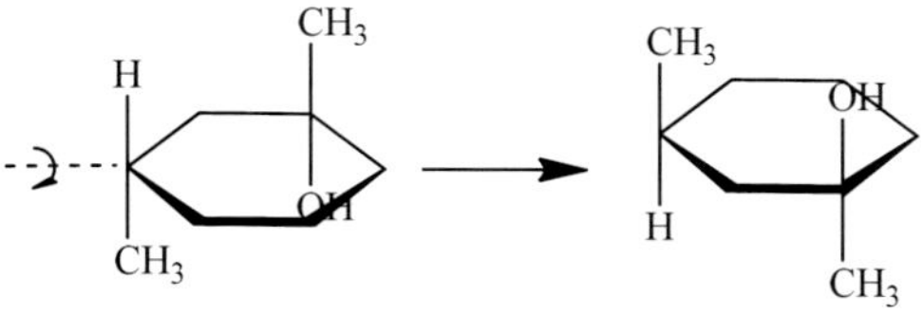

Por último, se colocan al lado la molécula modelo y la modificada y se visualiza la posición de los sustituyentes:

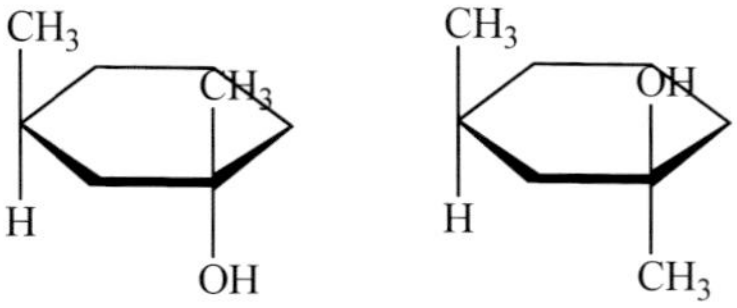

En este caso, se aprecia que las dos moléculas son entre sí isómeros geométricos, ya que la molécula de la izquierda tiene configuración E y la de la derecha tiene configuración Z. Pero, además, ambas moléculas tienen dos carbonos asimétricos, siendo la misma configuración para el carbono de la izquierda (S) en ambos casos, pero configuraciones distintas para el otro: S en la molécula de la izquierda y R en la molécula de la derecha; por lo tanto, las dos moléculas son también entre sí diasterómeros.

Si se opta por escribir el nombre completo de las dos moléculas, la molécula de la izquierda es el *E*-1S,3S-dimetilciclohexanol, mientras que la molécula de la derecha es el *Z*-1R,3S-dimetilciclohexanol. Se deduce que las dos moléculas son isómeros geométricos E/Z, y a la vez diasterómeros.

d)

En este caso, se comparan moléculas dibujadas en diferentes proyecciones, por lo que lo primero que hay que hacer es transformar una proyección en otra. En este ejercicio, se visualiza la transformación de una proyección de Fischer en una de Newman, y viceversa, ejemplificado con las dos moléculas representadas.

Para transformar una proyección de Fischer de dos carbonos asimétricos en una proyección de Newman, hay que tener en cuenta el significado de las líneas verticales y horizontales de la proyección de Fischer: las líneas verticales están dirigidas hacia atrás y las horizontales hacia adelante, tal como se muestra en la figura:

Utilizando un modelo molecular, o realizando un ejercicio mental de visión espacial, se puede apreciar que la proyección de Fischer, vista en su totalidad, corresponde a una proyección de Newman eclipsada. De este modo, para transformar la proyección de Fischer en una proyección de Newman, se empuja la proyección de Fischer hacia atrás desde arriba, volcándola, de modo que el carbono de abajo queda delante en la proyección de Newman, y el de arriba queda detrás, y se obtiene una proyección de Newman eclipsada. Con la molécula del ejemplo sería:

Una vez realizado el cambio de proyección, el resto del ejercicio se resuelve utilizando la misma estrategia que en el apartado (b).

Para transformar la proyección de Newman en una proyección de Fischer, en primer lugar, hay que modificar la proyección de Newman de manera que se coloquen los sustituyentes en conformación eclipsada, con uno de ellos hacia abajo en cada carbono. Una vez hecho esto, se realiza el movimiento inverso al descrito anteriormente, y la proyección de Newman se levanta desde el carbono de detrás, para "ponerla de pie". La secuencia entera con la molécula del ejemplo sería:

Una vez realizado el cambio de proyección, el resto del ejercicio se resuelve utilizando la misma estrategia que en el apartado (a). Al resolverlo, desde las dos proyecciones de Newman o las dos proyecciones de Fischer, se concluye que las dos moléculas son exactamente la misma.

Si se opta por escribir el nombre completo de las dos moléculas, la molécula de la izquierda es el 2R-3S-2-cloro-1,2,3-butanotriol, mientras que la molécula de la derecha es el 2R-3S-2-cloro-1,2,3-butanotriol. Al ser los nombres idénticos, se trata de moléculas idénticas.

e)

Cuando se compara una proyección de Fischer con un diseño con líneas gruesas y a trazos para denotar enlaces hacia afuera y hacia adentro, respectivamente, lo más adecuado es transformar ésta última en una proyección de Fischer y luego realizar modificaciones sobre la misma. Para realizar esta transformación, hay que tener en cuenta que en una proyección de Fischer el observador está mirando un átomo de carbono desde el punto en el que ve las barras verticales (arriba y abajo) alejándose y las barras horizontales (izquierda y derecha). En este sentido, el observador ha de proyectar el punto de vista (representado con la imagen de un ojo, en el que la dirección "arriba" está indicada en la posición de la ceja más larga) sobre el plano del papel en la posición adecuada para ver los sustituyentes "arriba y abajo" alejándose, y los sustituyentes "izquierda y derecha" acercándose. Es muy importante tener en cuenta que cada átomo de carbono se ha de visualizar de modo independiente, y la posición del punto de vista cambia de un átomo de carbono a otro.

En el ejercicio, la transformación del dibujo de la derecha en una proyección de Fischer se lleva a cabo poniendo arriba el carbono unido al cloro, y abajo el carbono unido al metilo. La posición del punto de vista para cada carbono, y la proyección de Fischer resultante se muestran a continuación:

Una vez realizado el cambio de proyección, el resto del ejercicio se resuelve utilizando la misma estrategia que en el apartado (a). En el ejemplo en cuestión, las dos moléculas son exactamente la misma.

La metodología es análoga cuando se compara una proyección de Fischer con una proyección en caballete: transformar el caballete en una proyección de Fischer en base a situar correctamente el punto de vista del observador.

Si se opta por escribir el nombre completo de las dos moléculas, la molécula de la izquierda es el 2R-3S-2-cloro-1,2,3-butanotriol, mientras que la molécula de la derecha es el 2R-3S-2-cloro-1,2,3-butanotriol. Al ser los nombres idénticos, se trata de moléculas idénticas.

f)

La comparación de una proyección de Newman con una representación con líneas gruesas y a trazos (o con una proyección en caballete) se lleva a cabo de modo análogo al del ejemplo anterior: transformar la representación en una proyección de Newman. En este caso, el observador ha de proyectar el punto de vista de manera que vea directamente al carbono de delante que está eclipsando al carbono de detrás, y colocar los sustituyentes de los dos carbonos de acuerdo con lo que esté viendo desde ese punto, tal como se muestra en la figura:

Una vez realizado ese cambio, el ejercicio se resuelve de modo análogo al utilizado en el apartado (b). En este ejemplo concreto, las dos moléculas son entre sí diasterómeros.

Si se opta por escribir el nombre completo de las dos moléculas, la molécula de la izquierda es el 2R-3R-2-cloro-1,2,3-butanotriol, mientras que la molécula de la derecha es el 2R-3S-2-cloro-1,2,3-butanotriol. Se deduce que las dos moléculas son diasterómeros.

19. Identificar la relación entre los pares de moléculas representadas a continuación como enantiómeros, diasterómeros, isómeros geométricos, isómeros estructurales o idéntica molécula.

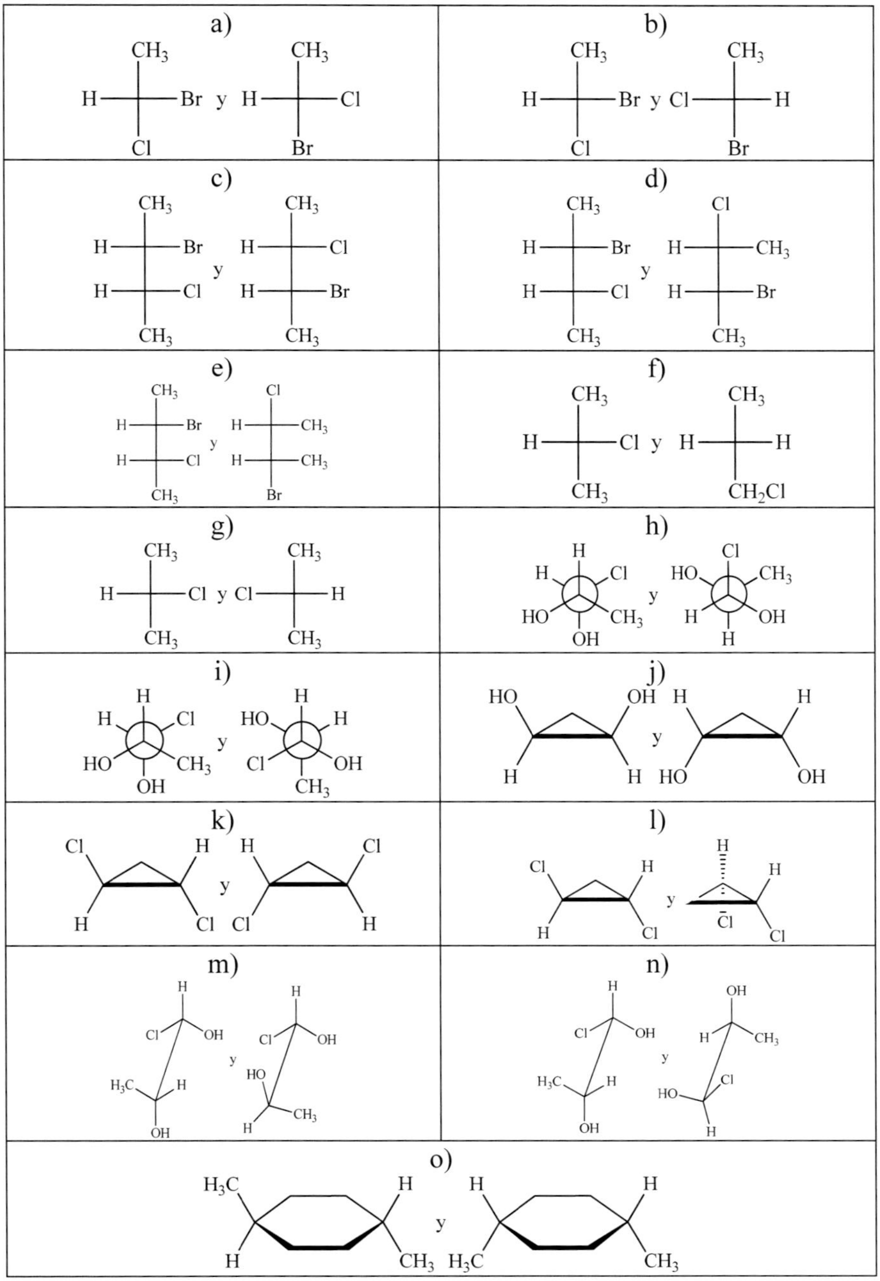

a)	b)
CH₃ ... CH₃ H—Br y H—Cl Cl ... Br	CH₃ ... CH₃ H—Br y Cl—H Cl ... Br
c)	**d)**
CH₃ ... CH₃ H—Br H—Cl y H—Cl H—Br CH₃ ... CH₃	CH₃ ... Cl H—Br H—CH₃ y H—Cl H—Br CH₃ ... CH₃
e)	**f)**
CH₃ ... Cl H—Br H—CH₃ y H—Cl H—CH₃ CH₃ ... Br	CH₃ ... CH₃ H—Cl y H—H CH₃ ... CH₂Cl
g)	**h)**
CH₃ ... CH₃ H—Cl y Cl—H CH₃ ... CH₃	
i)	**j)**
k)	**l)**
m)	**n)**

o)

Análisis conformacional. Estabilidad relativa de los confórmeros

20. Dibujar, utilizando las proyecciones de Newman sobre el enlace que se menciona, los confórmeros más estables de las siguientes moléculas.

  a) butano (enlace C_2-C_3).

  b) 2S-clorobutano (enlace C_2-C_3).

  c) 2S-cloro-3-metilbutano (enlace C_2-C_3).

21. Nombrar los compuestos que se muestran en proyecciones de Newman.

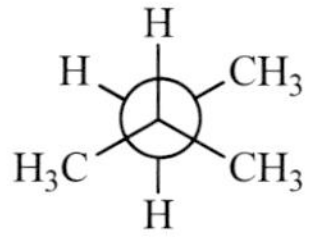

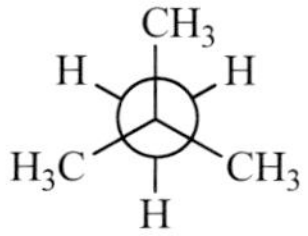

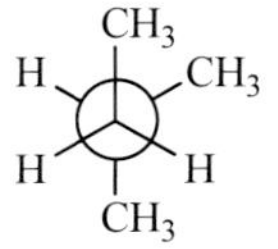

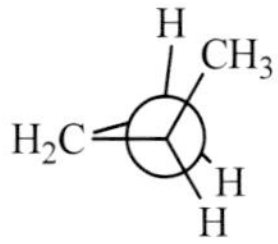

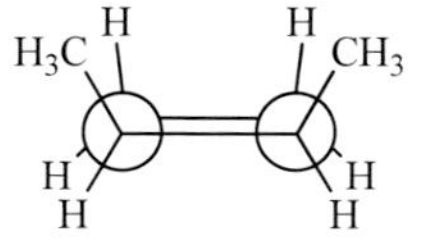

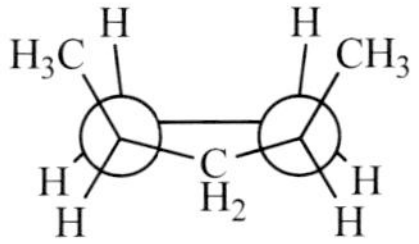

22. Ordenar los siguientes confórmeros del 1,2-dicloroetano por su estabilidad relativa.

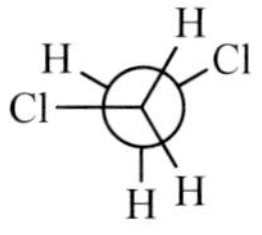

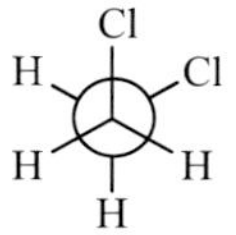

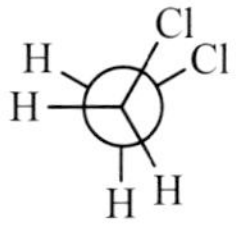

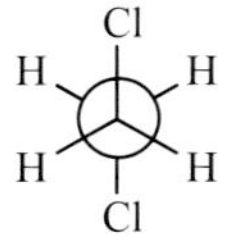

23. Señalar, de entre cada par, el confórmero más estable.

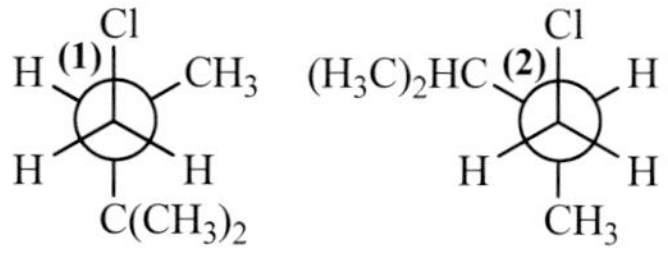

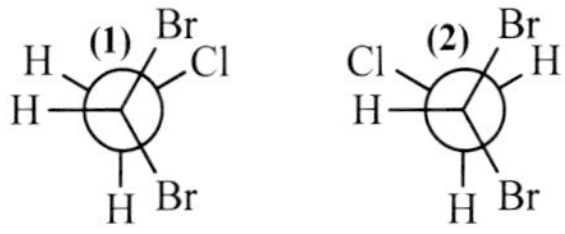

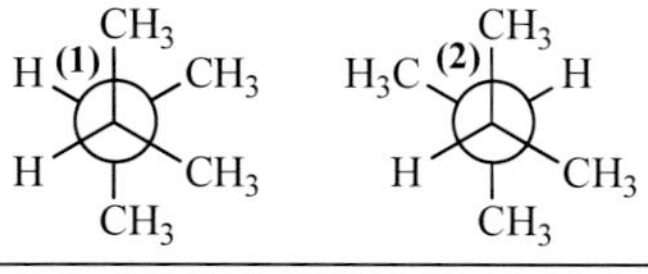

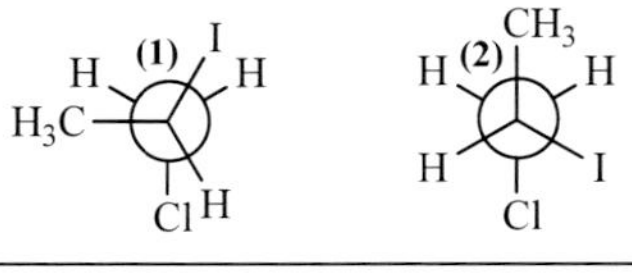

Ejercicios y cuestiones variados

24. Para cada una de las siguientes cuestiones, elegir la opción más apropiada:

1) El nombre correcto del siguiente compuesto es:

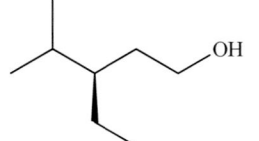

a) 2-metil-3-etil-5-hidroxipentano

b) 3R 3-etil-4-metil-1-pentanol

c) 3S 3-etil-4-metil-1-pentanol

d) 3S 1-hidroxi-3-etil-4-metilpentano

2) La estructura correcta y más probable del 5R 5-bromo-3*E*-hepteno es

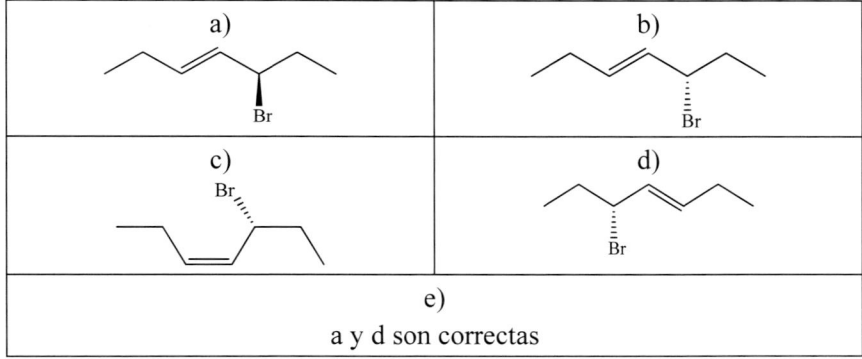

a)	b)
c)	d)
e) a y d son correctas	

3) Indicar, para las siguientes estructuras, cuál de las afirmaciones es la verdadera:

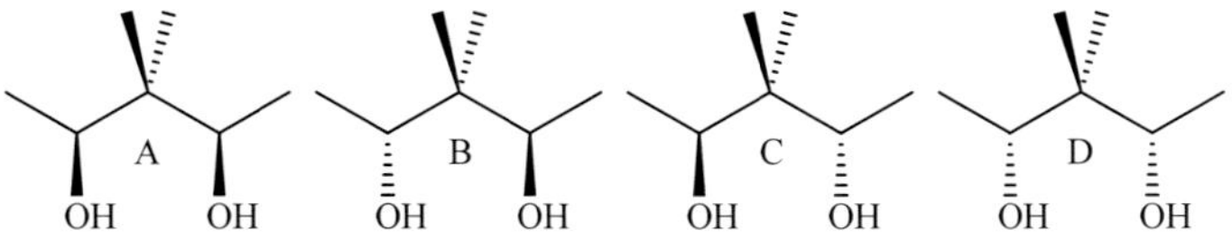

a) D es quiral y presenta actividad óptica

b) A y D son enantiómeros

c) B y C son enantiómeros

d) Ninguna es correcta

4) La rotación específica de un compuesto quiral, A, es +5°. Al disolver 5 g de dicho compuesto en 100 mL de disolución, usando una celda de 1 dm de camino óptico, el plano de luz polarizada se desviará:

a) 0,025° a la derecha (dextrorrotatorio)

b) 0,025° a la izquierda (levorrotatorio)

c) 0,25° a la derecha

d) 0,25° a la izquierda

25. Dibujar la molécula 2R, 3S, 2-cloro-3-pentanol:

a) En una representación en perspectiva, utilizando líneas gruesas y a trazos para denotar enlaces "hacia afuera" y "hacia adentro".

b) En una proyección de Fischer, con la cadena carbonada en vertical, ordenada de arriba abajo.

c) En proyección de Newman sobre el enlace C_2-C_3, con el C_2 en la parte de delante, y representando la conformación más estable.

d) Igual que el apartado c), pero con el C_3 en la parte de delante

26. Identificar la relación entre los pares de moléculas representadas a continuación como enantiómeros, diasterómeros, isómeros geométricos, isómeros estructurales o idéntica molécula. De todas las moléculas dibujadas, identificar las que sean compuestos *meso*.

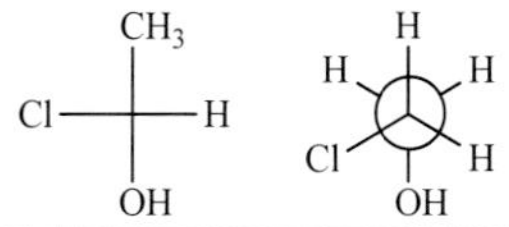

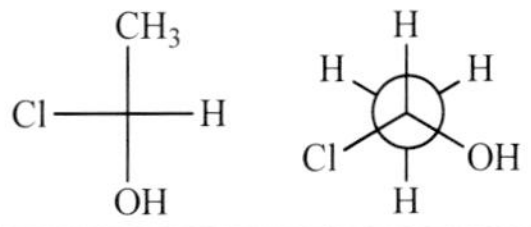

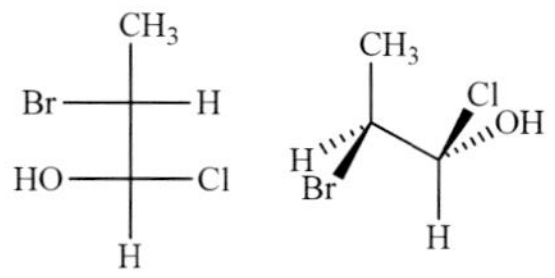

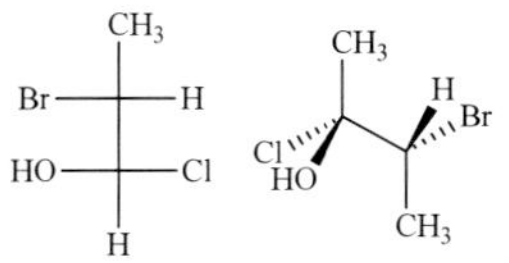

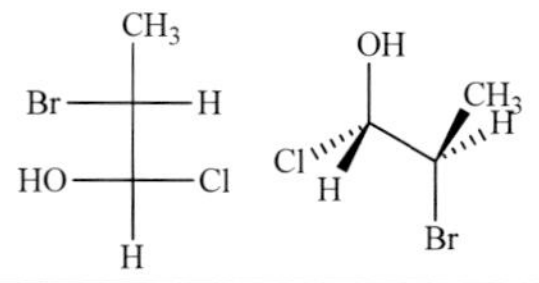

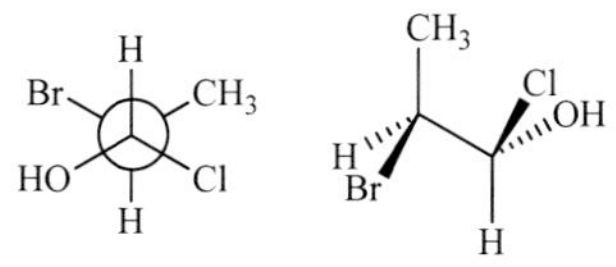

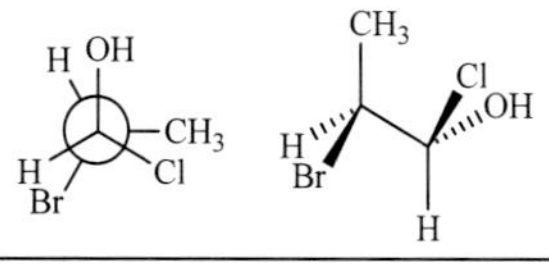

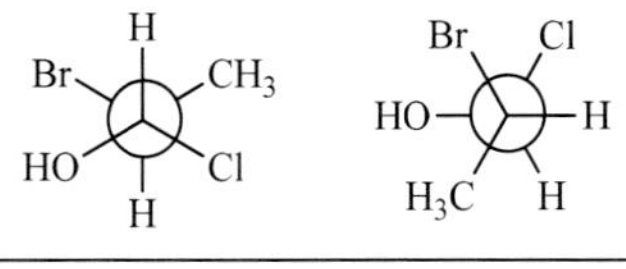

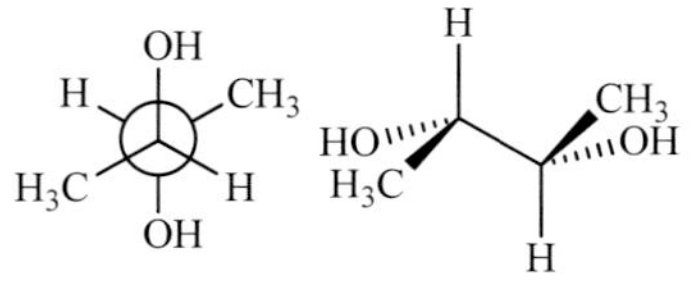

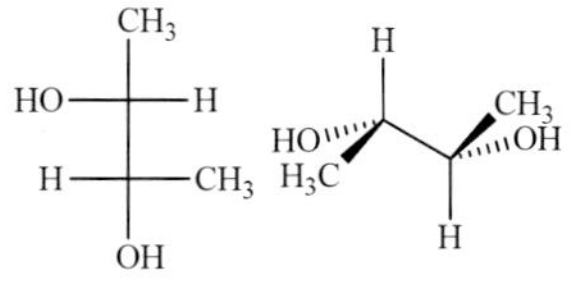

k)

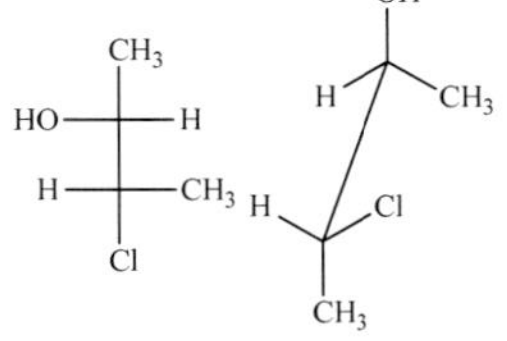

OH
CH₃
HO——H   H CH₃
H——CH₃   H   Cl
Cl   CH₃

l)

H
Cl   HO CH₃
HO——H
HO——H   H   OH
CH₃   Cl

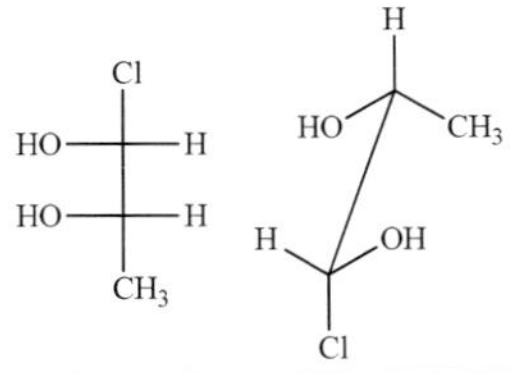

m)

Cl
HO——H   Cl
H——Cl   HO   Cl
OH   OH

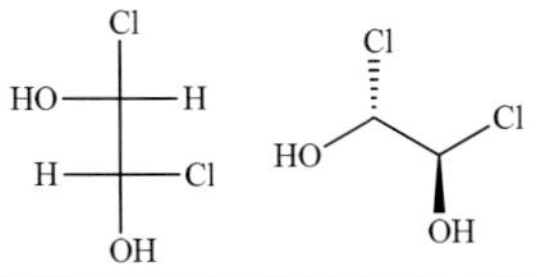

n)

CH₂CH₃   H CH₂CH₃
Cl   CH₃   CH₂OH
CH₂OH   H CH₃
Cl

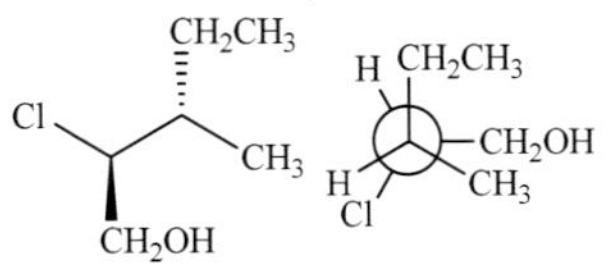

o)

Cl
HO——H   HO CH₃
HO——H
CH₃   H   OH
Cl

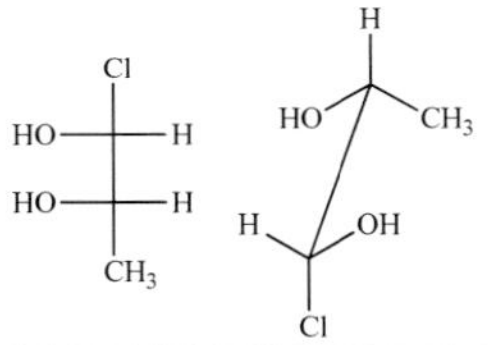

p)

Cl   H₃C   OH
HO——H   H
H——OH   H
CH₃   Cl   OH

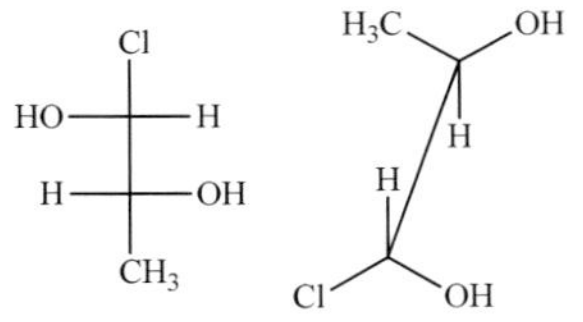

q)

H   H
H₃C——OH HO——Cl
HO——Cl   HO——H
H   CH₃

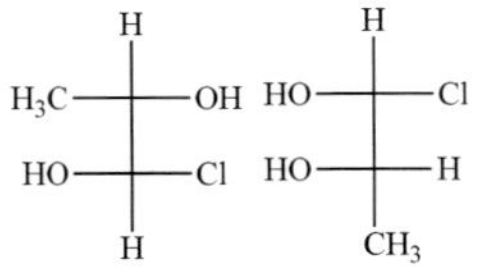

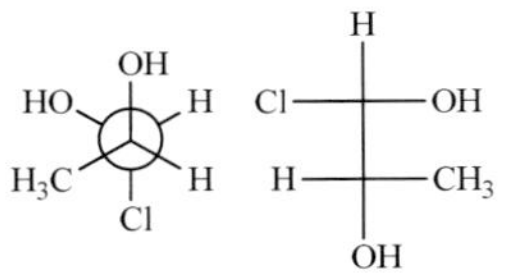

r)

H
OH   Cl——OH
HO   H
H₃C   H   H——CH₃
Cl   OH

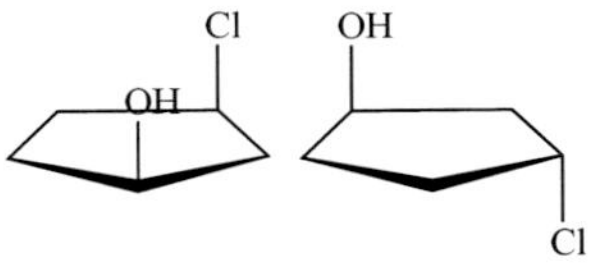

s)

Cl   OH
OH
Cl

t)

OH   Cl
Cl OH

u)

OH
Cl
Cl
OH

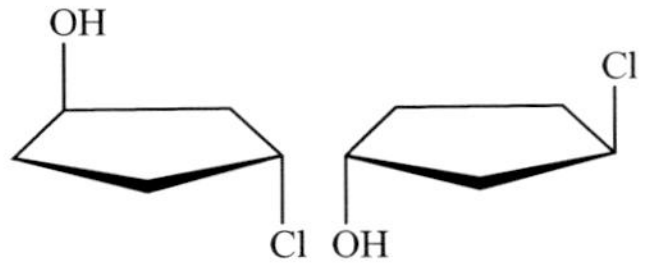

v)

H   H CH₃
H₃C——OH   HO——OH
H——CH₃   CH₃ H
OH

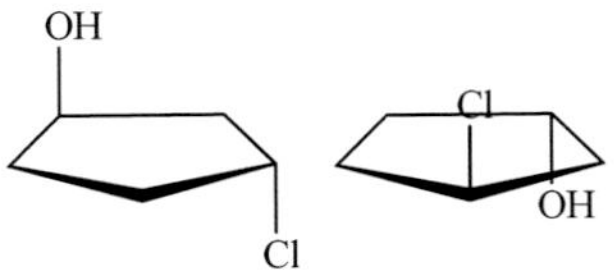

w)

OH
H₃C——H   CH₃ H
H——CH₃   H——CH₃
OH   OH OH

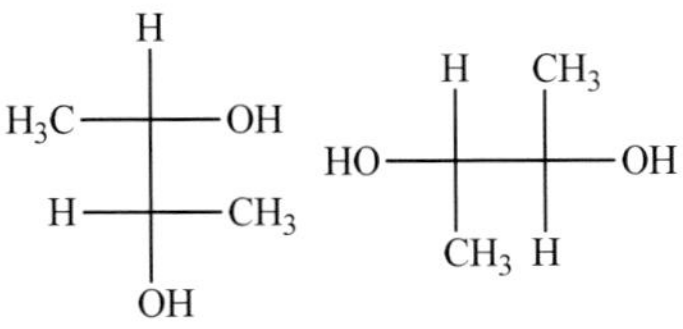

x)

Cl
H₃C——H   CH₃ Cl
H——CH₃   HO——CH₃
OH   H H

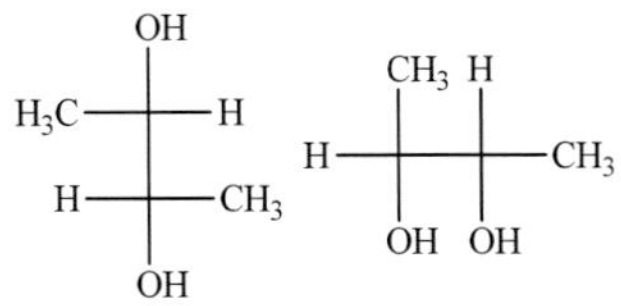

67

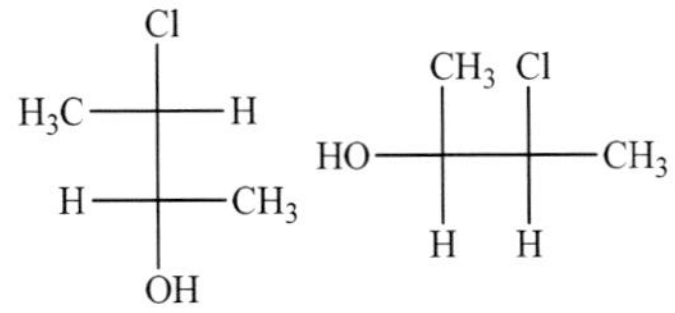

27. Dibujar todos los estereoisómeros posibles del 2-bromo-4-cloro-3-pentanol, utilizando una proyección de Fischer con la cadena carbonada en posición vertical, y ordenada de arriba a abajo. Asignar configuración R y S a todos los carbonos asimétricos. Agrupar los compuestos por parejas de enantiómeros.

28. Dibujar la forma meso de cada una de las siguientes moléculas, detallando el plano de simetría.

a) 2,4-pentanodiol

b) 2,5-diclorociclopentanol

c) 1,3-dimetilciclohexano

29. Dibujar las siguientes moléculas en proyección de Fischer, poniendo la cadena carbonada en posición vertical. Tener en cuenta que muchos átomos de hidrógeno no se dibujan por simplificar.

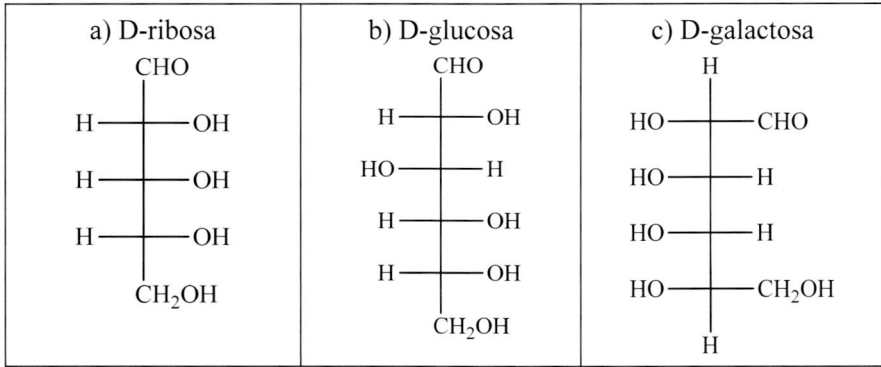

30. Dadas las siguientes moléculas representadas en proyección de Fischer, dibujarlas en perspectiva, utilizando líneas gruesas y líneas a trazos para denotar enlaces "hacia afuera" y "hacia adentro". La cadena carbonada ha de quedar con todos los enlaces C-C en conformación *anti* (ver ejercicio anterior).

a) D-ribosa	b) D-glucosa	c) D-galactosa
CHO	CHO	H
H——OH	H——OH	HO——CHO
H——OH	HO——H	HO——H
H——OH	H——OH	HO——H
CH_2OH	H——OH	HO——CH_2OH
	CH_2OH	H

31. Dibujar las siguientes moléculas cíclicas en proyección de Fischer, con la cadena carbonada en posición vertical, y utilizando el átomo de oxígeno puente para unir los dos extremos de la proyección. Recordar que muchos átomos de hidrógeno no se dibujan para simplificar.

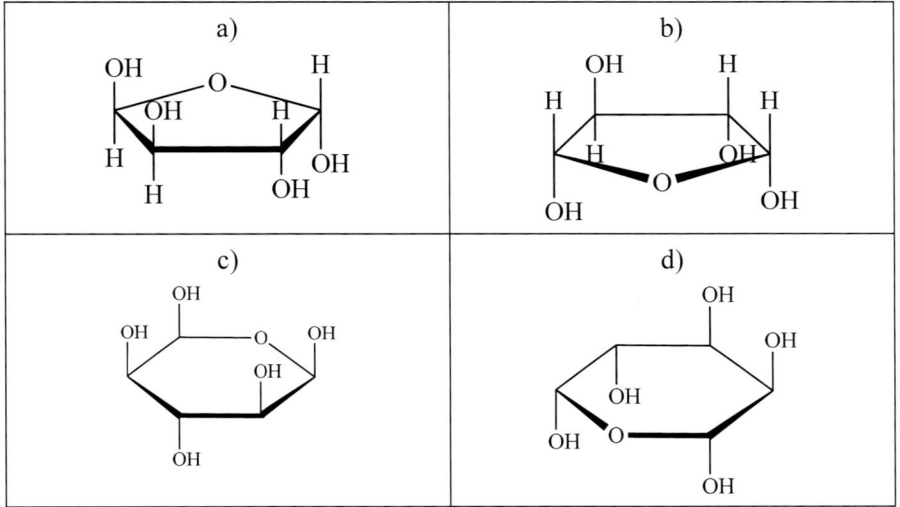

32. Dadas las siguientes moléculas cíclicas representadas en proyección de Fischer, dibujarlas en perspectiva (ver enunciado del ejercicio anterior).

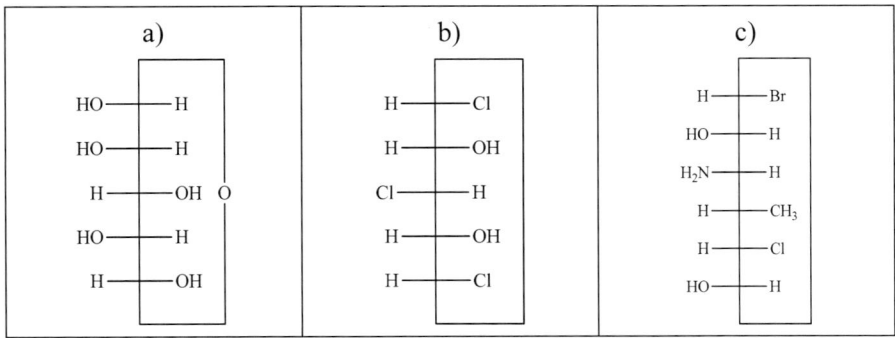

33. En la molécula de R-4-etil-2-metilheptano, dibujar en proyección de Newman sobre el enlace C_3-C_4 el confórmero más estable y el menos estable. Hacer lo mismo para la misma molécula sobre el enlace C_4-C_5.

34. En cada uno de los siguientes apartados, completar la figura de la derecha para que la molécula resultante sea el enantiómero de la de la izquierda. Si se ha de dibujar una proyección de Newman, ha de representarse el confórmero más estable.

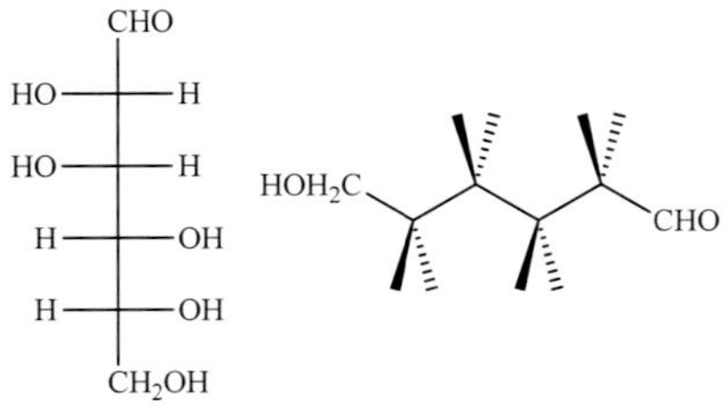

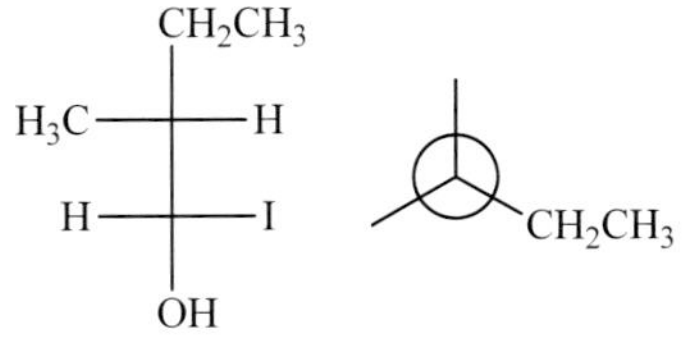

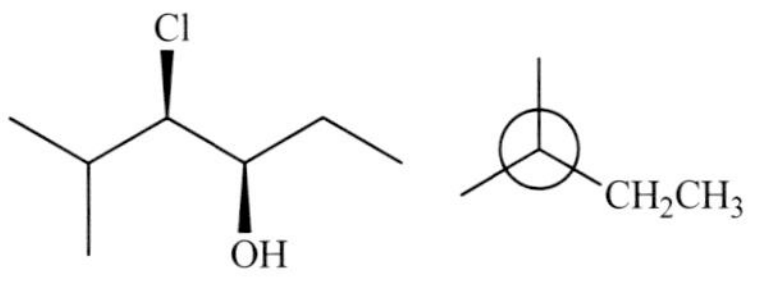

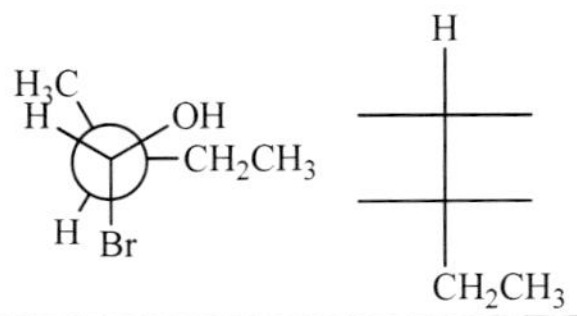

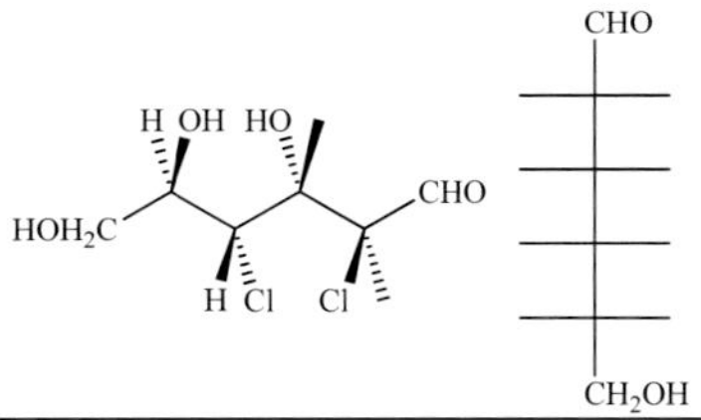

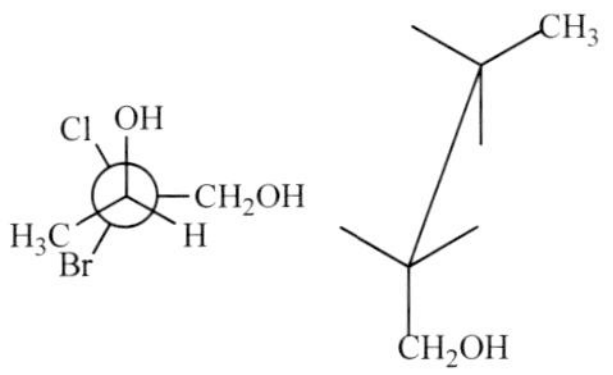

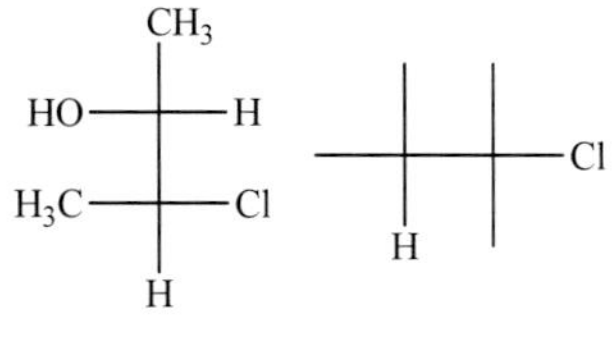

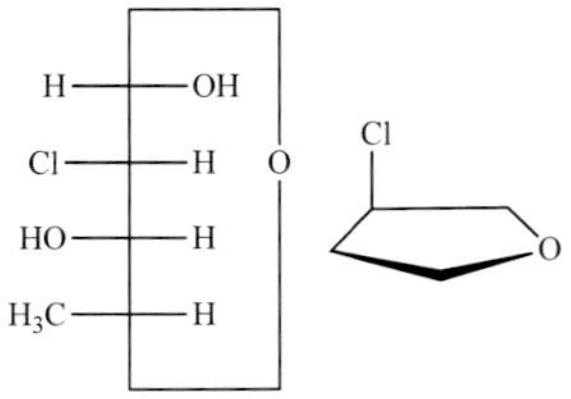

35. Asignar la configuración, R o S, a los carbonos asimétricos de las siguientes moléculas.

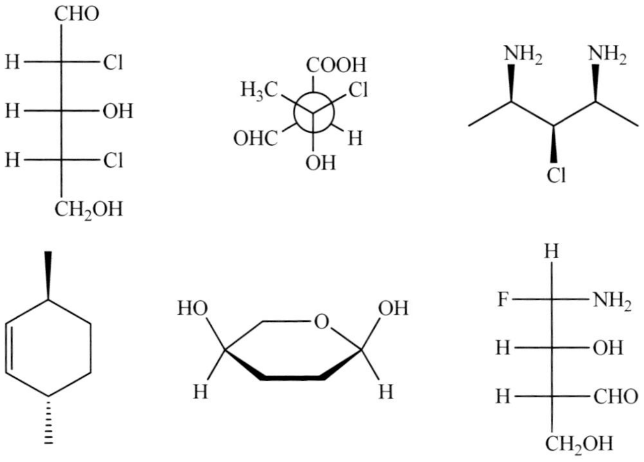

CHO

H——Cl

H——OH

H——Cl

CH₂OH

H_3C COOH Cl

OHC OH H

NH₂   NH₂

Cl

HO O OH

H H

H

F——NH₂

H——OH

H——CHO

CH₂OH

Soluciones a los ejercicios propuestos

1. Ejemplos propuestos son los siguientes:

   a) Isómeros de cadena

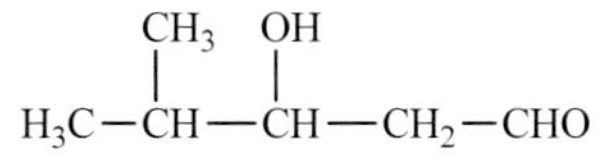 CH_3 OH $\quad\mid\quad\mid$ $H_3C-CH-CH-CH_2-CHO$	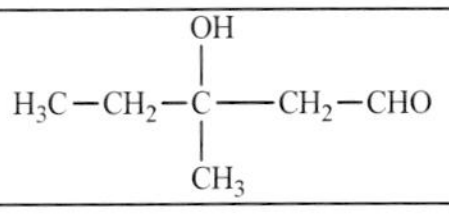 OH $\mid$ $H_3C-CH_2-C-CH_2-CHO$ $\mid$ CH_3

   b) Isómeros de posición

$H_3C-CH_2-CHOH-CH_2-CH_2-CHO$	$H_3C-CH_2-CH_2-CH_2-CHOH-CHO$

   c) Isómeros de grupo funcional

$H_3C-CH_2-O-CH_2-CH_2-CH_2-CHO$	$H_3C-CH_2-CH_2-CH_2-CH_2-COOH$

2. a) 6-hidroxiocta-4-en-2-ona, isómero de posición

   b) ácido 3-octaenoico, isómero de grupo funcional

   c) 3-pentaenoato de propilo, isómero de grupo funcional

   d) 2,3-dimetil-2-ciclohexaenona, no es isómero

   e) 4-metil-5-hidroxi-5-heptaen-2-ona, isómero de cadena

3. a) y b) no presentan isomería geométrica

   c)

1-iodo-2Z-penteno	1-iodo-2E-penteno

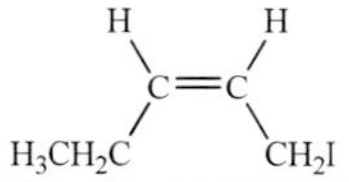

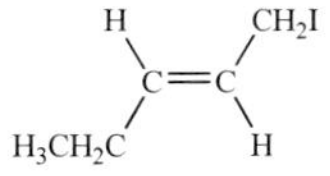

   d)

1,3Z-pentadieno	1,3E-pentadieno

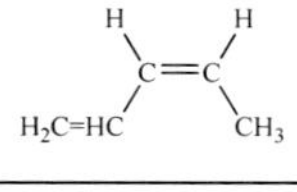

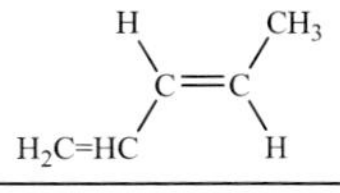

   e)

2Z,4E-heptadieno	2E,4E-heptadieno
2Z,4Z-heptadieno	2E,4Z-heptadieno

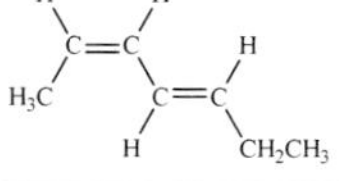

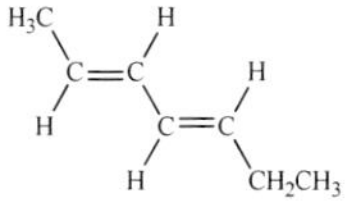

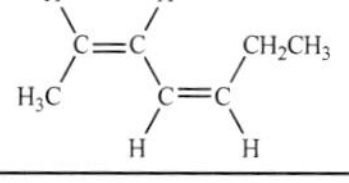

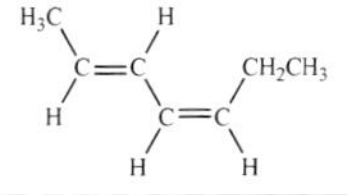

f)

2*E*,4*Z*-hexadieno (= 2*Z*,4*E*) 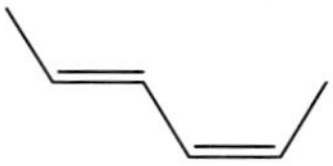	2*Z*,4*Z*-hexadieno 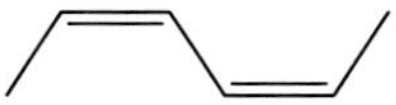	2*E*,4*E*-hexadieno 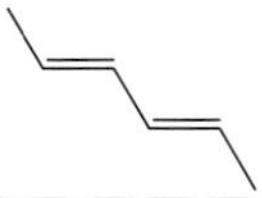

4.

1-penteno	3-metil-1-buteno
H_3C-CH_2-CH_2-CH=CH_2	H_3C-$CH(CH_3)$-CH=CH_2
2-metil-2-buteno	2-metil-1-buteno
H_3C-CH=$C(CH_3)_2$	H_2C=$C(CH_3)$-CH_2-CH_3
2*E*-penteno 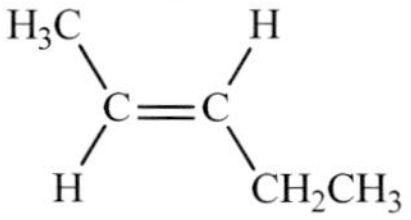	2*Z*-penteno 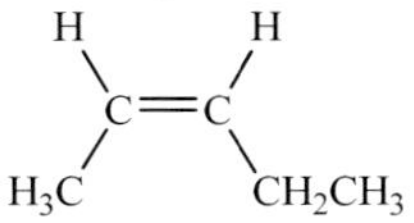

5. (d) > (f) > (h) > (i) > (e) > (c) > (g) > (a) > (b)

6. a) E b) Z c) Z d) Z
   e) Z f) E g) Z

7.

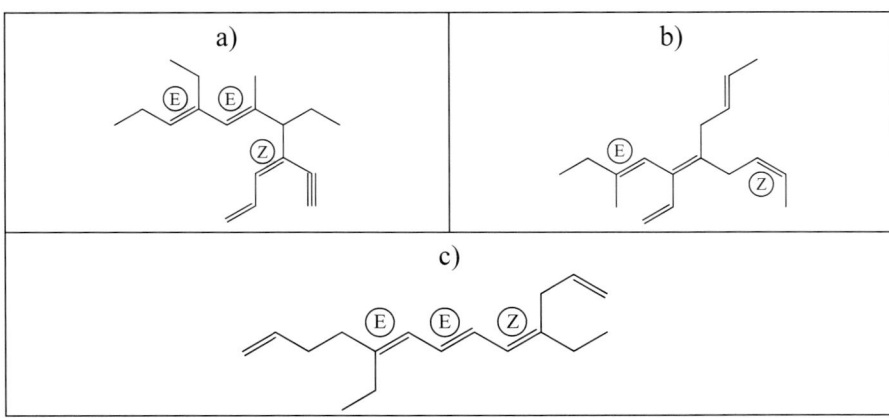

a)
b)
c)

8.

4-etil-8-metil-1,4*Z*,6*E*-nonatrieno 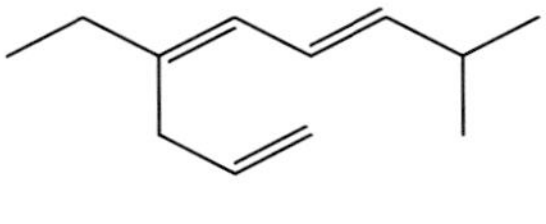	4,7-dipropil-3*Z*,5*E*,7*Z*-decatrieno 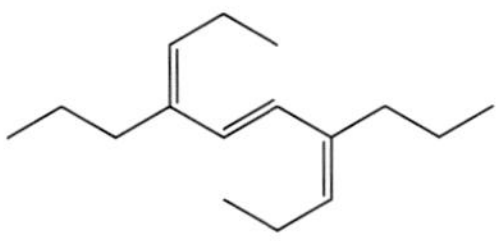

9. a) quiral (C asimétrico)   b) quiral (N asimétrico)
    c) quiral (C asimétrico)   d) no quiral
    e) quiral (C asimétrico)   f) quiral (C asimétrico)
    g) no quiral   h) quiral (2 C asimétricos)
    i) no quiral   j) quiral (C asimétrico)
    k) no quiral

    l) no quiral (hay dos C asimétricos pero la molécula tiene un plano de simetría, se trata de un compuesto *meso*)

10. Presentan simultáneamente los dos tipos de isomería aquellas moléculas que no poseen un plano de simetría. En estas moléculas, la imagen especular de las mismas es una molécula diferente (enantiómeros). A continuación, se visualizan las moléculas que tienen un plano de simetría (plano vertical que contiene la línea a trazos), y en las moléculas sin plano de simetría, se muestran los enantiómeros.

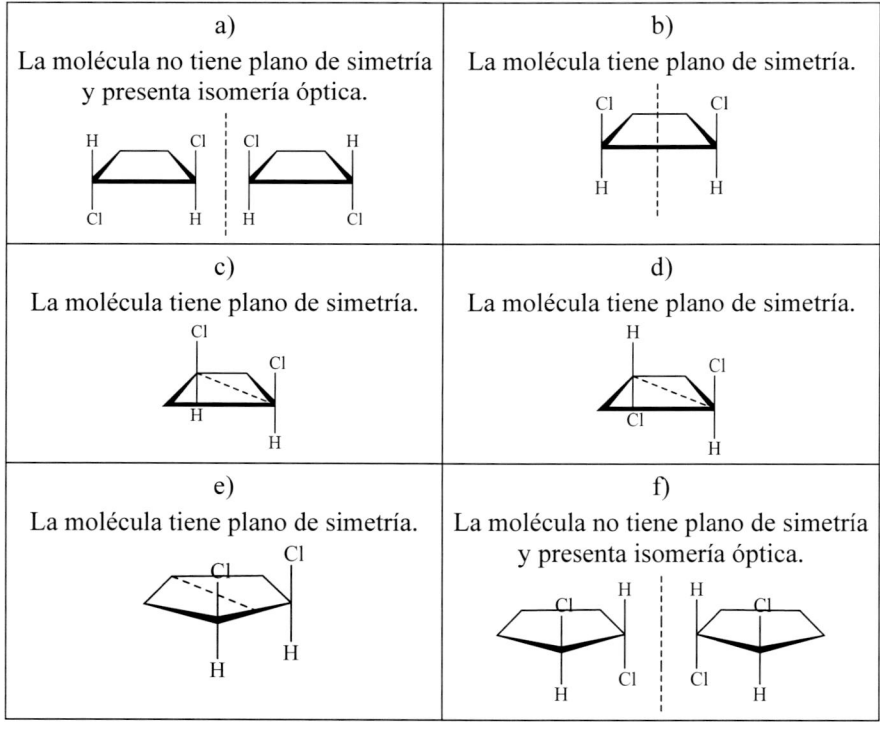

a)	b)
La molécula no tiene plano de simetría y presenta isomería óptica.	La molécula tiene plano de simetría.
c)	d)
La molécula tiene plano de simetría.	La molécula tiene plano de simetría.
e)	f)
La molécula tiene plano de simetría.	La molécula no tiene plano de simetría y presenta isomería óptica.

g) La molécula no tiene plano de simetría y presenta isomería óptica. 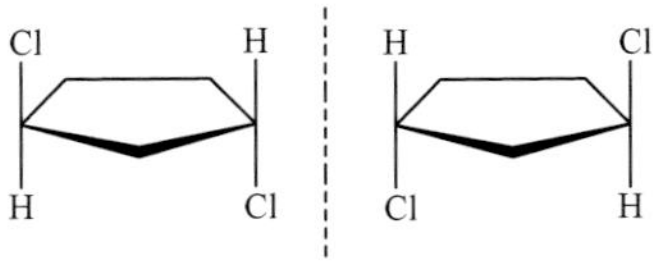	h) La molécula tiene plano de simetría. 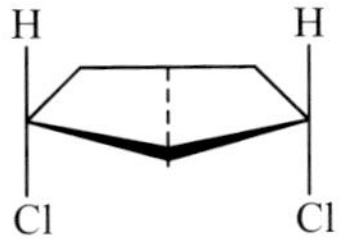
i) La molécula tiene plano de simetría. 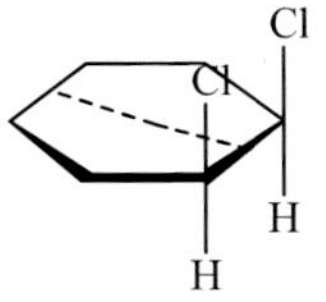	j) La molécula no tiene plano de simetría y presenta isomería óptica. 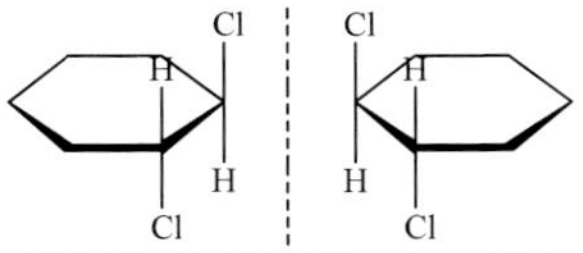
k) La molécula tiene dos planos de simetría. 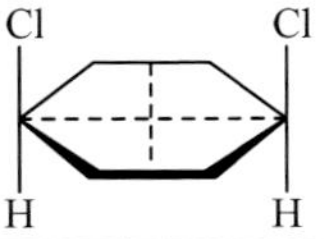	l) La molécula tiene plano de simetría. 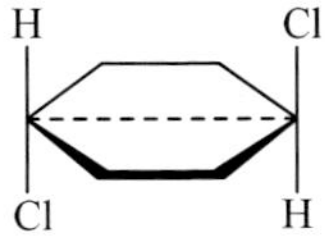

11.

Heliotridane 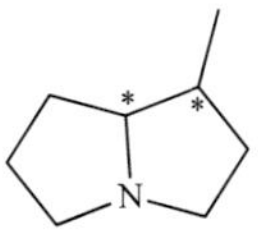	Eucaliptol Ningún carbono es asimétrico
Ácido clavulánico 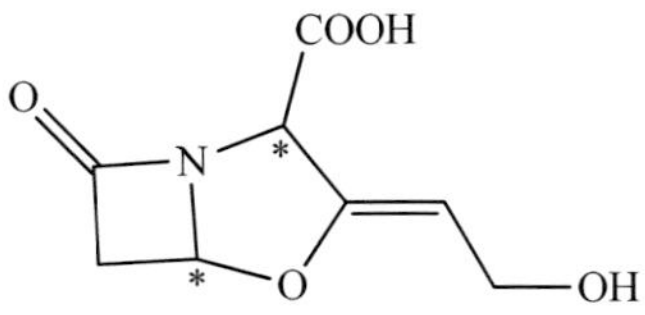	Testosterona 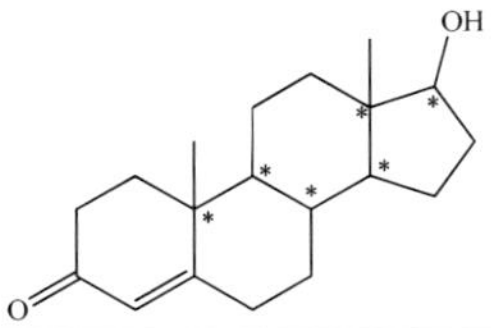
Piretrina 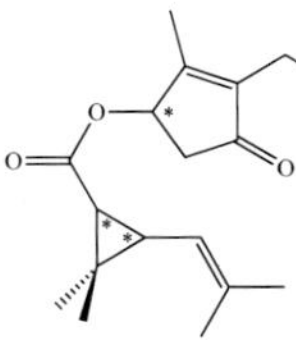	Licorina 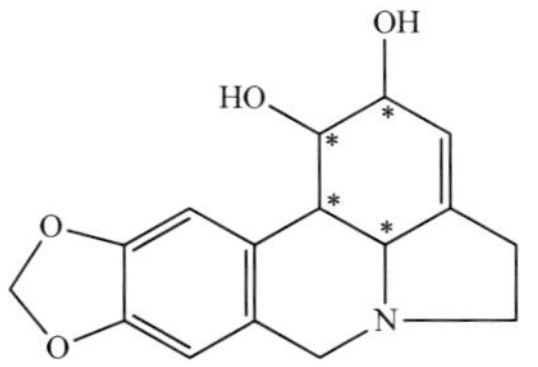

12. El resultado es: (a) +93 °dm⁻¹g⁻¹mL   (b) +1,39°   (c) +0,93°

13.

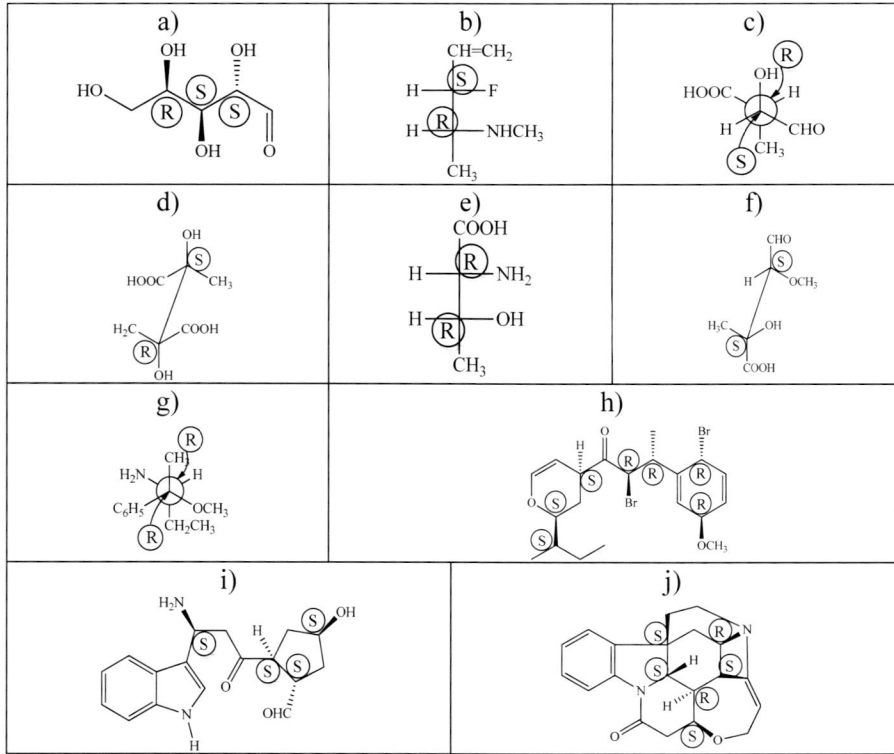

14. a)R   b)R   c)R   d)R   e)S   f)S   g)R   h)R   i)R   j)R   k)S   l)R

15.

16. a) 2,3-dibromobutano

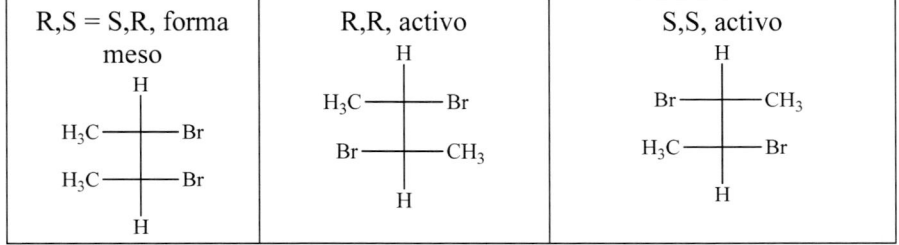

R,S = S,R, forma meso	R,R, activo	S,S, activo

b) 4-cloro-2,3-pentanodiol, 8 isómeros todos ópticamente activos

R,S,R 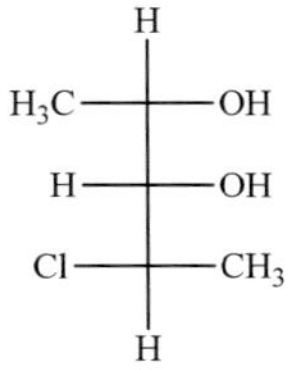	R,S,S 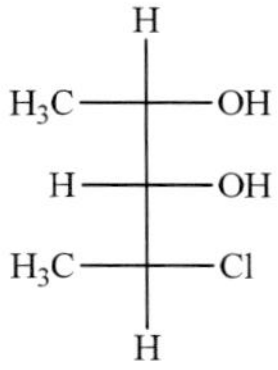	R,R,R 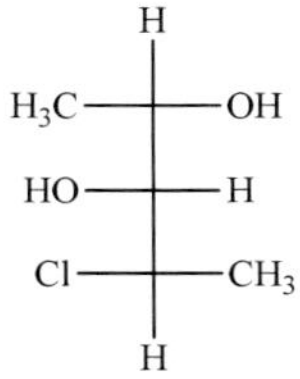	R,R,S 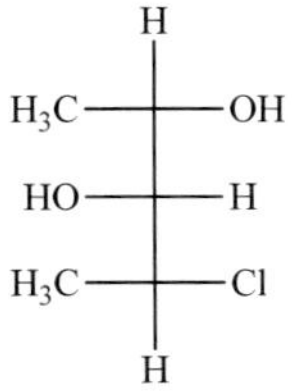
S,S,R 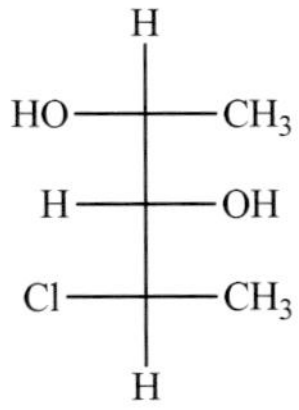	S,S,S 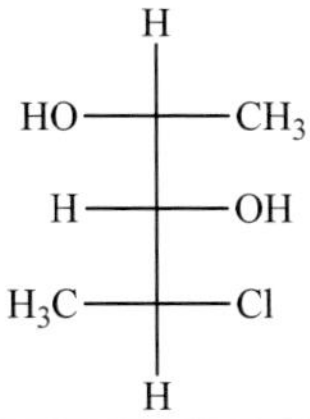	S,R,R 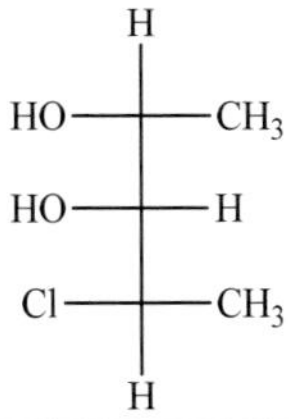	S,R,S 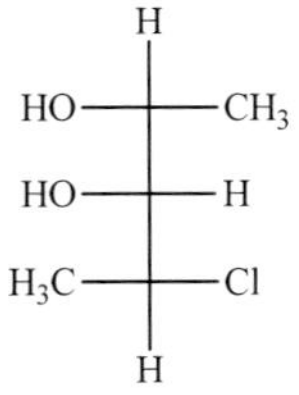

17. Son enantiómeros

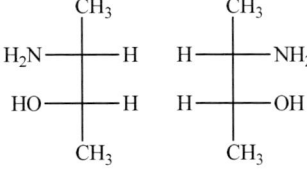

18. a) enantiómeros
c) isómeros ópticos y diasterómeros
e) misma molécula

b) misma molécula
d) misma molécula
f) diasterómeros

19. a) enantiómeros
d) diasterómeros
g) misma molécula
j) misma molécula
m) misma molécula

b) misma molécula
e) misma molecula
h) diasterómeros
k) enantiómeros
n) enantiómeros

c) enantiómeros
f) i. estructurales
i) diasterómeros
l) misma molécula
o) i. geométricos

20.

a) butano C_2-C_3	b) 2S-clorobutano C_2-C_3	c) 2S-cloro-3-metilbutano C_2-C_3
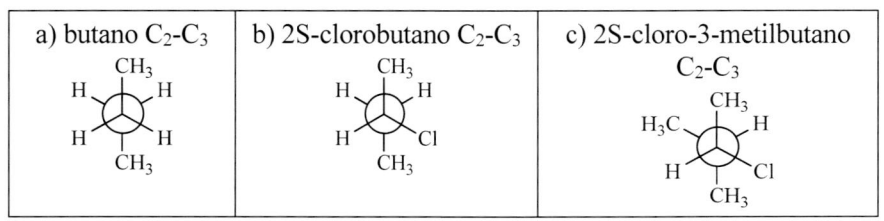		

21. a) metilbutano o isopentano   b) dimetilpropano o neopentano

c) metilbutano o isopentano   d) metilciclopropano

e) *Z*-1,2-dimetilciclobutano   f) *Z*-1,3-dimetilciclopentano

22. d) > b) > a) > c)

23. a) (1)   b) (2)   c) (2)   d) (2)

24. 1 (b)   2 (e)   3 (c)   4 (c)

25.

a)	b)	c)	d)
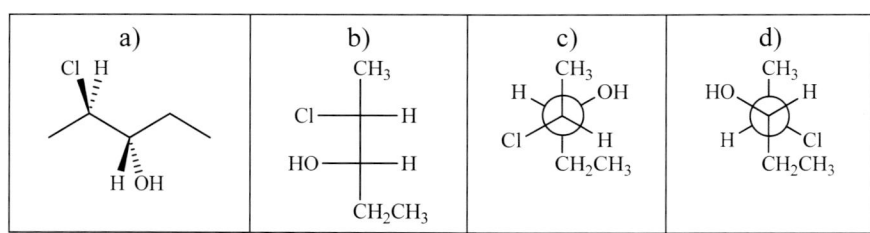			

26. a) Isómeros estructurales   b) Misma molécula

c) Enantiómeros   d) Misma molécula

e) Diaestereómeros   f) Misma molécula

g) Enantiómeros   h) Misma molécula

i) Diasterómeros, la molécula de la derecha es una forma *meso*

j) Diasterómeros, la molécula de la izquierda es una forma *meso*

k) Enantiómeros   l) Diasterómeros

m) Diasterómeros   n) Misma molécula

o) Diasterómeros   p) Misma molécula

q) Enantiómeros   r) Misma molécula

s) Isómeros geométricos y diasterómeros

t) Misma molécula   u) Enantiómeros

v) Diasterómeros, la molécula de la izquierda es una forma *meso*

w) Enantiómeros   x) Misma molécula

27.

a) S,R,R	b) R,R,R	c) S,S,R	d) S,R,S
CH_3	CH_3	CH_3	CH_3
H——Br	Br——H	H——Br	H——Br
H——OH	H——OH	HO——H	H——OH
H——Cl	H——Cl	H——Cl	Cl——H
CH_3	CH_3	CH_3	CH_3
e) R,S,S	f) S,S,S	g) R,R,S	h) R,S,R
CH_3	CH_3	CH_3	CH_3
Br——H	H——Br	Br——H	Br——H
HO——H	HO——H	H——OH	HO——H
Cl——H	Cl——H	Cl——H	H——Cl
CH_3	CH_3	CH_3	CH_3

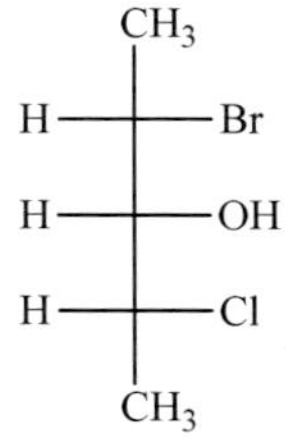

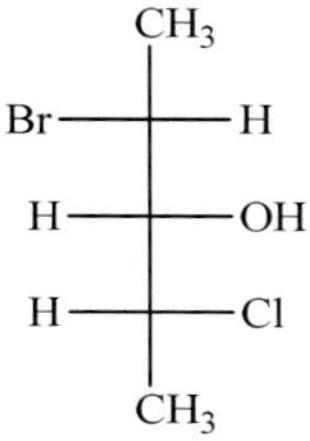

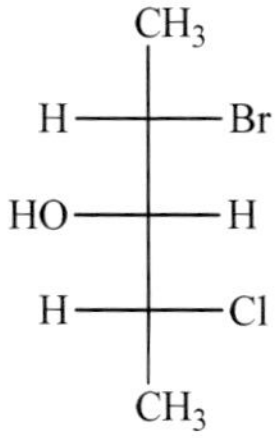

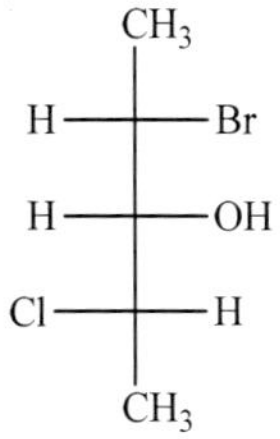

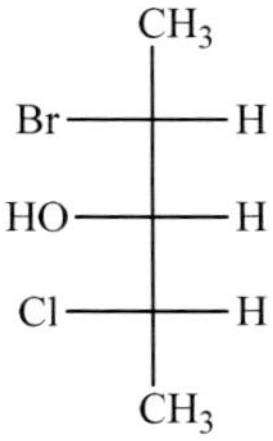

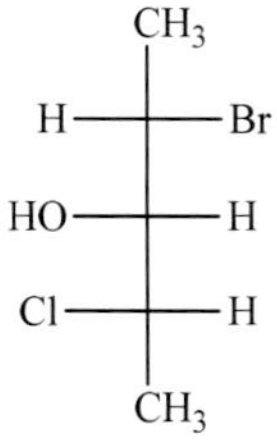

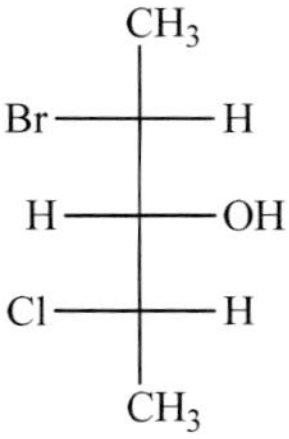

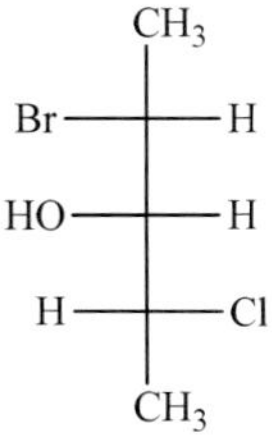

Son enantiómeros entre sí los pares: a-e, b-f, c-g, d-h

28.

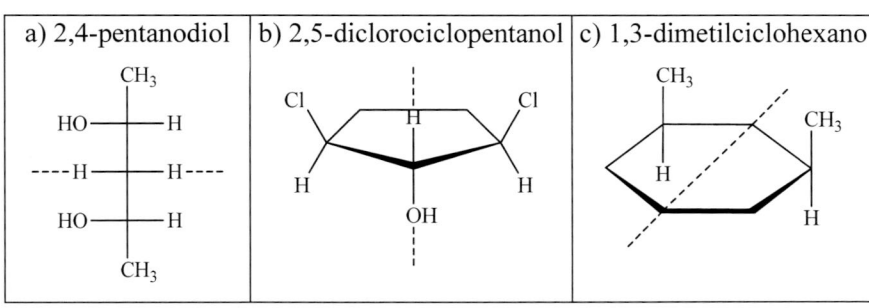

a) 2,4-pentanodiol	b) 2,5-diclorociclopentanol	c) 1,3-dimetilciclohexano

29.

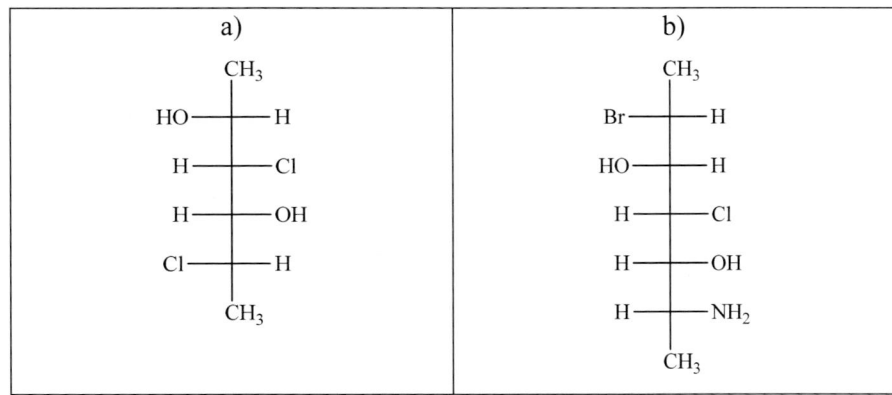

a)	b)

30.

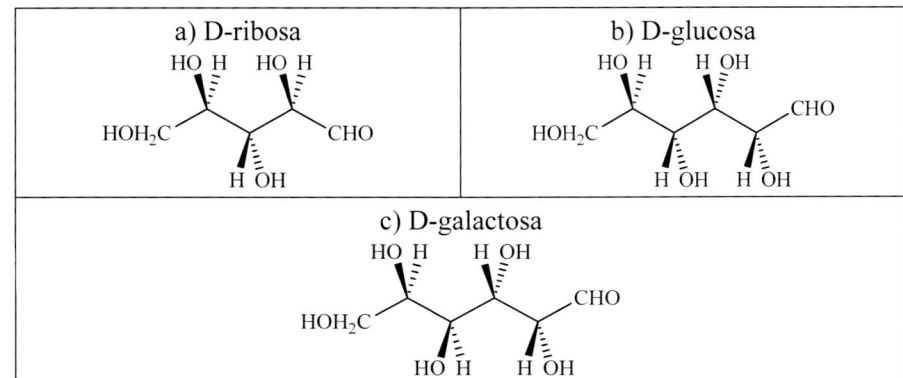

31.

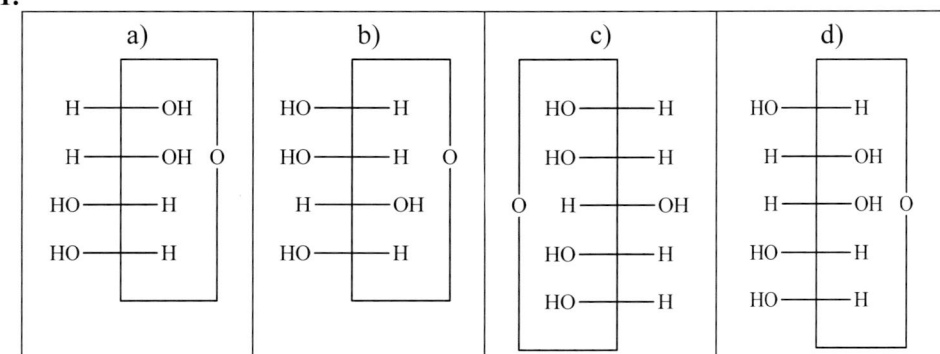

32.

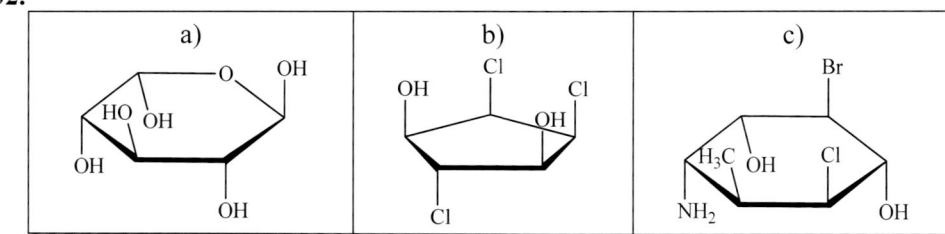

33. R-4-etil-2-metilheptano

C_3-C_4 más estable	C_3-C_4 menos estable	C_4-C_5 más estable	C_4-C_5 menos estable

34.

a) 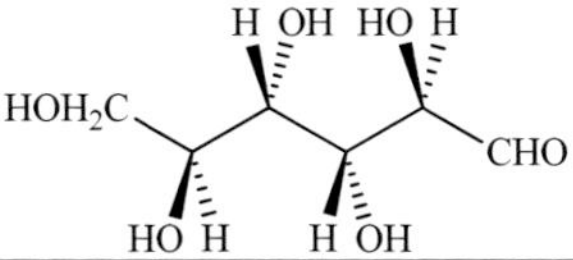	b) 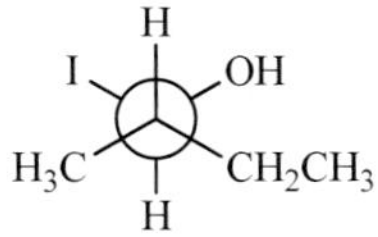
HOH₂C — (H OH / HO H) — (HO H / H OH) — CHO	H — I / OH / H₃C / CH₂CH₃ / H
c) 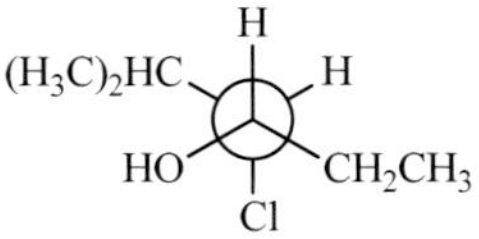	**d)** 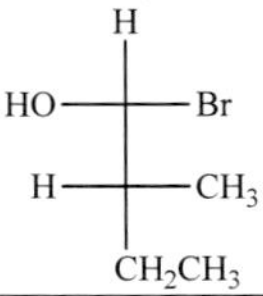
(H₃C)₂HC — H / H / HO — CH₂CH₃ / Cl	HO—Br / H—CH₃ / CH₂CH₃
e) 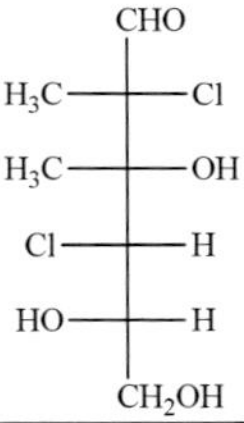	**f)** 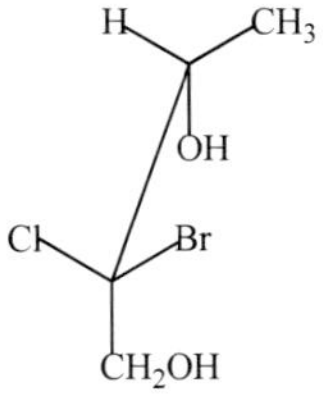
CHO / H₃C—Cl / H₃C—OH / Cl—H / HO—H / CH₂OH	H—CH₃ / OH / Cl—Br / CH₂OH
g) 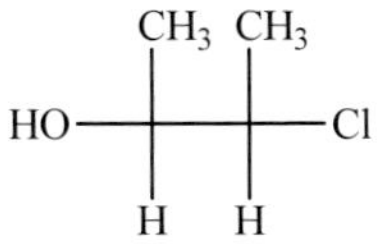	**h)** 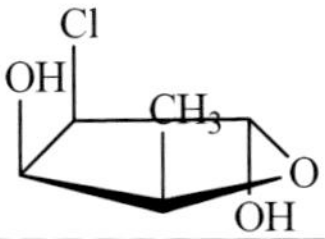
CH₃ CH₃ / HO— —Cl / H H	Cl / OH / CH₃ / O / OH

35.

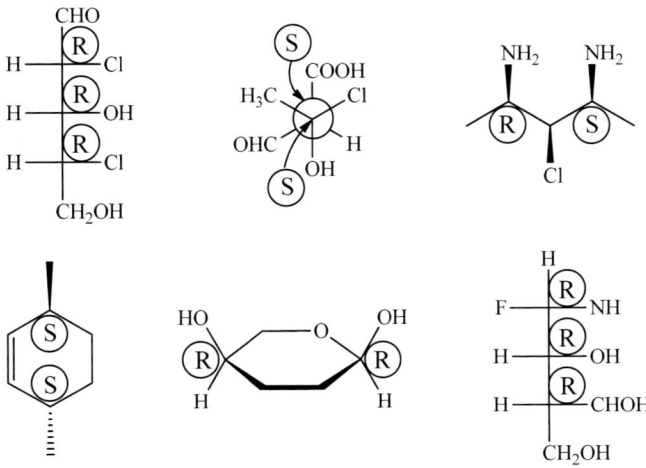

3
Hidrocarburos

Introducción

El presente capítulo es el primero de los tres que abordan de modo descriptivo los principales grupos funcionales y familias de los compuestos orgánicos, especialmente aquellos de importancia en el ámbito biológico. Este estudio se realiza empezando en este capítulo por las moléculas *a priori* más sencillas, los hidrocarburos; y en los siguientes temas se continúa introduciendo grupos funcionales que contienen átomos de O y N, en orden creciente de complejidad.

La formación teórica previa a la resolución de los ejercicios de la presente obra, correspondientes a una familia de compuestos orgánicos, incluye conocer con detalle la estructura del grupo funcional que proporciona las propiedades físicas y químicas a los componentes de la familia, las propiedades físicas de dichos componentes y cómo varían al aumentar el número de átomos de C de la molécula, y sobre todo la reactividad química de las moléculas que poseen el grupo funcional, con todas las peculiaridades de la misma. También es interesante conocer la importancia y relevancia que tiene la familia en cuestión desde el punto de vista de los productos de origen natural, las biomoléculas y la bioquímica dinámica.

El presente capítulo está dedicado a la gran familia de los hidrocarburos, compuestos formados únicamente por átomos de C y H, y aborda las familias de los alcanos y cicloalcanos, los alquenos y los hidrocarburos aromáticos. Dentro de esta última familia, también se incluyen compuestos que no son rigurosamente hidrocarburos, incluyendo los compuestos heterocíclicos.

Los objetivos de aprendizaje del capítulo tercero comprenden el establecimiento de las cadenas carbonadas como estructuras base de las moléculas orgánicas, el fenómeno de la tensión angular, la visualización de la estructura tridimensional de la molécula de ciclohexano y sus derivados, el aprendizaje de la reactividad de los alquenos y los conceptos de estereoespecificidad y regioselectividad, la importancia de los dobles enlaces conjugados y la aromaticidad, y las propiedades químicas de los anillos aromáticos.

Conceptos teóricos a emplear

- Alcanos. Nomenclatura básica. Propiedades físicas.
- Cicloalcanos. Tensión angular.
- Conformaciones del ciclohexano. Estabilidad relativa de los ciclohexanos sustituidos.
- Alquenos. Reacciones de adición. Reacciones estereoespecíficas y regioselectivas. Adición *syn* y *anti*. Regla de Markovnikov. Reacciones de oxidación y polimerización.
- Dienos conjugados. La adición 1,4. Reacción de Diels-Alder.
- Terpenos. La regla del isopreno.
- Compuestos aromáticos. Nomenclatura. Aromaticidad. Regla de Hückel.
- Sustitución electrofílica aromática. Efecto de los sustituyentes.
- Heterociclos. Nomenclatura, aromaticidad y basicidad de Lewis.

Todos estos conceptos se abordan en cualquier curso de introducción a la química orgánica a nivel universitario, si bien la profundidad y complejidad del tratamiento puede variar de unas titulaciones a otras. En cursos de química orgánica para el ámbito industrial, se incide mucho más en la química de los alcanos, reacciones radicalarias, formulación de combustibles y reacciones interesantes en petroquímica, mientras que en la presente obra estos temas están muy poco o nada tratados. Aquí se da más importancia a conceptos como la descriptiva de los principales mecanismos de reacción de las familias de hidrocarburos, los conceptos de regioselectividad y estereoespecificidad, y también la conjugación y la aromaticidad. Asimismo, se hace hincapié en aspectos directamente relacionados con las ciencias de la vida: importancia de las moléculas cíclicas, terpenos y la regla del isopreno, etc. En todo caso, cualquier texto específico de química orgánica contiene varios capítulos específicos de hidrocarburos tratados con gran detalle. A continuación, se mencionan algunos ejemplos de textos de consulta.

- Soler Martínez, V. y González Rosende, M.E. *Fundamentos de Química Orgánica para las ciencias de la salud, Volumen I: estructura y enlace.* Ed. Síntesis. Capítulo 3.
- Soler Martínez, V. y González Rosende, M.E. *Fundamentos de Química Orgánica para las ciencias de la salud, Volumen II: reactividad de grupos funcionales.* Ed. Síntesis. Capítulos 4, 6 y 13.
- Primo Yúfera, E. Química Orgánica básica y aplicada. De la molécula a la industria. Ed. Reverté. Capítulos 7-10, 12 y 29.
- Morrison, R.T. y Boyd, R.N. *Química Orgánica.* Addison Wesley. Capítulos 3, 7-10, 12-15, 34 y 35.

Ejercicios y cuestiones

Alcanos

1. Nombrar los siguientes alcanos e indicar en cuáles de ellos es indiferente empezar la numeración por cualquiera de los dos extremos.

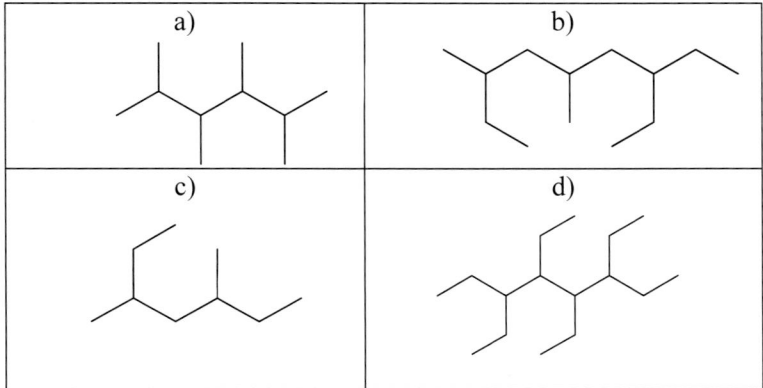

a)	b)
c)	d)

2. Ordenar los siguientes alcanos en orden creciente de su temperatura de ebullición: heptano, 2,3-dimetilpentano, 3-metilhexano, octano. Justificar la respuesta.

3. Asignar a cada uno de los siguientes alcanos isómeros su temperatura de ebullición. Justificar la respuesta:

   pentano   9,5 °C

   metilbutano   28 °C

   dimetilpropano   36 °C

4. En la combustión de los tres alcanos isómeros del ejercicio anterior, ¿la entalpía de combustión tiene el mismo valor para los tres compuestos, o depende de si la molécula es lineal o ramificada? Justificar la respuesta.

Cicloalcanos. Tensión angular. Conformaciones del ciclohexano

5. Los cicloalcanos tienen de fórmula general $(CH_2)_n$, de modo que si medimos experimentalmente el calor de combustión (ΔH^0_c) y dividimos el valor por n, se obtiene el calor de combustión por cada unidad CH_2 (lo simbolizaremos por la letra Q).

$$(CH_2)_n + 3n/2\ O_2 \rightarrow n\ CO_2 + n\ H_2O \quad \Delta H^0_c = n \cdot Q$$

   a) ¿Son iguales los valores de Q para los anillos de 3 a 6 miembros?

   b) Si la respuesta anterior es negativa, ¿para qué cicloalcano el valor de Q es menor (menos negativo)? ¿Para cuál es mayor?

   c) ¿A qué se debe esta diferencia en los valores del calor de combustión?

6. Indicar cuál de los dos miembros de los siguientes pares de compuestos es más estable:
   a) *cis*-1,2-dimetilciclohexano o *trans*-1,2-dimetilciclohexano
   b) *cis*-1,3-dimetilciclohexano o *trans*-1,3-dimetilciclohexano
   c) *cis*-1,4-dimetilciclohexano o *trans*-1,4-dimetilciclohexano

7. ***Ejercicio resuelto.*** Dibujar la estructura del confórmero más estable de los siguientes ciclohexanos sustituidos:
   a) *cis*-1-iodo-3-metilciclohexano
   b) *trans*-1-iodo-3-metilciclohexano
   c) *cis*-1-iodo-4-metilciclohexano
   d) *trans*-1-iodo-4-metilciclohexano

Resolución: A la hora de dibujar ciclohexanos sustituidos en conformación de silla y seleccionar la más estable, lo más adecuado es dibujar primero la molécula en proyección de Hawort, y a continuación dibujar las dos posibles conformaciones de silla, eligiendo como más estable en primer lugar aquella que tenga mayor número de sustituyentes en posición ecuatorial; y en segundo lugar a igualdad de número de sustituyentes en posición ecuatorial, el confórmero más estable será aquel que tenga el sustituyente más voluminoso en posición ecuatorial.

a) *cis*-1-iodo-3-metilciclohexano

b) *trans*-1-iodo-3-metilciclohexano

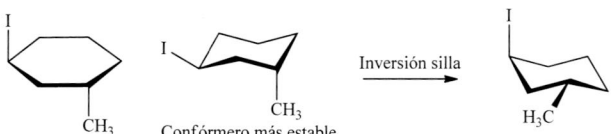

c) *cis*-1-iodo-4-metilciclohexano

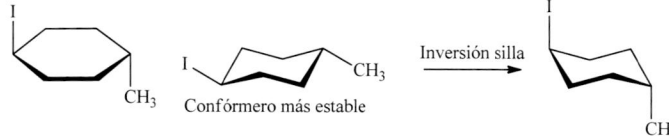

d) *trans*-1-iodo-4-metilciclohexano

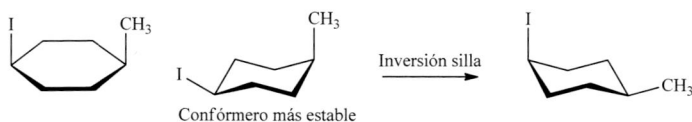

8. El Lindano, también llamado HCH 1,2,3,4,5,6-hexaclorociclohexano es un insecticida que tiene un total de 8 isómeros geométricos. ¿Por qué uno de dichos isómeros (el llamado γ, con los seis Cl en posiciones respectivas e,e,e,a,a,a) es el activo, mientras que los otros 7 isómeros son poco o nada activos?

9. Dadas las estructuras A y B

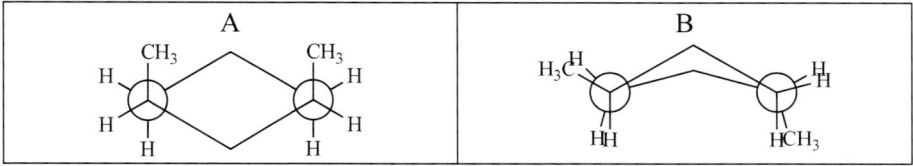

a) ¿Cuál representa a un ciclohexano bote?

b) ¿Cuál de las dos es una conformación más estable?

c) ¿Cuál de las dos estructuras tiene configuración *cis*?

d) ¿Presenta la molécula A una conformación silla más estable que la representada? Si es así, dibujarla.

e) Nombrar ambos compuestos ¿Son A y B distintas conformaciones del mismo?

10. Identificar la relación entre los pares de moléculas representadas a continuación como enantiómeros, diaesterómeros, isómeros geométricos, isómeros estructurales o idéntica molécula.

11. Sean las moléculas A, B, C y D:

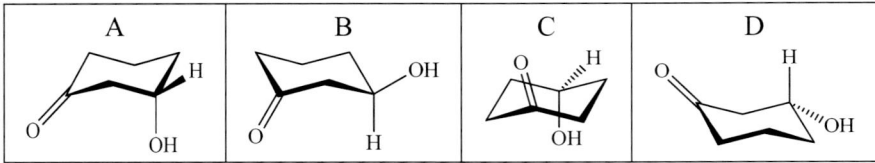

| A | B | C | D |

Responder a las siguientes cuestiones, justificando en cada caso la respuesta.

a) ¿Cuáles tienen actividad óptica?

b) Hay dos moléculas idénticas. ¿Cuáles son?

c) A partir de la molécula A, dibujar otra -detallando la conformación de silla- pero sustituyendo un átomo de H por un grupo OH, de manera que la nueva molécula dibujada sea un compuesto meso.

d) Identificar dos parejas de antípodas ópticos.

e) Si la molécula A tiene una rotación específica $[\alpha]_D^{20}$ de +50°, ¿Cuál será la rotación específica de una mezcla compuesta por un 60 % de la molécula A y un 40 % de la molécula B? ¿Y la rotación específica de una mezcla compuesta por un 60 % de la molécula D y un 40 % de la molécula B?

12. Identificar la relación entre los pares de moléculas representadas a continuación como enantiómeros, diasterómeros, isómeros geométricos, isómeros estructurales o idéntica molécula.

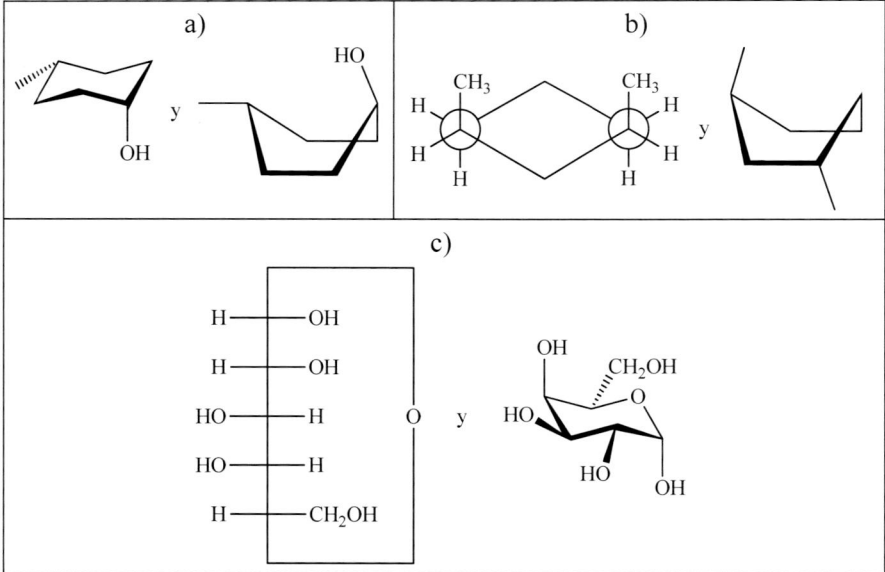

Alquenos. Reactividad

13. *Ejercicio resuelto.* Indicar las estructuras de los compuestos A, B, C y D, detallando la estereoquímica. Alguno de ellos puede ser en realidad una mezcla, en cuyo caso hay que indicar si la mezcla es aproximadamente equimolecular, o cuál es el producto mayoritario.

$$D \xleftarrow[\text{dil. frío}]{\text{KMnO}_4} \text{E-3-metil-2-penteno} \xrightarrow{\text{HCl}} A$$

$$\text{C} \qquad\qquad\qquad \text{B}$$

Resolución: La molécula de partida, representada en fórmula de esqueleto o en una proyección tridimensional detallando la configuración *E* en ambos casos, es la siguiente:

La molécula A es el producto mayoritario de la adición de HCl, de modo que hay que observar la regla de Markovnikov: el H se añade sobre el C menos sustituido y el Cl sobre el C más sustituido. Por lo tanto, el producto A es el 3-cloro-3-metilpentano.

La molécula B es el producto de la hidrogenación catalítica. Se trata de una adición estereoespecífica *syn*, pero el producto de la reacción no tiene ningún C asimétrico, por lo tanto, no es necesario establecer ninguna consideración estereoquímica. El producto es el 3-metilpentano.

La molécula C es el producto de la dihalogenación, que se trata de una adición estereoespecífica *anti*, de modo que hay que estudiar la adición de los dos átomos de Br por lados opuestos de la molécula. El producto de la reacción es una mezcla equimolecular de los siguientes dos estereoisómeros del 2,3-dibromo-3-metilpentano.

La molécula D es el producto de la oxidación débil con permanganato, que resulta en una adición estereoespecífica *syn*, en la que se generan dos C asimétricos. El producto de la reacción es una mezcla equimolecular de los siguientes dos estereoisómeros del 3-metil-2,3-pentanodiol.

14. Escribir las fórmulas estructurales de los productos mayoritarios que se formarán en las siguientes reacciones químicas:
   a) 1-buteno + Br_2 →
   b) ciclohexeno + $KMnO_4$ (diluido, frío) →
   c) 2,3-dimetil-1-buteno + HBr →
   d) 1-hexeno + HCl →
   e) *cis*-3-hexeno + O_3 → Zn/H^+ →
   f) 1-metilciclopenteno + O_3 → Zn/H^+ →
   g) 1-metilciclopenteno + $KMnO_4$ →
   h) 1-metilciclopenteno + H_2O/H^+ →
   i) 1-metilciclopenteno + H_2 (en presencia de Ni) →

15. Representar la reacción del Z-2-buteno con Br_2, analizando por separado la aproximación del electrófilo a las dos caras del alqueno. Indicar la estructura de los intermedios y la configuración R y S de los productos.

16. En la adición de Br_2 a E-2-buteno
   a) ¿Cuántos estereoisómeros ópticamente activos se formarán?
   b) ¿Y cuántos ópticamente inactivos?

17. Se somete el *cis* y el *trans* 3,4-dimetil-3-hexeno a los siguientes procesos:
   a) Adición de Br_2
   b) Hidrogenación catalítica
   c) Adición de HCl
   d) Oxidación con permanganato potásico diluido y frío

Indicar cuáles de estas reacciones dan el mismo compuesto a partir de los dos isómeros geométricos iniciales y cuáles no, clasificando las cuatro reacciones como *syn*, *anti* o *no estereoespecíficas*.

18. Dibujar el alqueno de partida y la estructura general de los siguientes polímeros
   a) Polipropileno
   b) Policloruro de vinilo PVC
   c) Politetrafluoroetileno (PTFE, Teflón)
   d) Poliestireno

19. Indicar tres ensayos químicos sencillos (basados en una reacción que genere un cambio de color o un efecto similar) que permitan distinguir un alqueno de un alcano.

20. Indicar qué productos se formarán en la ozonólisis de:
   a) 1-buteno
   b) 2-buteno
   c) 2-metil-2-penteno
   d) ciclobuteno
   e) 1,4-hexadieno

Dienos conjugados. Adición 1,2 y 1,4. Reacción de Diels-Alder. Terpenos

21. Uno de los métodos habituales de obtener alquenos es por eliminación de HCl en los haluros de alquilo, en presencia de una base muy fuerte:

$$H_3C-CHCl-CH_2-CH_3/(RO^-) \rightarrow H_2C=CH-CH_2CH_3 \ (1) + H_3C-CH=CH-CH_3 \ (2)$$

En esta reacción, se obtiene un 80 % del producto (2) frente a un 20 % del producto (1) ya que el (2) es más estable al estar más sustituido.

Cuando el 4-cloro-1-hexeno se trata con una base muy fuerte en medio alcohólico, se obtiene el 100 % de 1,3-hexadieno, no obteniéndose nada del 1,4-hexadieno, si bien ambos están igual de sustituidos. ¿Por qué?

22. La reacción de adición de 1 mol de agua (H_2O/H_2SO_4) a 1 mol de 1,3-butadieno da lugar a dos productos de reacción que son isómeros.

    a) Escribir el mecanismo de la reacción.

    b) ¿Cuál de los dos productos es termodinámicamente más estable? ¿Y cuál de los dos productos se obtiene preferentemente atendiendo a la estructura de los intermedios de reacción?

    c) Si esta reacción se lleva a cabo en presencia de NaBr, además de los productos citados, se originan otros dos. ¿Cuáles son?

23. *Ejercicio resuelto.* Dibujar las fórmulas estructurales de los productos que se obtendrán en las siguientes reacciones de Diels-Alder.

    a) 2,4-hexadieno + propileno →

    b) ciclopentadieno + etileno →

    c) 2 ciclopentadieno →

Resolución. Para resolver ejercicios de la reacción de Diels-Alder, tanto la reacción directa como la inversa, lo más conveniente es dibujar primero la estructura general de la reacción, qué enlaces se rompen y qué enlaces se forman, poniendo localizadores en los átomos de C implicados en la reacción. A partir del esquema dibujado, resulta muy fácil completar la reacción química en cuestión, ya que hay que repetir la ruptura y formación de enlaces del esquema, y el resto de fragmentos de la molécula ha de permanecer inalterado. El esquema general de la reacción se dibuja directamente con el dieno y el dienófilo más sencillos, i.e. el 1,3-butadieno y el etileno:

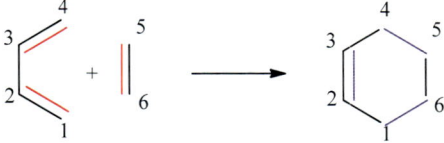

Nótese que, en el esquema general de la reacción directa, se rompen los dobles enlaces entre los carbonos 1 y 2, los carbonos 3 y 4, y los carbonos 5 y 6 (dibujados en rojo) y se forma un nuevo doble enlace entre los carbonos 2 y 3, y sendos enlaces sencillos entre los carbonos 4 y 5, y entre los carbonos 6 y 1 (dibujados en azul). En los reactivos de la reacción ha de haber obligatoriamente un dieno conjugado y un dienófilo, y en ocasiones hay que modificar el dibujo de las moléculas de partida para dejar los átomos implicados en disposición hexagonal, tal como se muestra en el esquema básico. Por otro lado, el producto de la reacción siempre va a contener una estructura de ciclohexeno, con el doble enlace entre los átomos de C que en el esquema hemos numerado como 2 y 3.

a) 2,4-hexadieno + propileno

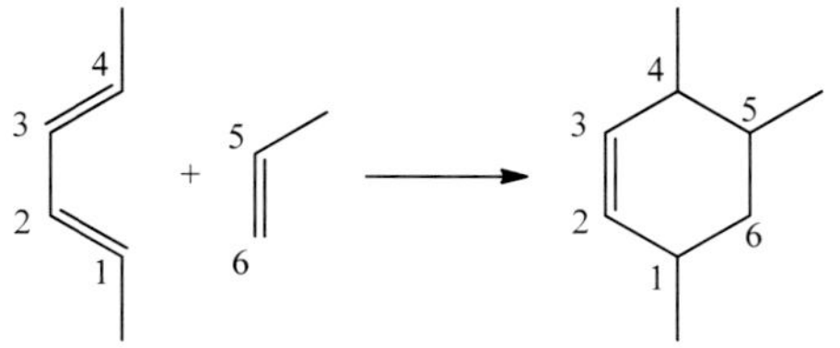

b) ciclopentadieno + etileno. En este caso se forma un biciclo (dos anillos, que en realidad son tres, que comparten varios átomos de C). En la figura se muestra una vista superior del biciclo (proyección en dos dimensiones), y una vista lateral mostrando la conformación de bote del ciclohexeno y el puente entre los átomos de C 1 y 4.

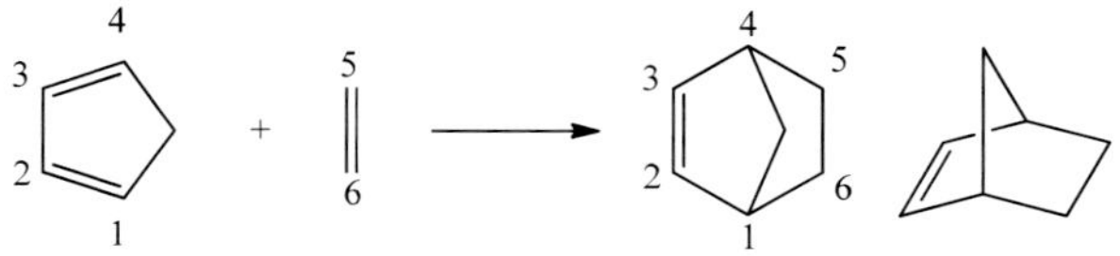

c) 2 ciclopentadieno. En este caso, uno de los anillos actúa de dieno y uno de los dos dobles enlaces del otro anillo actúa de dienófilo. También se forma un biciclo, más complejo que el del ejemplo anterior.

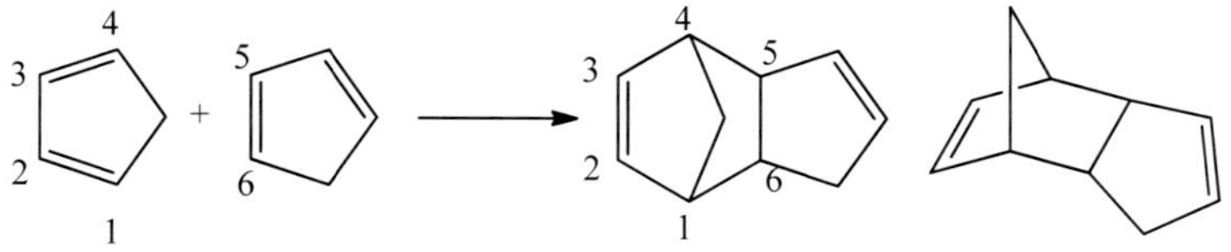

24. Dibujar las fórmulas estructurales de los productos que se obtendrán en las siguientes reacciones de Diels-Alder.

a)

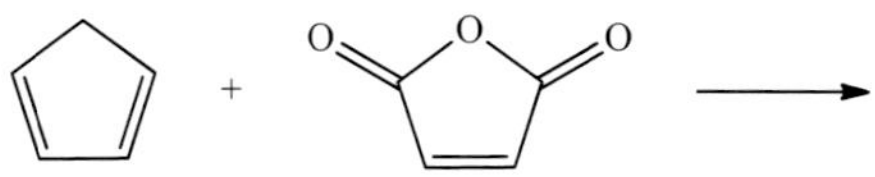

b)

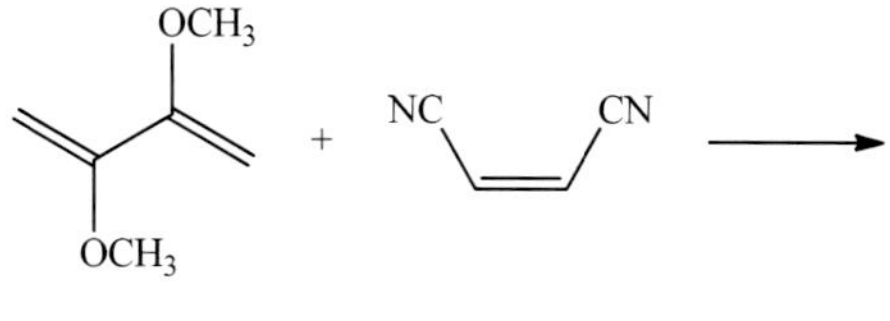

c)

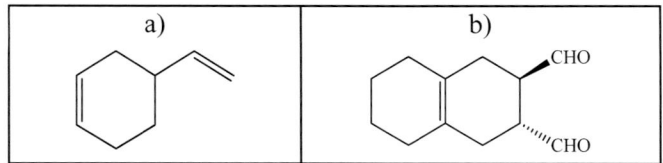

d) 1,3-butadieno + el producto de (e) →

e) 1,3-butadieno + acetileno →

f) 1,3-butadieno + el producto de (e) →

25. *Ejercicio resuelto.* Los siguientes productos se pueden obtener mediante la reacción de Diels-Alder. Indicar los reactivos empleados en cada caso.

a)	b)

Resolución. Para conocer los reactivos de partida de una reacción de Diels-Alder, también es conveniente utilizar el esquema de la reacción (ver resolución del ejercicio 23), pero en este caso de derecha a izquierda. En primer lugar, en la molécula problema se ha de localizar el ciclohexeno y enumerar los átomos de C. A continuación, se rompen los enlaces entre los carbonos 4-5 y 6-1, así como el doble enlace 2-3, y por último se dibujan los dobles enlaces 1-2, 3-4 y 5-6. El resto de la molécula no se ha de modificar.

a)

b) En este caso, hay dos posibles soluciones, ya que la molécula tiene dos anillos de ciclohexeno, que comparten en doble enlace. Si consideramos que el dienófilo de partida se encuentra a la izquierda del doble enlace del producto, dicho dienófilo sería el etileno. Si planteamos que el dienófilo de partida se encuentra a la derecha del doble enlace del producto, dicho dienófilo sería el • •butenodial (no hemos de olvidar que la reacción de Diels-Alder es estereoespecífica, y que configuración • •• del dienófilo se mantiene a la hora de formar el anillo), y en este caso el dienófilo está activado por los dos grupos aldehído. Por lo tanto, se deduce que la reacción ha tenido lugar preferentemente a partir de dicho dienófilo y el dieno correspondiente:

26. Los siguientes productos se pueden obtener mediante la reacción de Diels-Alder. Indicar los reactivos empleados en cada caso.

a)	b)	c)
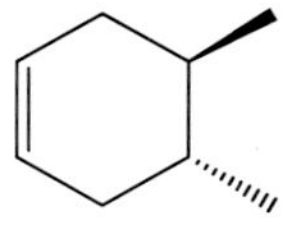	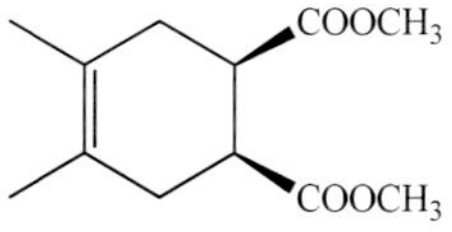	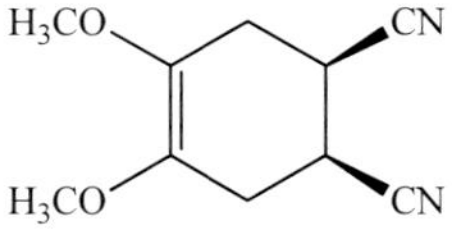
d)	e)	f)
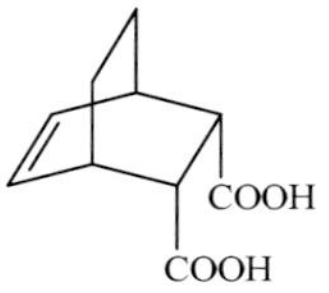	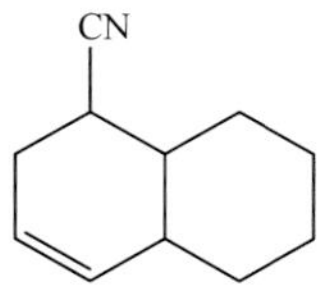	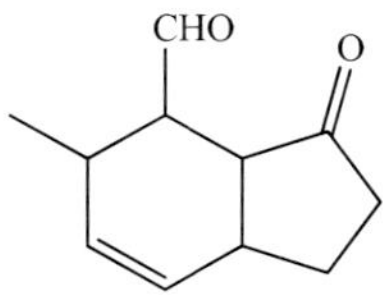

27. En los terpenos y carotenoides siguientes, identificar las unidades de isopreno, rodeándolas con un círculo.

a) Citronelol (presente en el aceite del geranio)

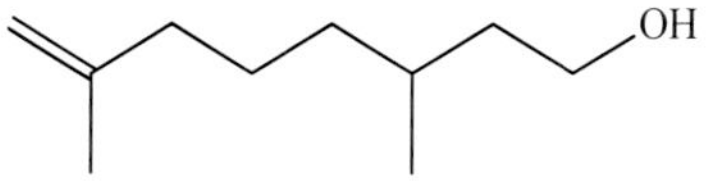

b) γ-Terpineno (presente en el aceite de cilantro)

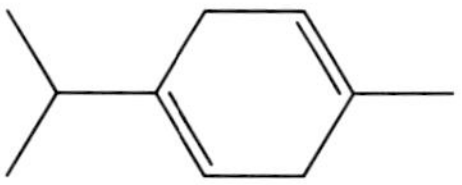

c) Vitamina A1

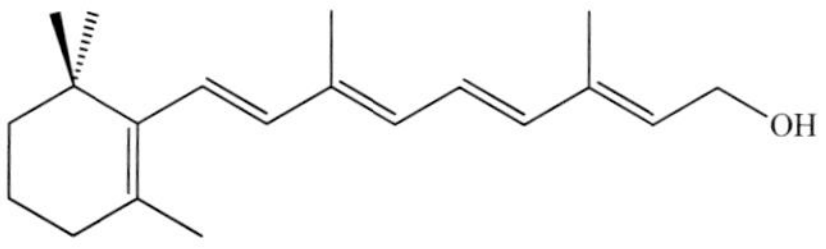

d) Escualeno

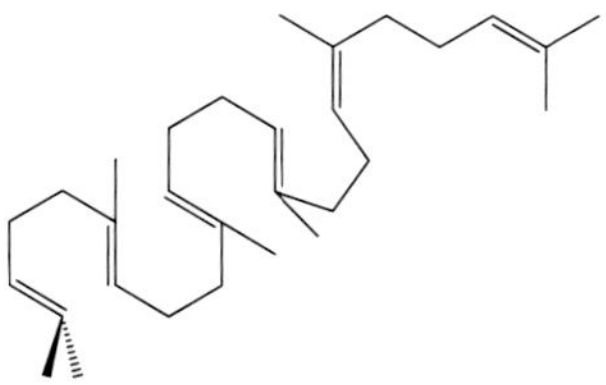

e) Cembreno

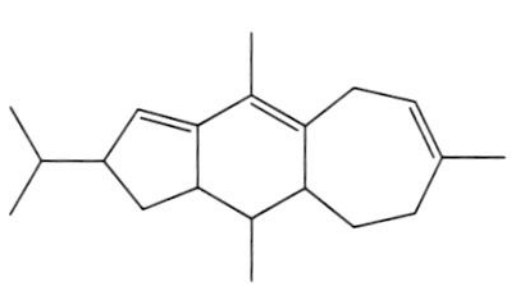

28. En la reacción de adición de HBr al 1,3-pentadieno se obtienen productos de adición "1,2" y productos de adición "1,4".

   a) ¿Cuál es el producto mayoritario de la adición "1,2" sobre el doble enlace C1=C2?

   b) ¿Y el producto mayoritario de la adición "1,2" sobre el doble enlace C3=C4?

   c) ¿Y el producto mayoritario de la adición "1,4"?

   Justificar brevemente las respuestas en base al mecanismo de la reacción y los carbocationes que se forman en el transcurso de la misma.

Benceno y aromaticidad

29. Marcar los sistemas aromáticos de los siguientes compuestos.

a) Nicotina 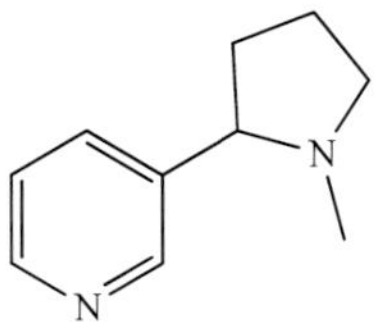	b) DDT 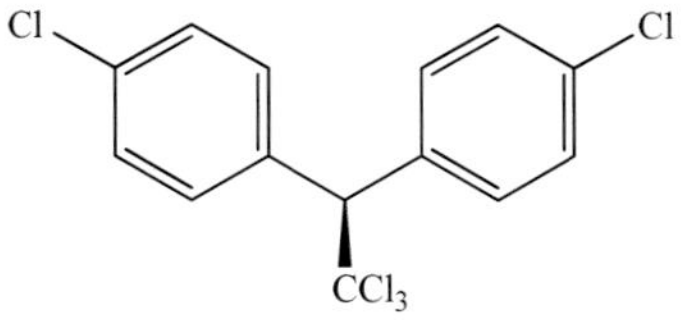	c) Adenina 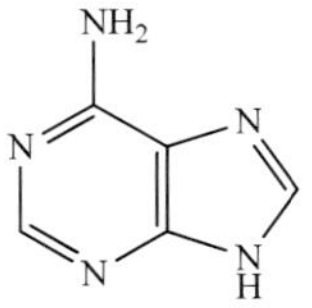
d) Guanina 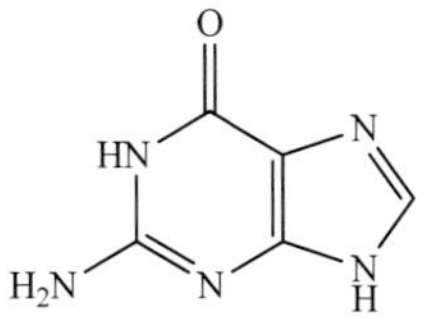	e) Tiamina (Vitamina B$_1$) 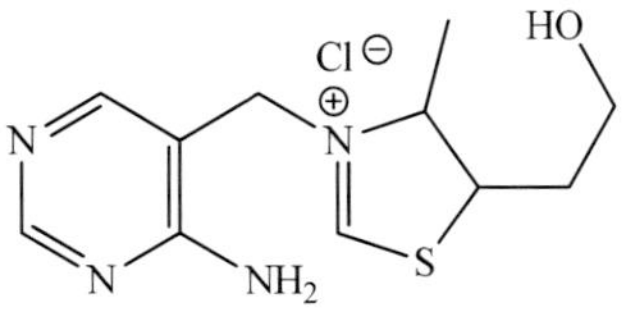	f) Fenilalanina 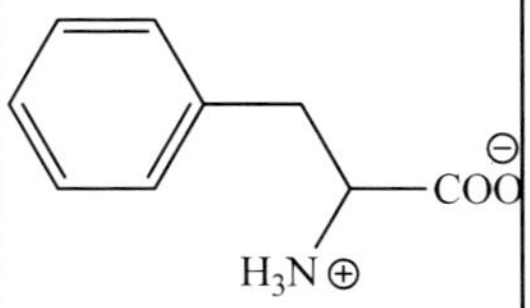

30. Indicar las diferencias entre la molécula de benceno y la hipotética molécula 1,3,5-ciclohexatrieno –es decir, un polialqueno cíclico sin tener en cuenta la aromaticidad–, en cuanto a geometría, enlaces químicos, energía, reactividad química, etc.

31. El 1,3-ciclopentadieno es un ácido de Brønsted débil, con una constante de acidez K_a de 10^{-15}. Sin embargo, es un ácido muchísimo más fuerte que otros hidrocarburos de estructura análoga (por ejemplo, el 1,3,5-cicloheptatrieno tiene una K_a de 10^{-45}). ¿A qué se debe el comportamiento anómalo del 1,3-ciclopentadieno?

32. En base al cumplimiento de las reglas de Hückel, indicar cuál de estos compuestos es aromático y cuál no.

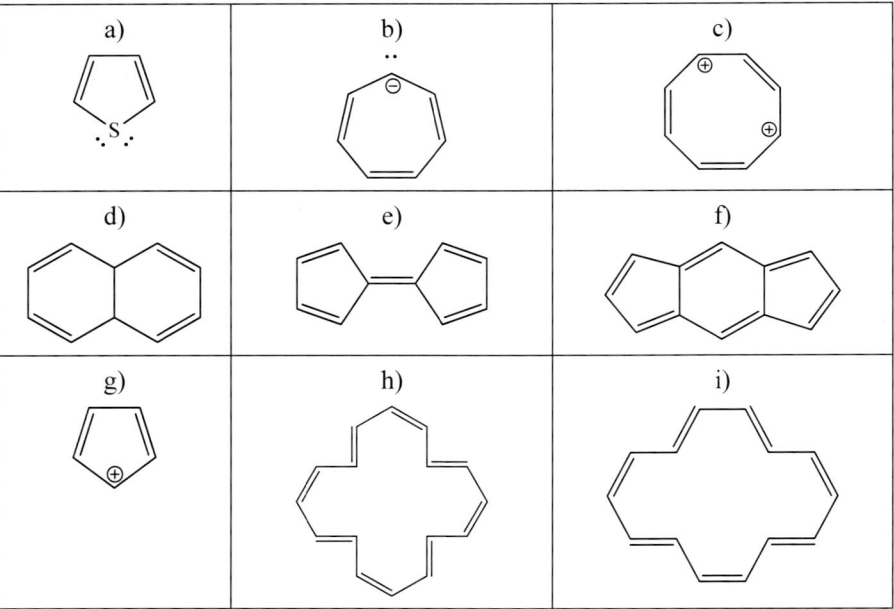

Sustitución electrofílica aromática

33. Ordenar los compuestos siguientes en orden creciente de reactividad frente a una reacción de sustitución electrofílica.

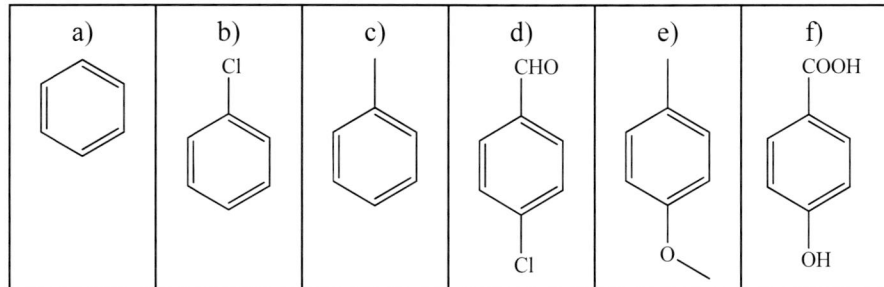

34. Indicar en los siguientes compuestos la/s posicion/es en que se producirá una nueva sustitución electrofílica.

a)	b)	c)	d)	e)
	NO$_2$ O$_2$N	CHO CHO	COOH OH	COOH OH

35. El grupo amino -NH$_2$ es un activante del anillo aromático muy potente y orienta a las posiciones *orto* y *para*. ¿Por qué, en base a consideraciones ácido-base, la nitración y sulfonación de la anilina es un proceso que requiere condiciones extremas y se obtiene el producto *m*-sustituido? ¿Qué proceso se sigue para obtener el derivado nitrado o sulfonado en posición *para*?

36. *Ejercicio resuelto.* Indicar que producto o productos principales se obtendrán en las siguientes reacciones.

a) benceno (exceso) + 2-cloro-2-metilpropano/FeCl$_3$ $\rightarrow$

b) benceno + 1-bromopropano/AlBr$_3$ $\rightarrow$

c) tolueno + Cl$_2$/FeCl$_3$ $\rightarrow$

d) ácido benzoico (C$_6$H$_5$-COOH) + HNO$_3$/H$_2$SO$_4$ $\rightarrow$

e) benzaldehído + Cl-CO-CH$_3$ /AlCl$_3$ $\rightarrow$

f) *terc*-butilbenceno ((CH$_3$)$_3$C-C$_6$H$_5$) + HNO$_3$/H$_2$SO$_4$ $\rightarrow$

g) *m*-xileno + H$_2$SO$_4$ $\rightarrow$

Resolución

a) La reacción propuesta es una alquilación de Friedel-Crafts, en la que el producto (alquil-benceno) es más reactivo que el propio benceno, y ocurriría la polisustitución. Si el benceno está en exceso, solamente se obtendrá el producto monosustituido. Por otro lado, el carbocatión que se forma al reaccionar el haluro (terciario) con el ácido de Lewis es un carbocatión terciario estabilizado. De este modo, el producto de la reacción es el *terc*-butilbenceno.

b) En este caso, al reaccionar el 1-bromopropano con el ácido de Lewis, se genera el carbocatión 1-propilo, que es un carbocatión primario inestable. El carbocatión aumenta su estabilidad convirtiéndose en un carbocatión secundario, el 2-propilo, por migración de un átomo de H del carbono 2 al carbono 1. De este modo, el electrófilo atacante es el catión 2-propilo, y el producto de la reacción es el isopropilbenceno.

c) En el tolueno, el grupo metilo es activante y orientador a posiciones *orto* y *para*. Como la posición *orto* está impedida estéricamente por el propio grupo metilo, el producto mayoritario que se obtiene es el *para*-clorotolueno, y en menor grado el *orto*-clorotolueno.

d) En la nitración del ácido benzoico, el grupo ácido carboxílico es desactivante y orientador a *meta*, por lo tanto, el producto que se obtendrá es el ácido *meta*-nitrobenzoico.

e) El grupo carbonilo del benzaldehído también es desactivante y orientador a *meta*, por lo tanto, en la acilación de Friedel-Crafts se obtendrá el producto *meta*-formilacetofenona:

f) El grupo *terc*-butilo es activante y orientador a *orto* y *para*. No obstante, como dicho grupo es muy voluminoso, la posición *orto* está muy impedida estéricamente, de modo que la nitración se producirá exclusivamente en posición *para*. El producto que se obtiene es el *para*-nitro-*terc*-butilbenceno.

g) El *meta*-xileno está activado doblemente por sendos grupos metilo, por lo que la sulfonación tiene lugar muy fácilmente únicamente con ácido sulfúrico. Ambos metilos orientan a *orto* y *para*, de modo que están activadas todas las posiciones libres del anillo, excepto la posición entre los dos metilos por impedimento estérico, y la posición opuesta a ésta. Por lo tanto, el producto será el ácido 2,4-dimetilbencenosulfónico:

37. Indicar los reactivos a emplear para realizar las siguientes transformaciones.

    a)   benceno en etilbenceno (1 paso)

    b)   benceno en 1-pentilbenceno (2 pasos)

    c)   benceno en anilina (2 pasos)

    d)   nitrobenceno en p-cloroanilina (4 pasos)

    e)   nitrobenceno en m-cloroanilina (2 pasos)

    f)   etilbenceno en o-bromoetilbenceno (3 pasos)

Heterociclos. Nomenclatura, aromaticidad, basicidad e importancia

38. Nombrar los siguientes heterociclos e indicar qué electrones no compartidos de los heteroátomos forman parte del sistema π aromático. ¿Cuáles de ellos tienen carácter de base de Lewis?

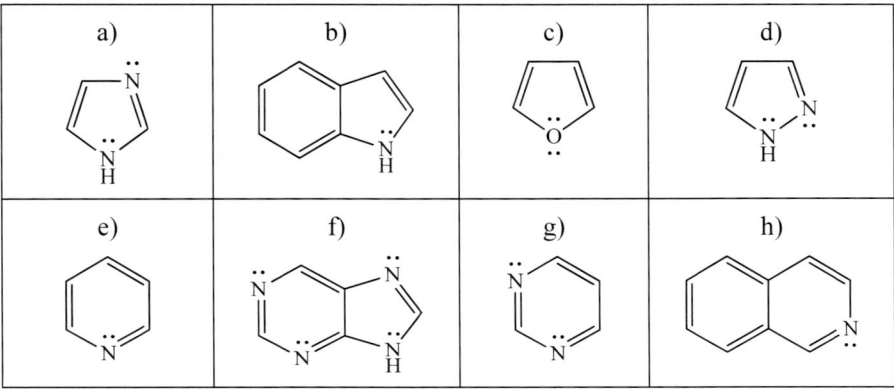

39. En los siguientes compuestos heterocícliclos, marcar con las letras A, B, C y D:

a) Aquellos que son aromáticos sin la contribución de electrones no enlazantes de los heteroátomos.

b) Aquellos que son aromáticos gracias a la contribución de electrones no enlazantes de los heteroátomos.

c) Aquellos que pueden comportarse como bases de Lewis.

d) Aquellos que no pueden comportarse como bases de Lewis.

Nota: un mismo compuesto puede cumplir más de una propiedad arriba citada

e) Varios de estos heterociclos son importantes en bioquímica. Indicar la importancia de dos de ellos.

pirrol	pirimidina	piridina
isoquinoleina	imidazol	indol

40. El pirrol es un heterociclo pentagonal de fórmula molecular C_4H_5N.

   a) ¿Se trata de un compuesto aromático? Justificar la respuesta.

   b) ¿Es el pirrol una base de Lewis? ¿Y la piridina (un heterociclo hexagonal de fórmula molecular C_5H_5N)?

   c) Dibujar la molécula de pirrol, señalando la dirección y sentido de la polaridad de los enlaces C-N y H-N (electronegatividades: C 2,5; H 2,1; N 3).

   d) Dibujar la dirección y sentido del momento dipolar total de la molécula. ¿Es igual a la suma vectorial de los momentos dipolares de los enlaces? Justificar la respuesta.

   e) Indicar la importancia bioquímica del pirrol.

Ejercicios y cuestiones variados

41. Indicar qué producto principal se obtendrá en las siguientes reacciones químicas:

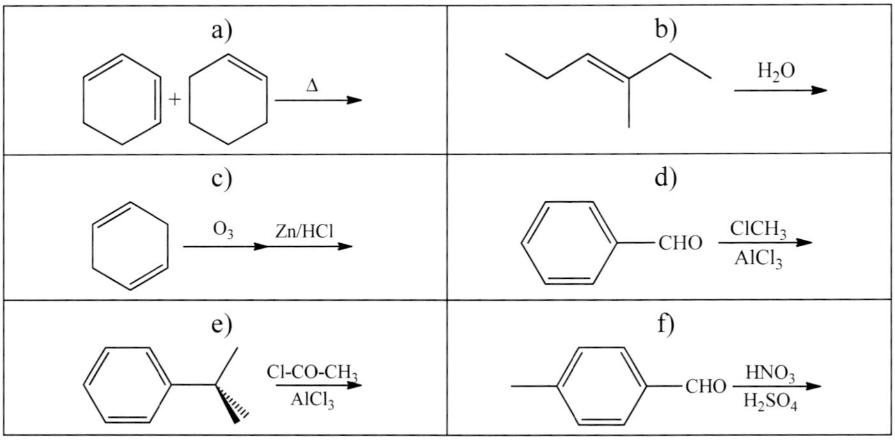

42. Indicar cuáles son las moléculas A-E en las siguientes transformaciones, detallando la estereoquímica cuando sea necesario.

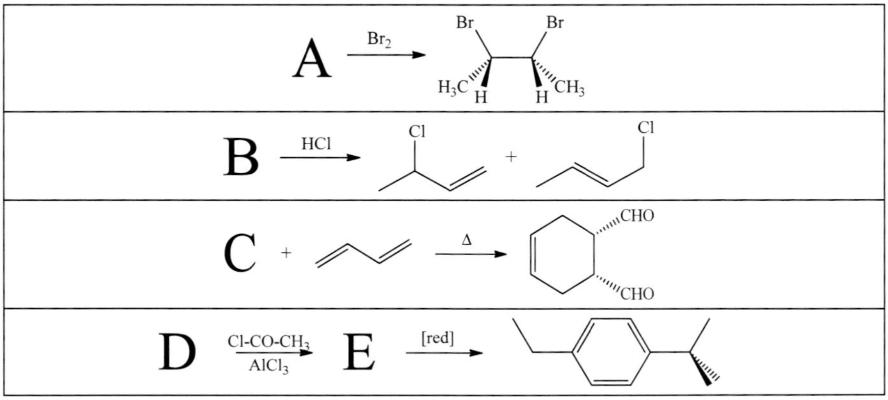

43. a) Dibujar la conformación de silla más estable del siguiente carbohidrato. Dibujar asimismo la silla en una proyección de Newmann doble, en los enlaces C1-C2 y C4-C5 Qué configuración tiene la estructura anterior de acuerdo a la notación de Fisher (D/L)?

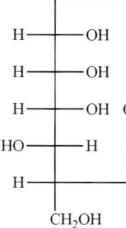

b) ¿Qué productos se obtendrán en las siguientes adiciones a doble enlace? Indicar la estereoquímica en los casos en que sea necesario. El compuesto 2 pertenece a una familia de productos naturales, ¿de qué familia se trata? Justificar la respuesta.

c) Completar el siguiente esquema de reactividad.

d) Completar el siguiente esquema. Dibujar el producto mayoritario en cada caso.

Soluciones a los ejercicios propuestos

1. a) 2,3,4,5-tetrametilhexano. Molécula simétrica

   b) 3-etil-5,7-dimetilnonano. Molécula no simétrica.

   c) 3,5-dimetilheptano. Molécula simétrica

   d) 3,4,5,6-tetraetiloctano. Molécula simétrica.

2. 2,3-dimetilpentano < 3-metilhexano < heptano < octano. Las tres primeras molécu-las son isómeros, de modo que tendrá mayor temperatura de ebullición aquella que sea más alargada y menos esférica i.e. el heptano. El octano es también una molécula alargada, y de mayor tamaño que el heptano, por lo que su temperatura de ebullición será la mayor de todas.

3. dimetilpropano T_b 9,5 °C   metilbutano T_b 28 °C   pentano T_b 36 °C.

   Aunque son isómeros, exactamente de la misma masa molecular y los mismos tipos de enlace, cuanto más ramificado está el hidrocarburo resulta más esférico y compacto, por lo que el contacto entre moléculas es menor, y las fuerzas de London son menos intensas, lo que se traduce en una disminución de la temperatura de ebullición.

4. Las entalpías de combustión de alcanos isómeros tienen el mismo valor, ya que los enlaces que se rompen (C-C y C-H) y los enlaces que se forman (H-O y C=O) son los mismos para los diferentes isómeros.

5. a) No son iguales.

   b) Q es menor (menos negativo) para el ciclohexano y mayor (más negativo) para el ciclopropano.

   c) Esto se debe al fenómeno de tensión angular (consultar la teoría).

6. a) El isómero *trans*   b) El isómero *cis*   c) El isómero *trans*

7.

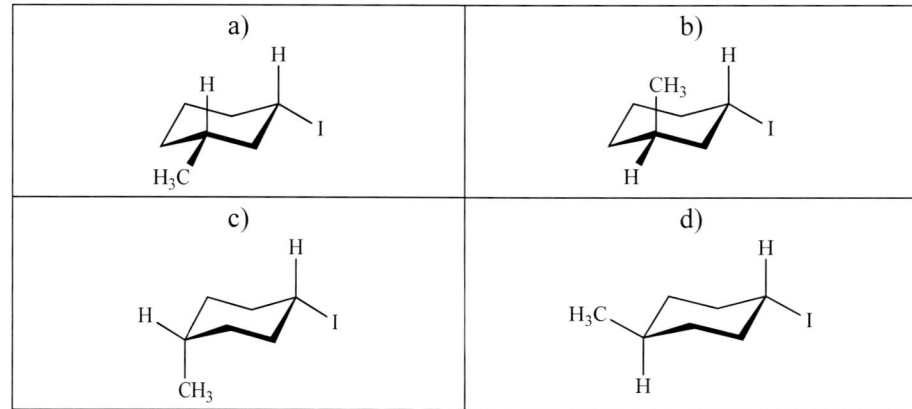

8. El isómero activo es el e,e,e,a,a,a-hexaclorociclohexano porque la capacidad insecticida de un compuesto está basada en la influencia sobre una actividad biológica esencial para el insecto, y dichas actividades biológicas están controladas por enzimas, que son estereoespecíficos, y reconocen estructuras moleculares tridimensionales, siendo así capaces de diferenciar entre distintos isómeros, tanto geométricos como ópticos.

9. a) La B   b) La A   c) La A

    d) Sí que existe una conformación silla más estable, con los metilos en posición ecuatorial.

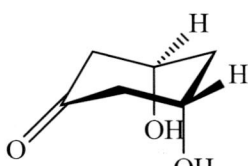

    e) A *cis*-1,3-dimetilciclohexano; B *trans*-1,4-dimetilciclohexano. Son compuestos distintos, con los sustituyentes en distintas posiciones.

10. a) Misma molécula   b) I. geométricos E-Z y diasterómeros

    c) Enantiómeros   d) I. geométricos E-Z y diasterómeros

    e) Enantiómeros   f) I. geométricos E-Z y diasterómeros

11. a) A, B y D

    b) B y D

    c)

    d) A-B y A-D

    e) La mezcla 60 % A y 40 % B tendría una rotación específica de +10°, mientras que la mezcla 60 % D y 40 % B tendría una rotación de -50°.

12. En los tres ejemplos, las moléculas representadas son entre sí isómeros geométricos E-Z y simultáneamente diasterómeros. En el apartado (c), todos los átomos de C tienen la misma configuración, excepto uno.

13. El producto A es mayoritariamente 3-metil-3-cloropentano.

    El producto B es 3-metilpentano como único producto.

El producto C es una mezcla equimolecular de los siguientes estereoisómeros del 2,3-dibromo-3-metilpentano.

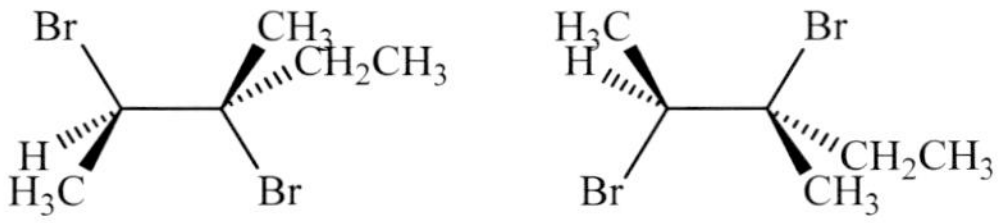

El producto D es una mezcla equimolecular de los siguientes estereoisómeros del 3-metil-2,3-pentanodiol.

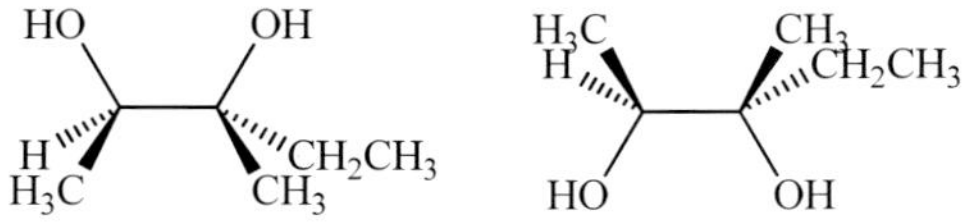

14.

a)	b)	c)
H₃C-CH₂-CHBr-CH₂Br	(OH OH)	(Br ... H)

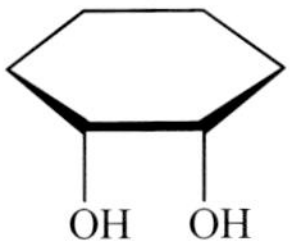

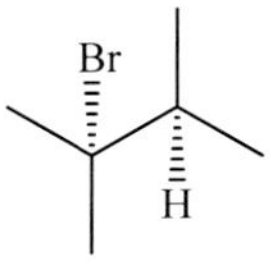

d)	e)
H₃C-CHCl-CH₂-CH₂-CH₂-CH₃	H₃C-CH₂-CHO

f)	g)
H₃C-CO-CH₂-CH₂-CH₂-CHO	H₃C-CO-CH₂-CH₂-CH₂-CHO ↓ H₃C-CO-CH₂-CH₂-CH₂-COOH

h)	i)
(OH)	

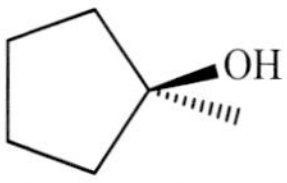

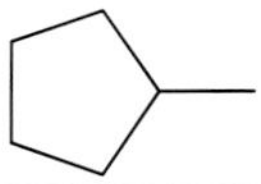

15.

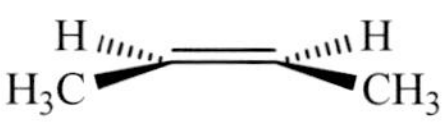

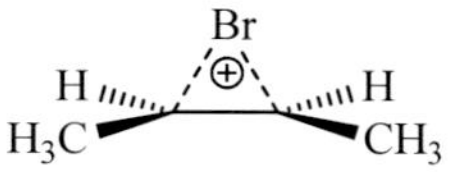

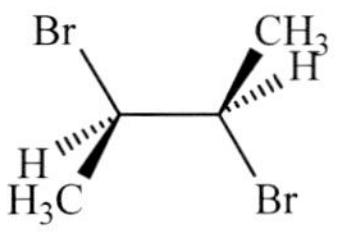

Reactivo	Intermedio (ion bromonio)	R – R	S – S
		S – S	R – R
		Producto	Producto

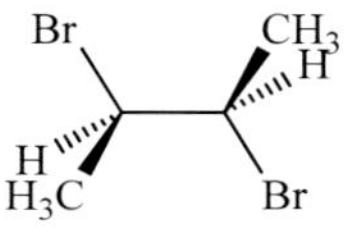

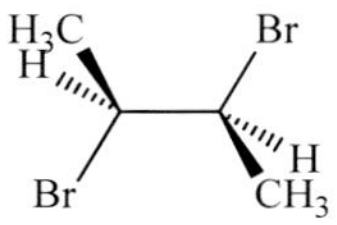

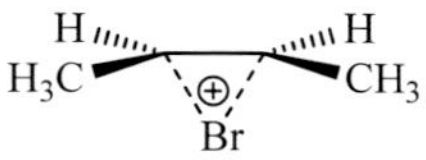

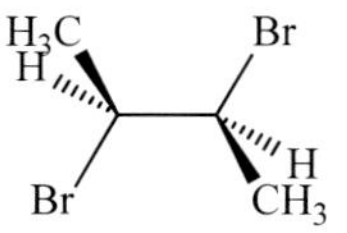

16. Solamente se forma un isómero, el S,R-2,3-dibromobutano, que es ópticamente inactivo por tratarse de un compuesto *meso.*

17. a) La adición de Br_2 al compuesto *cis* produce una mezcla racémica de los enantiómeros RR y SS, mientras que en a partir del isómero *trans* se obtiene el compuesto meso RS. **DISTINTOS**. Adición *ANTI.*

b) La hidrogenación del compuesto *cis* produce el compuesto meso RS, mientras que a partir del isómero *trans* se obtiene una mezcla racémica de los enantiómeros RR y SS. **DISTINTOS**. Adición *SYN.*

c) En ambos casos se obtiene una mezcla equimolecular de los cuatro estereoisómeros RR, SS, SR y RS (en este caso, los isómeros RS y SR son enantiómeros, no el compuesto meso). Adición **NO ESTEREOESPECÍFICA**.

d) La oxidación con $KMnO_4$ diluido y en frío da lugar a un diol vecinal en el que los dos grupos -OH se adicionan por el mismo lado de la molécula, es decir adición *SYN*, igual que la hidrogenación catalítica. A partir del isómero geométrico *cis* del alqueno se obtiene un compuesto meso RS, y a partir del isómero *trans* se obtiene una mezcla racémica. **DISTINTOS**.

18.

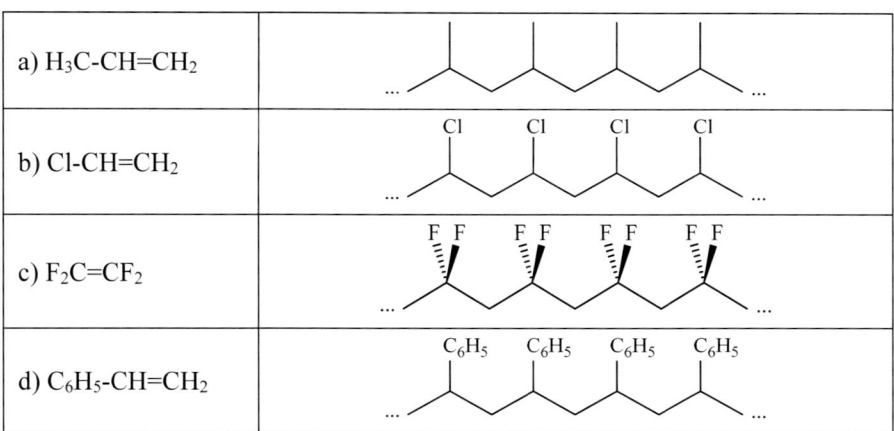

a) $H_3C\text{-}CH=CH_2$	
b) $Cl\text{-}CH=CH_2$	
c) $F_2C=CF_2$	
d) $C_6H_5\text{-}CH=CH_2$	

19. a) Reacción de alquenos con agua de bromo y decoloración de la misma.

b) Oxidación de alquenos con disolución de $KMnO_4$. Decoloración de la disolución de oxidante (violeta muy intenso) y en ocasiones formación de un precipitado marrón de MnO_2.

c) Disminución de la presión de H_2 en presencia de un alqueno y un catalizador adecuado.

20. a)   formaldehído HCHO + propanal $H_3C\text{-}CH_2\text{-}CHO$

   b)   acetaldehído $H_3C\text{-}CHO$

   c)   acetona $H_3C\text{-}CO\text{-}CH_3$ + propanal

   d)   butanodial $(OHC\text{-}CH_2\text{-}CH_2\text{-}CHO)$

   e)   formaldehído + propanodial $(OHC\text{-}CH_2\text{-}CHO)$ + acetaldehído

21. Porque el 1,3-hexadieno es un dieno conjugado, mucho más estable que el 1,4-hexadieno al ser aislado.

22. a)

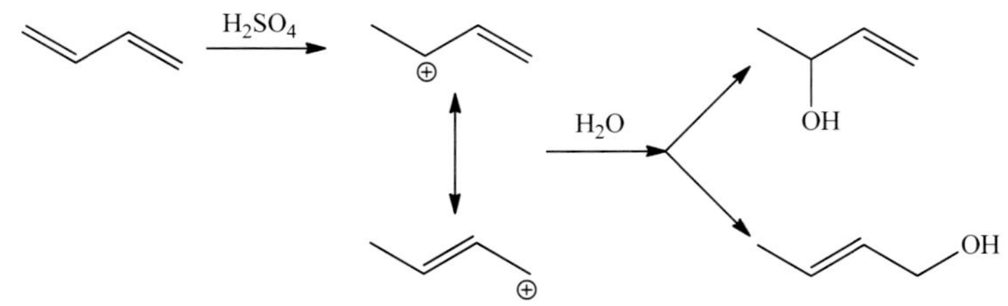

   b)   Si la reacción se lleva a cabo bajo control termodinámico, se obtiene el producto más estable, en este caso el 2-buten-1-ol (adición 1,4), ya que es el más sustituido en el doble enlace. Si la reacción se lleva bajo control cinético, se obtiene el producto que se forma más rápidamente, que es el 3-buten-2-ol (adición 1,2), ya que es el que se forma a partir del intermedio (carbocatión) más estable (secundario).

   c)

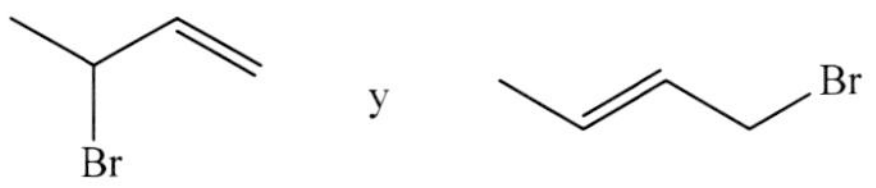

23.

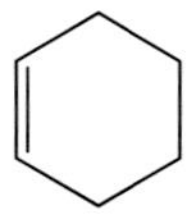

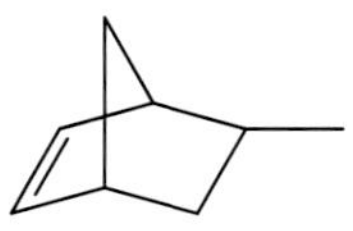

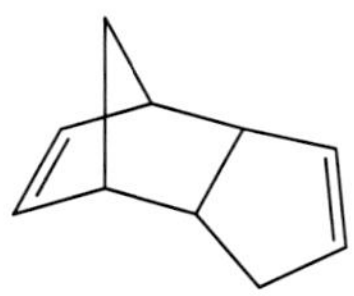

24.

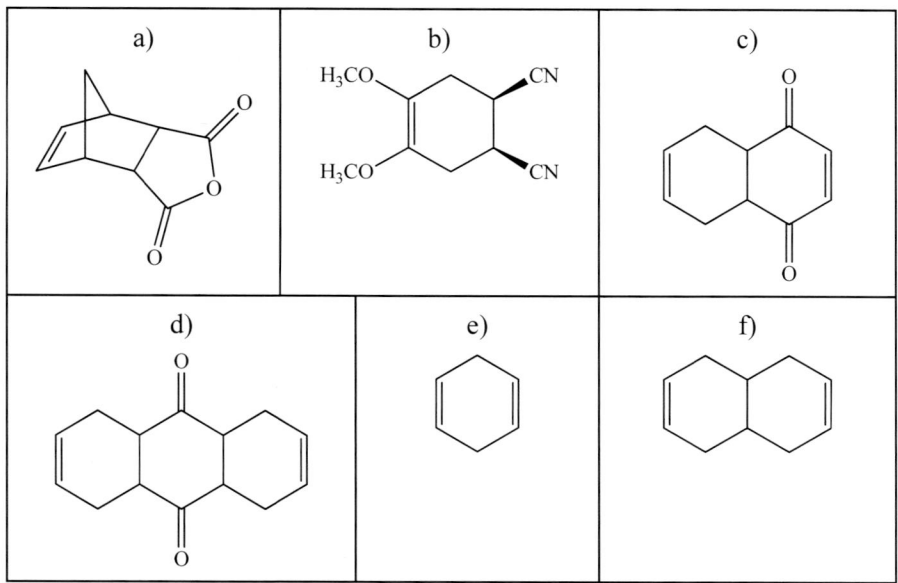

a)	b)	c)
d)	e)	f)

25.

a)	b)
2	

26.

a)	b)	c)
d)	e)	f)

27.

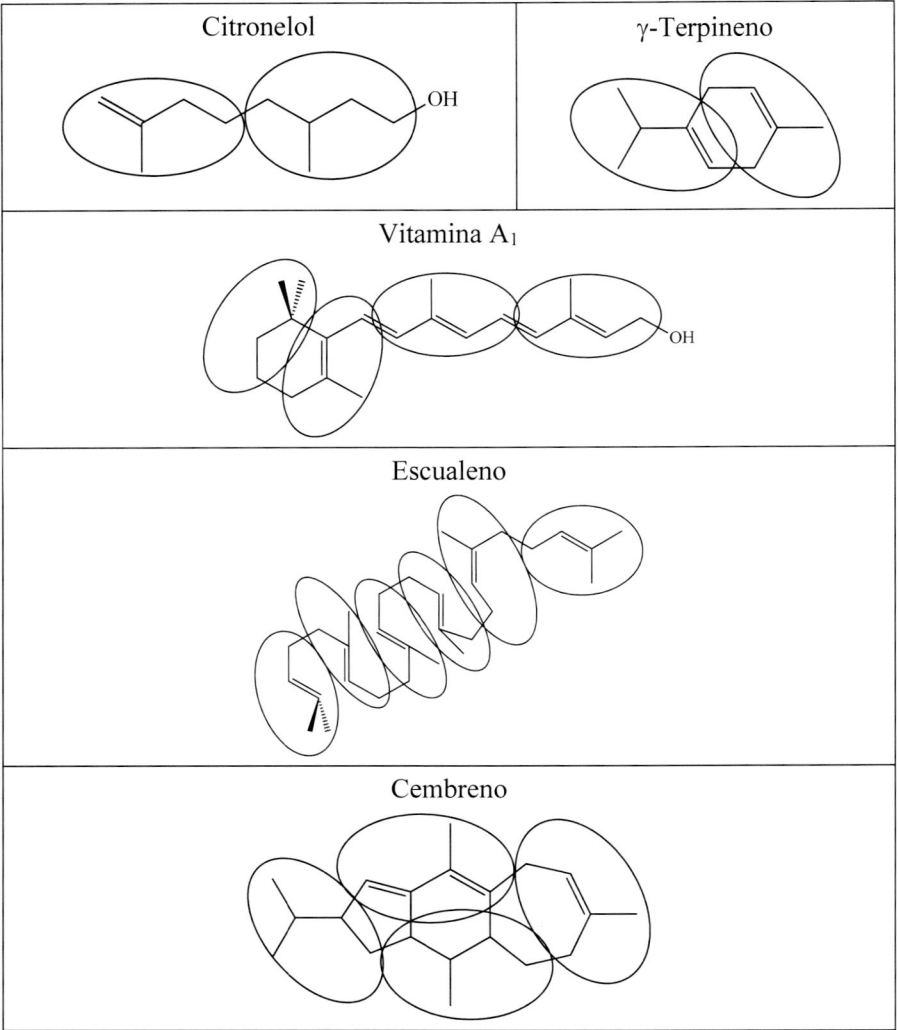

28. Consultar teoría:

a) El 4-bromo-2-penteno H_3C-CHBr-CH=CH-CH_3, ya que es el producto Markovnikov (carbocatión intermedio secundario más estable).

b) El 3-bromo-1-penteno H_2C=CH-CHBr-CH_2-CH_3 ya que, aunque los dos carbocationes intermedios posibles son secundarios, el que genera el compuesto mencionado es de tipo alílico, estabilizado por resonancia, por lo tanto, más estable.

c) El 4-bromo-2-penteno, ya que se forma a través de un carbocatión secundario, más estable.

29.

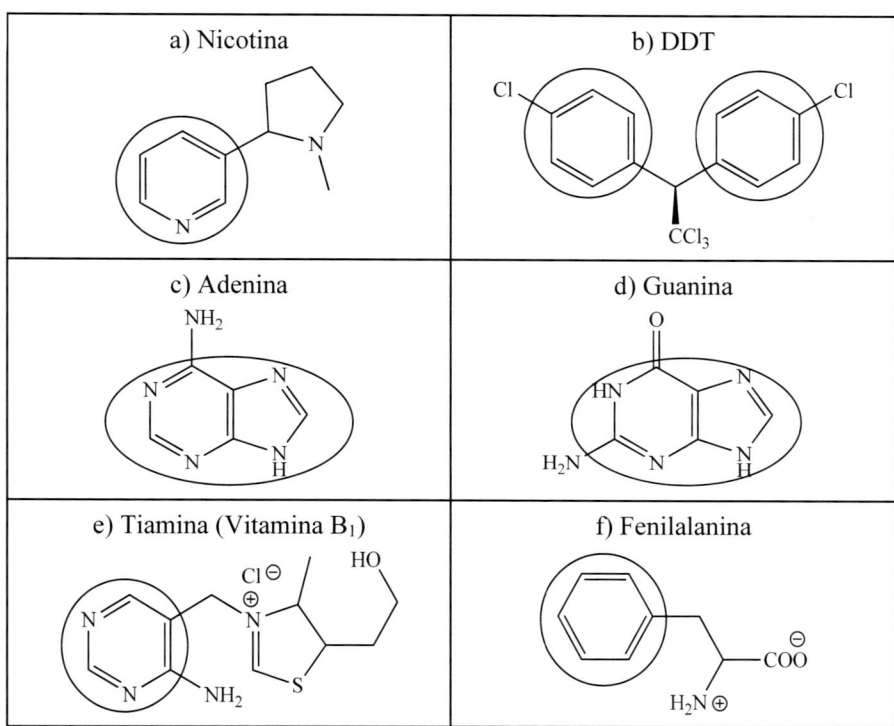

a) Nicotina	b) DDT
c) Adenina	d) Guanina
e) Tiamina (Vitamina B$_1$)	f) Fenilalanina

30. a)   Geometría: el 1,3,5-ciclohexatrieno es un hexágono deformado (dos longitudes distintas para los lados), mientras que el benceno es un hexágono regular.

b)   Enlaces químicos: en el 1,3,5-ciclohexatrieno hay dos tipos de enlaces: enlace simple C-C y enlace doble C=C. En el benceno, los seis enlaces C-C son exactamente iguales.

c)   Energía: la molécula de benceno es mucho más estable energéticamente (mayor energía de enlace) que la de 1,3,5-ciclohexatrieno, debido a la energía de estabilización por resonancia, muy grande en el caso de compuestos aromáticos.

d)   Reactividad química: el 1,3,5-ciclohexatrieno daría las reacciones típicas de los alquenos y los dienos conjugados: adición al doble enlace, oxidación, Diels-Alder, etc., mientras que el benceno no da esas reacciones sino las de sustitución electrofílica aromática.

31. Este comportamiento se debe a que la base conjugada del 1,3-ciclopentadieno es el anión 1,3-ciclopentadienilo, que es especialmente estable debido a que es un compuesto aromático (consultar teoría sobre la aromaticidad y las propiedades del anión 1,3-ciclopentadienilo), mientras que otros aniones de otros hidrocarburos, como el del ejemplo, no gozan de la estabilidad especial de los compuestos aromáticos.

32. a) Aromático (2 e⁻ por cada doble enlace C=C y 2 que aporta el S de sus pares solitarios, total 6 e⁻ de tipo π).

b) No aromático (8 e⁻ π).

c) Aromático.

d) No aromático (no es plano, y tiene 8 e⁻ de tipo π).

e) No aromático. Aunque el número total de e⁻ de tipo π es de 10, son dos anillos separados, cada uno de ellos conteniendo 5 e⁻ π.

f) No aromático (12 e⁻ de tipo π).

g) No aromático (4 e⁻ π).

h) No aromático (16 e⁻ π).

i) Aromático.

33. f < d < b < a < c < e

34.

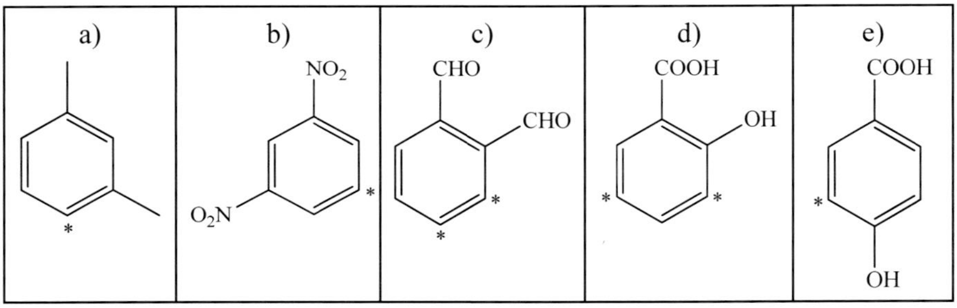

35. La nitración y sulfonación se realizan en medio ácido concentrado (H_2SO_4), condiciones en las que la anilina está protonada ($C_6H_5\text{-}NH_3^+$), y el grupo amino protonado es desactivante y orientador a la posición *meta*. Para obtener el derivado *p*-sustituido, la anilina se transforma en la acetamida correspondiente (acetanilida, $C_6H_5\text{-}NH\text{-}CO\text{-}CH_3$) mediante reacción con anhídrido acético ($CH_3\text{-}CO\text{-}O\text{-}CO\text{-}CH_3$), se realiza la nitración o sulfonación de la acetanilida, que no se protona y orienta preferentemente a la posición *para* ya que la posición *orto* está impedida por *efecto estérico*, y por último se hidroliza la amida en el derivado *p*-sustituido de la acetanilida, obteniéndose el derivado nitrado o sulfonado de la anilina en posición *para*.

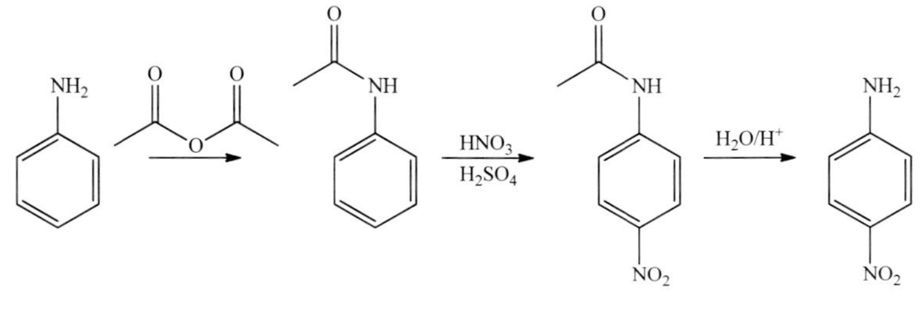

36. a) 2-fenil-2-metilpropano (*terc*-butilbenceno).

b) 2-fenilpropano (isopropilbenceno o cumeno). Se produce la transposición de un grupo metilo en el carbocatión formado al tratar el 1-bromopropano con el $AlBr_3$.

c) *o*-clorotolueno y *p*-clorotolueno, mayoritario este último.

d) ácido *m*-nitrobenzoico.

e) *m*-formilacetofenona (*m*-OHC-C_6H_4-CO-CH_3).

f) *p*-*terc*-butilnitrobenceno (la posición *orto* está muy impedida estéricamente).

g) ácido 2,4-dimetilbencenosulfónico. La posición entre los dos metilos está impedida estéricamente.

37. a) Mediante alquilación de Friedel-Crafts.

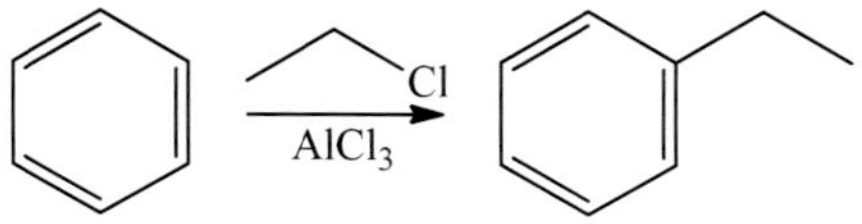

El benceno se ha de añadir en exceso, pues en caso contrario se añaden nuevos grupos etilo al benceno, ya que el etilo que se ha unido al anillo lo activa de cara a una nueva sustitución.

b) La alquilación de Friedel-Crafts da lugar a transposiciones en el electrófilo atacante. Se ha de emplear acilación de Friedel-Crafts con cloruro de pentanoilo y reducción de la cetona resultante con un reductor enérgico.

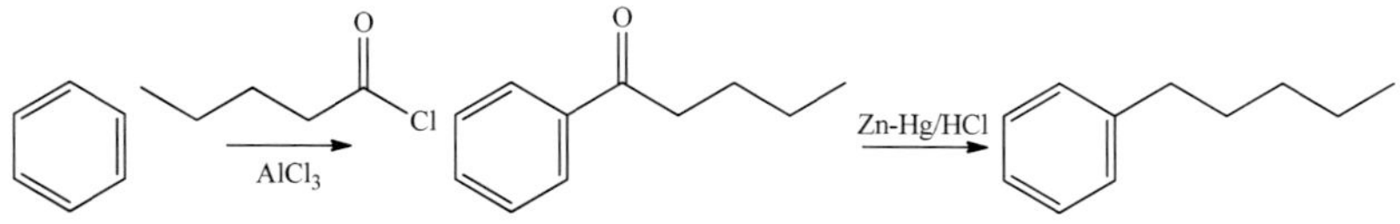

c) Nitración del benceno seguido de reducción del grupo nitro a amina.

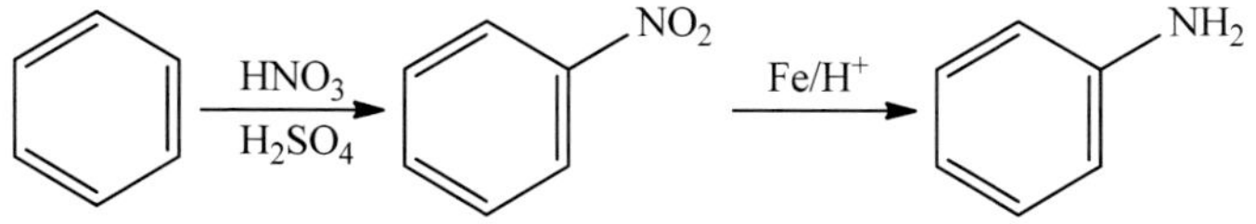

d) Reducción del nitrobenceno a anilina, transformación en acetanilida, cloración de la acetanilida en posición *para* e hidrólisis de la cloroacetanilida.

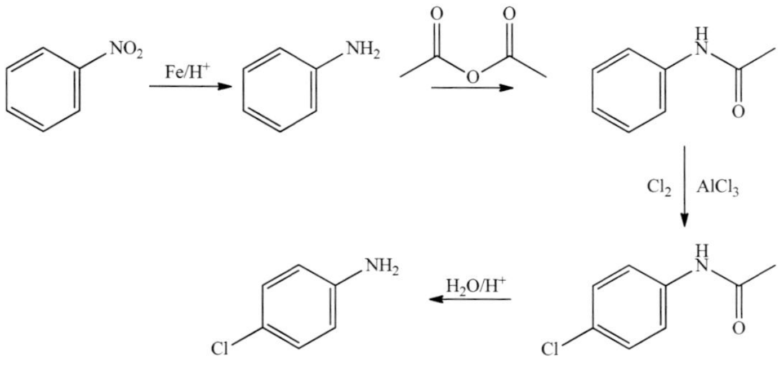

e) Cloración del nitrobenceno en posición *meta* y reducción del grupo nitro.

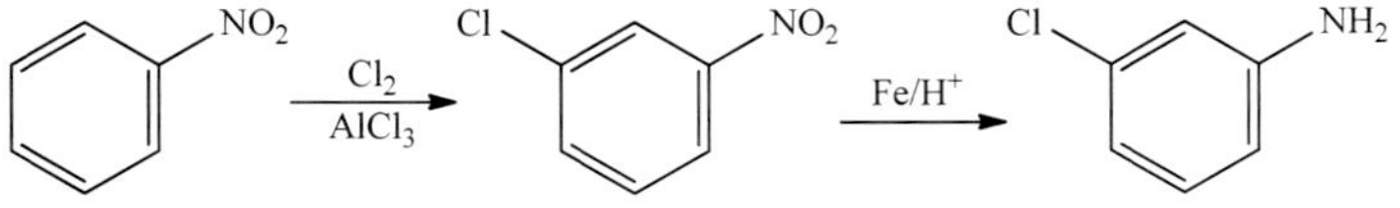

f) La bromación conduciría a isómeros en *orto* y en *para*, mayoritariamente el último debido a impedimento estérico. Se ha de bloquear la posición *para* mediante sulfonación, seguido de bromación en posición *orto* y eliminación del grupo ácido sulfónico por calentamiento.

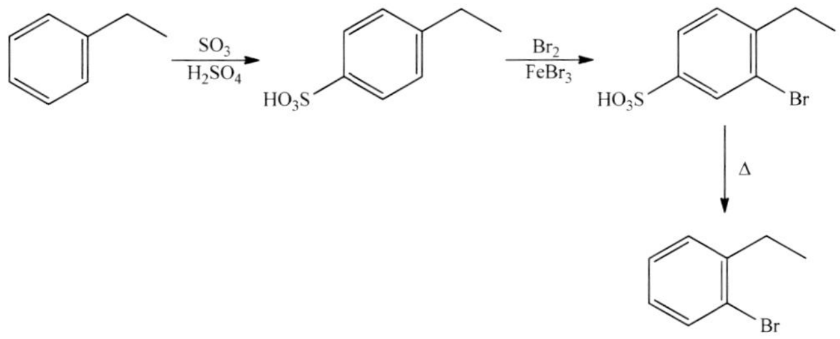

38.

a) imidazol Base de Lewis 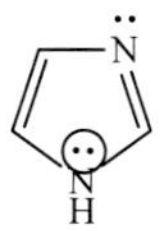	b) indol No base de Lewis 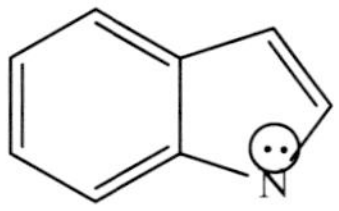	c) furano Base de Lewis 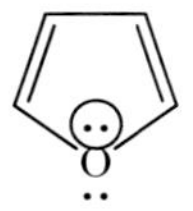	d) pirazol Base de Lewis 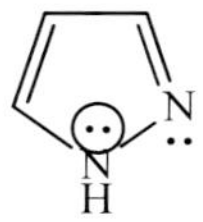
e) piridina Base de Lewis 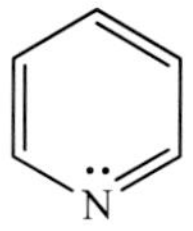	f) purina Base de Lewis 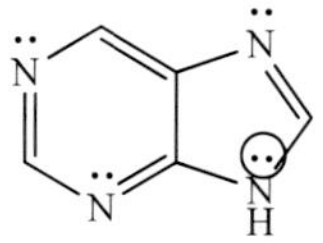	g) pirimidina Base de Lewis 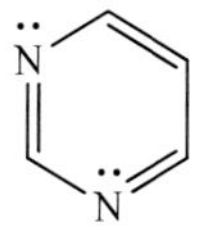	h) isoquinoleina Base de Lewis 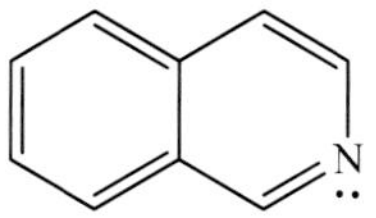

39. a)   b)   c)   d)

pirrol	pirimidina	piridina
(B), (D)	(A), (C)	(A), (C)
isoquinoleina	imidazol	indol
(A), (C)	(B), (C)	(B), (D)

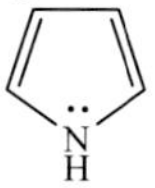

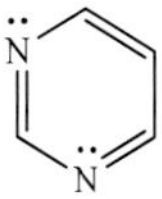

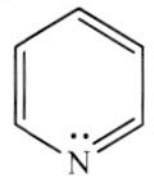

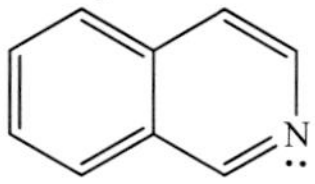

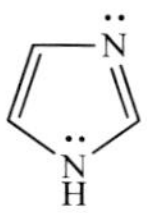

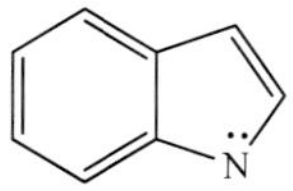

e) La importancia del pirrol consiste en que cuatro anillos pirrólicos condensados dan lugar a un macrociclo llamado porfina, al que se puede unir un átomo metálico en el centro (metaloporfirina); y las metaloporfirinas forman parte de biomoléculas de gran importancia, como la hemoglobina, la clorofila o los citocromos. La estructura base del indol aparece en la cadena lateral del aminoácido triptófano.

40. a) El pirrol es un compuesto aromático ya que el par de electrones no enlazante del N no está sobre el átomo, sino que pertenece al sistema π del anillo, de modo que el n° de electrones π es 6 y se cumple la regla de Hückel.

b) El pirrol no es una base de Lewis ya que, por lo dicho anteriormente, el par de electrones no enlazantes del N no puede aportarse a un ácido de Lewis. La piridina sí que se comporta como base de Lewis (y de Brφnsted), ya que, en este compuesto, el par de electrones no enlazante del N no pertenece al anillo y está disponible.

c), d) El momento dipolar total de la molécula no es igual a la suma vectorial de los momentos dipolares de los enlaces, ya que el desplazamiento del par de electrones del N hacia el interior del anillo genera un acusado momento dipolar en ese sentido.

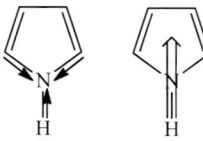

e) Cuatro anillos pirrólicos condensados dan lugar a un macrociclo llamado porfina, al que se puede unir un átomo metálico en el centro (metaloporfirina, ver figura). Las metaloporfirinas forman parte de biomoléculas de gran importancia, como la hemoglobina, la clorofila o los citocromos.

41.

a)	b)	c)
	HO CH₃ Mezcla racémica	2 HOC-CH₂-CHO
d)	e)	f)
CHO	O	OHC NO₂

42.

A	B	C
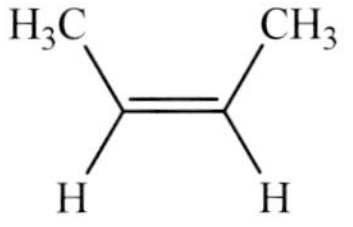	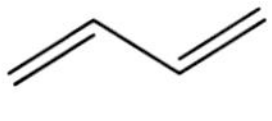	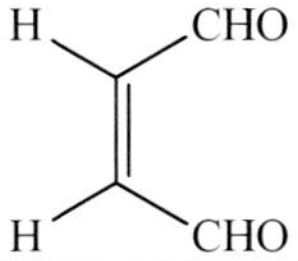

D	E
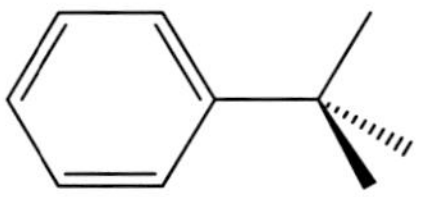	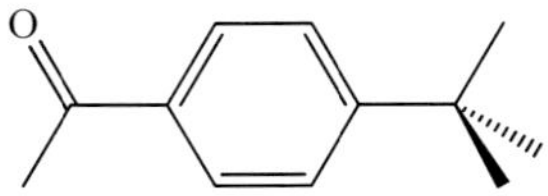

43. a) El carbohidrato tiene configuración D (el H del C asimétrico más alejado del C
carbonílico a la izquierda)

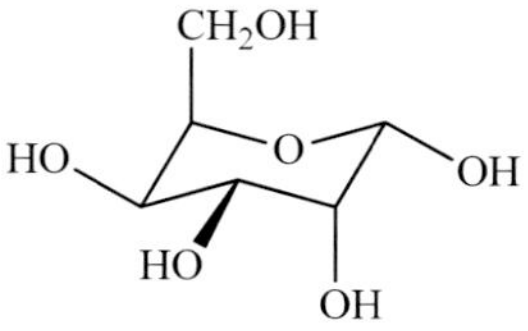

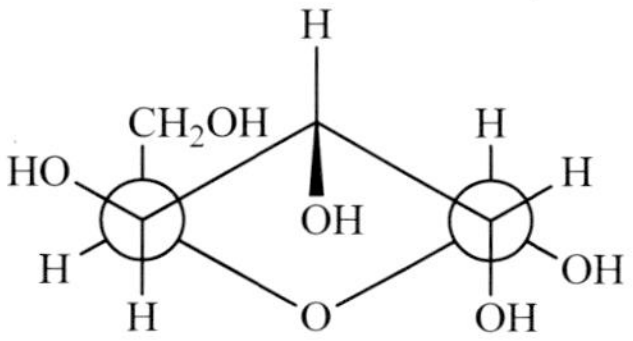

b)

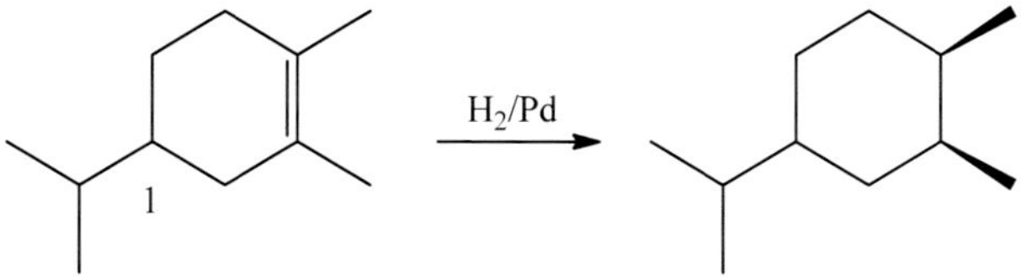

Adición SYN, configuración del anillo Z. Los dos C asimétricos que se generan
tienen las dos configuraciones R y S.

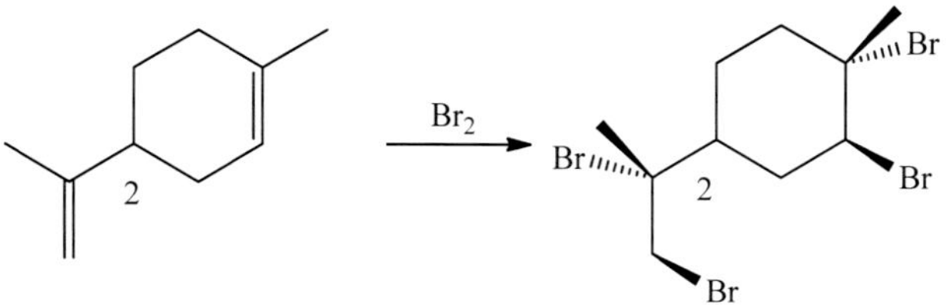

Adición ANTI, configuración del anillo E. Los cuatro C asimétricos que se generan
tienen las dos configuraciones R y S.

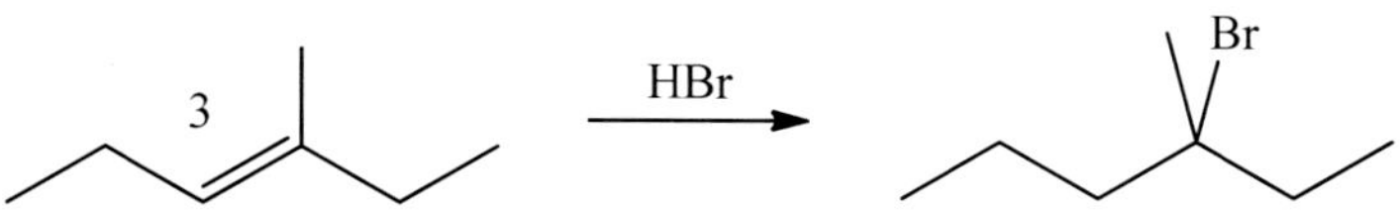

Adición NO ESTEREOESPECÍFICA. Mezcla racémica de los dos enantiómeros.

El compuesto 2 pertenece a la familia de los terpenos, ya que cumple la regla del isopreno.

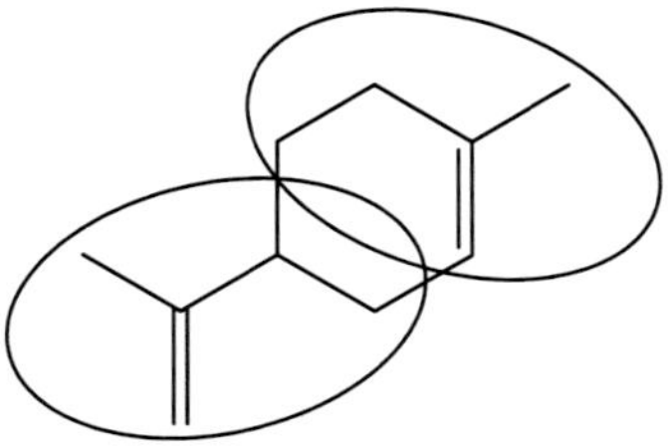

c)

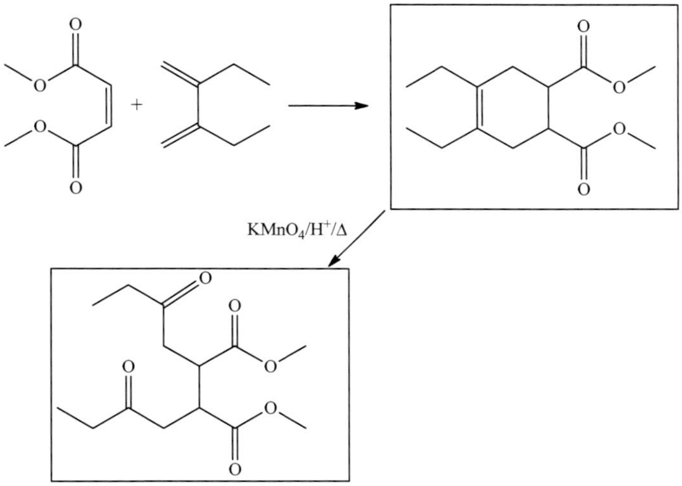

KMnO₄/H⁺/Δ

d)

Producto monosustituído

[red] H₂/Ni

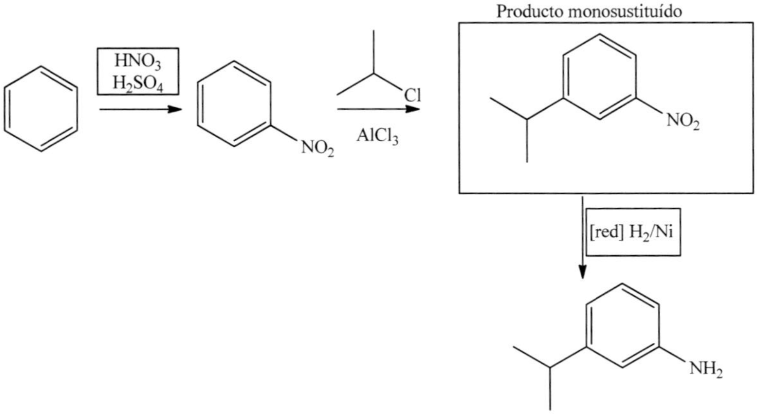

4

Grupos funcionales con enlaces sencillos

Introducción

Continuando con el estudio de las diferentes familias de compuestos orgánicos, y manteniendo el orden creciente de complejidad en cuanto al grupo funcional se refiere, el presente capítulo aborda los compuestos orgánicos que contienen en su estructura heteroátomos (i.e. átomos diferentes del C e H), unidos a átomos de C mediante enlaces sencillos. La presencia de estos heteroátomos da a las familias unas propiedades, tanto físicas como químicas, muy diferentes a las de los hidrocarburos análogos.

El capítulo empieza con la familia de los haluros de alquilo, cuya abundancia en biomoléculas es mínima, pero de gran importancia teórica debido a que dan lugar a dos reacciones químicas –sustitución nucleofílica y eliminación– cuyo estudio, mecanismo incluido, es de importancia fundamental en química orgánica. A continuación se estudian los alcoholes, una familia de gran importancia a todos los niveles, complementada con los tioles. Por último, dentro de este capítulo, la otra gran familia de indudable importancia en el ámbito biológico es la de las aminas.

Los objetivos de aprendizaje del presente capítulo consisten en asimilar razonadamente las propiedades físicas y químicas de las tres familias de compuestos. Se hace especial hincapié en la reactividad de estas familias de compuestos. Así, para el caso de los haluros de alquilo se trabajan las reacciones de sustitución nucleofílica y de eliminación, incidiendo en los diferentes mecanismos de reacción y cómo la naturaleza del haluro y del nucleófilo, así como las condiciones de reacción, resultan en un tipo u otro de sustitución nucleofílica o eliminación. Se contemplan, asimismo, los conceptos de regioselectividad y estereoespecificidad en función del tipo de reacción y mecanismo. Este conocimiento es fundamental para comprender el comportamiento de los nucleófilos a través de su par de electrones solitario y su búsqueda de neutralidad, que se hará extensivo a otro tipo de electrófilos en capítulos posteriores, y en otras familias de compuestos, como son los alcoholes. En el caso de los alcoholes, se aborda la reactividad a través de sus tres puntos reactivos como son, los pares de electrones solitarios sobre el oxígeno, que le permiten actuar como base débil formando iones oxonio y facilitando su actuación como grupo saliente dotando de carácter electrófilo al carbono unido al grupo OH, la polaridad del enlace oxígeno-hidrógeno que le permite actuar como ácido frente a bases muy fuertes y así aumentar el carácter nucleófilo del átomo de oxígeno, dando lugar a reacciones de sustitución nucleofílica, y finalmente la capacidad de oxidarse a cetonas o ácidos carboxílicos de los alcoholes secundarios y primarios respectivamente. Con respecto a los fenoles, se hace hincapié en el fenómeno de resonancia, que provoca la deslocalización de los pares de electrones solitarios del oxígeno, dotando de carácter ácido al hidrógeno del enlace OH, y justificado la reactividad de los fenoles a través del anillo aromático y no a través de la agrupación OH. Para el caso de los tioles, se trabaja su carácter nucleófilo y su capacidad redox formando puentes disulfuro reversibles. Con respecto a las aminas, se incide en su carácter básico y nucleófilo y su capacidad de dar lugar a reacciones de sustitución nucleofílica y de condensación. Se aborda también su transformación en sales de amonio cuaternarias, que pueden producir reacciones de eliminación con regioselectividad anti-Saytzeff.

Conceptos teóricos a emplear

- Haluros de alquilo. Reacciones de sustitución nucleofílica y de eliminación.
- Alcoholes y fenoles. Reactividad general.
- Tioles. La formación de puentes disulfuro en proteínas.
- Aminas. Reactividad general.
- Sales de amonio cuaternario. Eliminación de Hoffmann.

Estas familias de compuestos orgánicos son de gran importancia en cualquier campo en que la química orgánica tenga participación. Por ello, cualquier texto de química orgánica general contiene capítulos dedicados a estos grupos funcionales y sus reacciones químicas, descritos con gran detalle. A continuación, se citan algunos ejemplos.

- Soler Martínez, V. y González Rosende, M.E. *Química Orgánica para las ciencias de la salud, Volumen I: estructura y enlace.* Ed. Síntesis. Capítulos 6 y 7.
- Soler Martínez, V. y González Rosende, M.E. *Química Orgánica para las ciencias de la salud, Volumen II: reactividad de grupos funcionales.* Ed. Síntesis. Capítulos 2 y 12.
- Primo Yúfera, E. *Química Orgánica básica y aplicada. De la molécula a la industria.* Ed. Reverté. Capítulos 13 y 15-18.
- Morrison, R.T. y Boyd, R.N. *Química Orgánica.* Addison Wesley. Capítulos 5, 17, 18, y 26-28.

Haluros de alquilo. Reacciones de sustitución nucleofílica

1. Responder brevemente a las siguientes cuestiones sobre las propiedades físicas de los haluros de alquilo:

    a) Ordenar las moléculas de difluorometano, diclorometano, dibromometano y diiodometano, en función de su momento dipolar. Justificar la respuesta.

    b) La molécula de diclorometano es capaz de disolver gran cantidad de sustancias, pero es muy poco soluble en agua, a pesar de que tanto el diclorometano y el agua son moléculas polares. ¿Por qué?

    c) ¿Qué molécula será más soluble en agua, el diclorometano o el difluorometano? Justificar la respuesta.

2. Indicar cuáles de las siguientes proposiciones se refieren a la sustitución nucleofílica SN_1, cuáles a la SN_2 y cuáles son aplicables a ambos mecanismos.

    a) Es estereoespecífica.

    b) Está más favorecida en ioduros y menos en fluoruros.

    c) La velocidad de la reacción no depende de la concentración del nucleófilo.

    d) Compite la reacción de eliminación.

    e) A partir de un enantiómero se obtiene una mezcla racémica.

    f) Está favorecida en haluros terciarios.

    g) Transcurre mediante un mecanismo de carbocationes.

    h) Es sensible a impedimentos estéricos.

    i) Puede dar lugar a transposiciones.

    j) Está favorecida cuando el nucleófilo es de fuerza media-baja.

    k) Es una reacción concertada.

    l) Se pasa por un único estado de transición.

3. En los siguientes pares de nucleófilos, indicar cuál es el más fuerte:

    a) H_3C-S^- y HS^- b) HS^- y OH^-

    c) Br^- y Cl^- d) $R_3N:$ y $:NH_3$

    e) $R-OH$ y H_2O f) $R-O^-$ y $R-OH$

4. Indicar el producto principal que se obtendrá al hacer reaccionar el 1-clorobutano con:

    a) etóxido de sodio $H_3C-CH_2O^-\ Na^+$

    b) amoníaco NH_3

    c) tributilamina $(H_3C-CH_2-CH_2-CH_2)_3N$

    d) magnesio

5. ***Ejercicio resuelto.*** En las siguientes reacciones de sustitución nucleofílica de haluros de alquilo, indicar si se producen mediante un mecanismo SN_1 o SN_2, en base al tipo de haluro (1º, 2º…) y a la fuerza del nucleófilo. Escribir la fórmula estructural del producto de la reacción:

a) 1-cloropropano + NH_3 →   b) 2-cloropropano + H_2O →

c) 2-cloropropano + H_2S →   d) C_6H_5-CH_2Cl + CH_3OH →

Resolución: La elección del mecanismo de la reacción de sustitución se realiza en primer lugar en base al tipo de haluro que reacciona: los haluros primarios dan lugar preferentemente a la SN_2, mientras que los haluros terciarios reaccionan siguiendo el mecanismo de la SN_1. En el caso de los haluros secundarios, es necesario fijarse en la fuerza del nucleófilo; en el caso de que se trate de un nucleófilo fuerte el mecanismo preferente será la SN_2, mientras que los nucleófilos débiles darán lugar al mecanismo SN_1. Por otro lado, la SN_1 estará favorecida frente a la SN_2 siempre que el carbocatión formado en la primera etapa de la SN_1 (ruptura heterolítica del enlace C-halógeno) esté especialmente estabilizado por resonancia, como el caso de carbocationes alílicos y bencílicos.

a) 1-cloropropano + NH_3 → Se trata de un haluro primario, por lo tanto, independientemente de la fuerza del nucleófilo, el mecanismo que tendrá lugar preferentemente es el SN_2. El producto de la reacción es el 1-propanoamina más HCl como subproducto: CH_3-CH_2-CH_2-NH_2 + HCl

b) 2-cloropropano + H_2O → Se trata de un haluro secundario, por lo tanto, hemos de fijarnos en la fuerza del nucleófilo. El agua es un nucleófilo débil, por lo tanto, la sustitución se llevará a cabo mediante el mecanismo SN_1. El producto de la reacción será el 2-propanol más HCl como subproducto. CH_3-$CHOH$-CH_3 + HCl.

c) 2-cloropropano + H_2S → El haluro es el mismo que el del apartado anterior, pero en este caso el nucleófilo es fuerte, por lo tanto, la reacción será una SN_2. El producto de la reacción será el 2-propanotiol más HCl, CH_3-$CHSH$-CH_3 + HCl.

d) C_6H_5-CH_2Cl + CH_3OH → En este caso, el haluro es primario, pero el carbocatión que se forma en la primera etapa del mecanismo SN_1 es C_6H_5-CH_2^+, fuertemente estabilizado por resonancia. Por lo tanto, el mecanismo de esta reacción es SN_1, y no SN_2 aunque el haluro sea primario. El producto de la reacción es el fenilmetanol o alcohol bencílico más HCl, C_6H_5-CH_2OH + HCl.

6. El R-3-cloro-3-metilhexano reacciona con agua en un disolvente adecuado, sustituyéndose el átomo de cloro por un grupo hidroxilo -OH y dando lugar a 3-metil-3-hexanol.

a) ¿Se trata de una SN_2 o una SN_1?

b) Indicar la estereoquímica del producto obtenido.

c) Si la reacción se lleva a cabo en presencia de metanol, además del producto indicado se obtiene otro subproducto. Indicar su estructura.

d) Si la reacción se lleva a cabo con una disolución de hidróxido sódico, se obtienen varios productos, incluso en mayor proporción que el 3-metil-3-hexanol. Indicar la estructura de los dos productos más abundantes distintos del indicado.

Haluros de alquilo. Eliminación

7. *Ejercicio resuelto.* Predecir si en las siguientes reacciones se obtendrá el producto de SN_2 o de E_2. Escribir la fórmula estructural del producto de la reacción.

   a) 1-bromopropano + H_3C-O^- Na^+/CH_3OH $\rightarrow$

   b) 2-bromopropano + H_2S $\rightarrow$

   c) 2-bromopropano + $(CH_3)_3C$-O^- Na^+ $\rightarrow$

   d) 2-cloro-2-metilpropano + $NaOH/\Delta$ $\rightarrow$

Resolución: A la hora de elegir entre una reacción de sustitución o una de eliminación, ambas con mecanismo bimolecular, se ha de atender en primer lugar al tipo de haluro: los haluros primarios dan lugar preferentemente a la reacción de sustitución, mientras que los haluros terciarios sufrirán la reacción de eliminación. En el caso de los haluros secundarios, hay que fijarse en la nucleofilia, basicidad y tamaño del reactivo utilizado: las bases débiles darán lugar a la sustitución, sobre todo si son nucleófilos de fuerza media-alta; en cambio las bases fuertes, sobre todo si son voluminosas, producen la eliminación.

a) 1-bromopropano + H_3C-O^- Na^+/CH_3OH $\rightarrow$ Se trata de un haluro primario, por lo tanto, la reacción que tiene lugar es la sustitución nucleofílica. El producto de la reacción es el etilpropiléter más subproducto NaCl, CH_3-CH_2-CH_2-O-CH_3 + NaCl.

b) 2-bromopropano + H_2S $\rightarrow$ En este caso el haluro es secundario, y el reactivo es una base débil pero un nucleófilo fuerte, por lo tanto, la reacción será la sustitución. Se obtendrá el 2-propanotiol más HBr como subproducto, CH_3-CH(SH)-CH_3 + HBr.

c) 2-bromopropano + $(CH_3)_3C$-O^- Na^+ $\rightarrow$ Se trata del mismo haluro secundario del apartado anterior, pero en este caso el reactivo utilizado es una base muy fuerte, y además voluminosa, el *terc*-butóxido de sodio, por lo que la reacción que tendrá lugar es la eliminación, obteniéndose propeno y *terc*-butanol y NaBr como subproductos, CH_2=CH-CH_3 + $(CH_3)_3C$-OH + NaBr.

d) 2-cloro-2-metilpropano + $NaOH/\Delta$ $\rightarrow$ En este caso, al tratarse de un haluro terciario, y además tratar con una base fuerte (menos fuerte que la del apartado anterior, pero base fuerte, al fin y al cabo), se obtiene el producto de eliminación 2-metilpropeno, más agua y NaCl como subproductos, CH_2=C(CH_3)-CH_3 + H_2O + NaCl.

8. *Ejercicio resuelto*. Dibujar el producto principal, incluyendo estereoquímica, que se obtendrá al someter a eliminación (E_2) el R,R-2-cloro-3-metilpentano, mediante tratamiento con *terc*-butóxido sódico.

Resolución: En primer lugar, se ha de dibujar la molécula con los dos carbonos asimétricos en proyección de Fischer. A continuación, se selecciona el átomo de H que se elimina junto con el Cl, en base a la regla de Saytzeff. En este caso, se trata del átomo de H del carbono 3, ya que es el que origina el alqueno más sustituido. Seguidamente, se han de situar los átomos de Cl y de H que se eliminan en posición *anti*, para lo cual se ha de transformar la proyección de Fischer en una proyección de Newmann. Lo anterior se puede realizar dibujando directamente la proyección de Newmann con la configuración adecuada de los dos carbonos implicados, pero resulta más complicado y es preferible empezar con la proyección de Fischer y después pasarla a proyección de Newmann. Una vez colocados los átomos en la posición adecuada, se puede conocer cuál será la posición de los sustituyentes que queden en la molécula, y por tanto cuál de los dos posibles isómeros geométricos se obtendrán. De este modo, el producto de la reacción es el *E*-3-metil-2-penteno.

Otra estrategia de resolución posible consiste en utilizar fórmulas tipo esqueleto, con la notación de líneas gruesas y a trazos para denotar enlaces "hacia afuera" y "hacia adentro", respectivamente. En primer lugar, se ha de dibujar la molécula, con la estereoquímica adecuada, y especificando bien la posición de todos los sustituyentes, incluyendo átomos de H, especialmente los que se van a implicar en la reacción. A continuación, los dos átomos de C implicados se han de representar, sin que cambie su configuración R/S, de manera que el átomo de halógeno y el H de se van a eliminar queden en los enlaces contenidos en el plano del dibujo, en posición "anti". Esto permite visualizar qué sustituyentes van a quedar hacia un lado de la molécula –hacia afuera–, y cuáles hacia el otro –hacia adentro–, en el alqueno que se forma en la eliminación.

9. Dibujar el producto principal que se obtendrá al someter a eliminación (E$_2$) los siguientes haluros de alquilo, mediante tratamiento con *terc*-butóxido sódico. Indicar la estereoquímica del producto cuando sea necesario.

a. R-2-cloro-3-metilbutano

b. S-2-cloro-3,3-dimetilpentano

c. R-(1-cloroetil)ciclohexano C_6H_{11}-CHCl-CH$_3$

d. S,S-2-cloro-3-metilpentano

e. S,R-2-cloro-3-metilpentano

f. 3-cloro-2,4-dimetilpentano

10. ***Ejercicio resuelto.*** El *E*-R-1-bromo-R-2-metilciclohexano reacciona con metóxido sódico, dando lugar a un único producto de eliminación bimolecular A. No obstante, el isómero *Z* (R-1-bromo-S-2-metilciclohexano) da lugar a dos productos A' (enantiómero de A) y B. En base a dibujar las conformaciones silla de ambos reactivos, indicar cuáles son los productos A, A' y B, y cuál de los dos productos se obtiene mayoritariamente a partir del reactivo *Z*.

Resolución. Al dibujar la conformación silla del isómero *E*, se aprecia que el producto que cumple la regla de Saytzeff no se puede obtener, ya que no es posible que el correspondiente átomo de H y el de Cl se encuentren en posición *anti*, debido a la rigidez del anillo y a la existencia de solamente dos conformaciones de silla. Por lo tanto, la eliminación tendrá lugar con el átomo de H del C que no cumple la regla de Saytzeff, y se obtiene el producto A. En cambio, para el isómero *Z*, los dos átomos de H de los carbonos contiguos se pueden colocar en posición *anti*, y se obtendrá una mezcla de los isómeros A' y B, siendo B el mayoritario porque es el que cumple la regla de Saytzeff, alqueno más sustituido y termodinámicamente más estable.

11. Nombrar el producto principal que se obtendrá al someter a eliminación (E_2) los siguientes haluros cíclicos.

    a) 1-cloro-1-metilciclohexano

    b) *cis*-1-cloro-2-metilciclopentano

    c) *trans*-1-cloro-2-metilciclopentano

12. Indicar la estructura, incluyendo estereoquímica, de los productos que se obtendrán por eliminación E_2 a partir de los siguientes dihaluros.

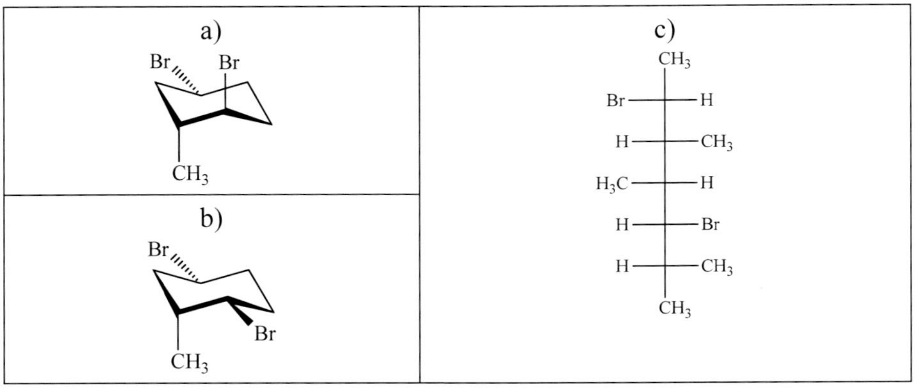

13. La reacción que se muestra a continuación es el primer paso en la síntesis del medicamento dosaxozina, comercializado por Pfizer con el nombre de "Cardura" para combatir la hipertensión y la hipertrofia prostática benigna. Indicar cuál es el mecanismo de las reacciones implicadas y justificar el uso de las bases utilizadas.

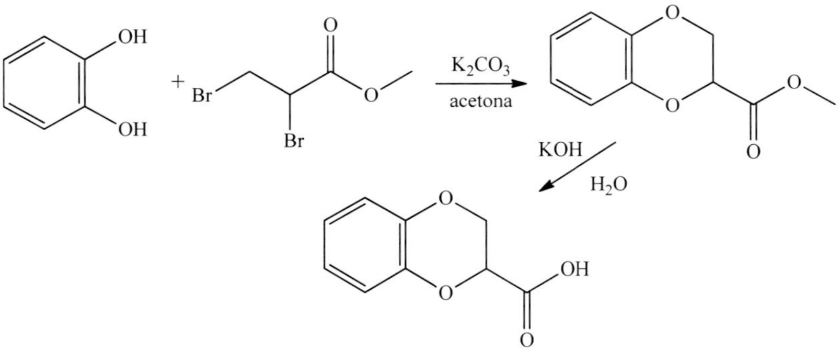

Alcoholes y fenoles. Reactividad

14. Sean el ciclohexanol y el fenol. ¿Cuál de ellos tendrá mayor temperatura de fusión? ¿Cuál será más soluble en agua? Justificar la respuesta

15. *Ejercicio resuelto.* En las siguientes parejas de compuestos, indicar cuál de los grupos -OH posee el H más ácido:

a) metanol y 1-propanol

b) 1-propanol y 2-propanol

c) ciclohexanol y fenol

d) fenol y *p*-nitrofenol

Resolución. Cuando se compara la fuerza de dos ácidos, se han de dibujar las correspondientes bases conjugadas, y estudiar cuál de las dos es más estable. La diferencia de estabilidad de las mismas se ha de establecer en base al efecto inductivo y la resonancia.

Este razonamiento es aplicable tanto a ácidos muy débiles (alcoholes alifáticos) como a ácidos moderadamente débiles (fenoles y ácidos carboxílicos).

a) metanol y 1-propanol. La base conjugada del metanol es el metóxido o metanolato CH_3O^-, y la del 1-propanol el 1-propanolato $CH_3CH_2CH_2O^-$. El efecto inductivo +I de la cadena carbonada del propanolato desestabiliza el anión, por lo tanto, el metóxido es un anión más estable que el propanolato, y el metanol es un ácido más fuerte que el propanol.

b) 1-propanol y 2-propanol. En este caso las bases conjugadas son el 1-propanolato $CH_3CH_2CH_2O^-$ y el 2-propanolato $CH_3\text{-}CHO^-CH_3$. El efecto inductivo +I, que desestabiliza el anión, es mayor en el caso del 2-propanolato, por lo tanto, el 1-propanolato es más estable, y el 1-propanol es un ácido más fuerte que el 2-propanol.

c) ciclohexanol y fenol. El fenol es un ácido mucho más fuerte que el ciclohexanol, porque la carga negativa del anión fenolato $C_6H_5\text{-}O^-$ se encuentra deslocalizada por todo el anillo, en virtud de la resonancia, y este fenómeno no ocurre en el anión ciclohexanolato $C_6H_{11}O^-$. Esta deslocalización estabiliza mucho al anión, y por esta razón los fenoles son ácidos mucho más fuertes que los alcoholes alifáticos.

d) fenol y *p*-nitrofenol. En ambos casos, el anión correspondiente está estabilizado por resonancia, pero en el anión *p*-nitrofenolato hay una estabilización adicional de la carga negativa debido al efecto electroatrayente del grupo nitro $-NO_2$, de modo que el *p*-nitrofenol es un ácido más fuerte que el fenol.

16. Indicar qué alcohol se obtendrá a partir de cada una de las siguientes reacciones:

    a)   2-cloro-3-metilbutano + NaOH $\rightarrow$

    b)   metilisobutilcetona + $LiAlH_4$ $\rightarrow$

    c)   2-metil-2-penteno + H_2SO_4/H_2O $\rightarrow$

17. Predecir el producto principal de las siguientes reacciones:

    a)   2-butanol + HCl $\rightarrow$

    b)   1-propanol + clorometano $\rightarrow$

    c)   2-metil-2-propanol + clorometano $\rightarrow$

    d) $C_6H_5\text{-}OH$ + NaOH $\rightarrow$

    e)   2-propanol + ácido propanoico $\rightarrow$

    f)   1-butanol + $H_2SO_4/140\ ^{\circ}C$ $\rightarrow$

    g)   2-metil-2-propanol + $H_2SO_4/180\ ^{\circ}C$ $\rightarrow$

    h)   3-metil-1-butanol + $KMnO_4/H^+$ $\rightarrow$ $\rightarrow$

    i)   3-metil-2-butanol + $KMnO_4/H^+$ $\rightarrow$

    j)   2-metil-2-butanol + $KMnO_4/H^+$ $\rightarrow$

k) 1,2-ciclohexanodiol + $KMnO_4$ →

l) 1,2-ciclohexanodiol + $NaIO_4$ →

m)

$$\text{(estructura: benceno con dos grupos OH adyacentes)} \xrightarrow{[ox]}$$

n)

$$HS-CH_2-CH_2-CH_2-SH \xrightarrow{[ox]}$$

18. Indicar, en cada caso, qué compuesto da lugar al producto o productos que se muestran por reacción de oxidación con periodato (IO_4^-).
    a) acetaldehído $H_3C\text{-}CHO$ (2 moles)
    b) formaldehído $HCHO$ y acetaldehído $H_3C\text{-}CHO$
    c) acetona $H_3C\text{-}CO\text{-}CH_3$ y formaldehído $HCHO$
    d) pentanodial $OHC\text{-}(CH_2)_3\text{-}CHO$
    e) propanodial $OHC\text{-}CH_2\text{-}CHO$ (2 moles)

19. Describir ensayos químicos simples que permitan distinguir entre:
    a) Un alcohol y un alcano, por ejemplo 1-butanol y octano.
    b) Un alcohol y un alqueno, por ejemplo 1-butanol y 1-octeno.
    c) Un alcohol primario y un aldehído, por ejemplo 1-butanol y butanal.
    d) Un alcohol primario, uno secundario y uno terciario.

20. *Ejercicio resuelto.* Indicar la estructura de los compuestos A a E en el siguiente esquema. Todos los reactivos se añaden en exceso.

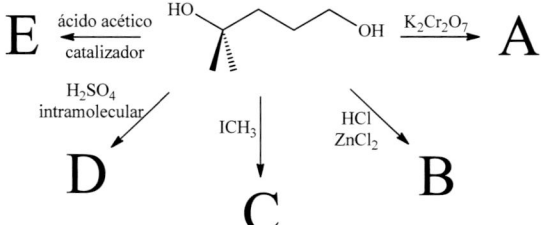

Este ejercicio es de reactividad general de alcoholes, en el que la molécula de partida contiene un alcohol primario y un alcohol terciario. Hay reacciones que tienen lugar en alcoholes primarios, pero no terciarios; en otras reacciones ocurre justo lo contrario, y hay también reacciones que ocurren en todos los alcoholes, independientemente de si se trata de un alcohol primario, secundario o terciario

El producto A es el producto de la oxidación del alcohol con dicromato de potasio. La oxidación tiene lugar en alcoholes primarios y secundarios, pero no en terciarios. El producto de la oxidación es el aldehído, que inmediatamente se oxida a su vez a ácido carboxílico. Por lo tanto, el producto A es el ácido 4-hidroxi-4-metilpentanoico.

El producto B es el de la sustitución nucleofílica del –OH. Esta reacción tiene lugar rápidamente en alcoholes terciarios, lentamente en secundarios y prácticamente no ocurre en alcoholes primarios. Así, el producto B es el 4-cloro-4-metil-1-pentanol.

La reacción con yoduro de metilo para formar éteres (sustitución nucleofílica del haluro) tiene lugar tanto para alcoholes primarios como para terciarios. Por lo tanto, el producto sería el diéter correspondiente.

La reacción con ácido sulfúrico en caliente es la deshidratación intramolecular, favorecida en alcoholes terciarios y regioselectiva (regla de Sayteff), por lo que el producto inicial de una primera deshidratación sería el 4-metil-penta-3-en-1-ol. Sin embargo, una segunda deshidratación (no favorecida inicialmente debido a que se trata de un alcohol primario) daría lugar a un dieno conjugado, termodinámicamente más estable que los dienos aislados. Por lo tanto, la segunda deshidratación está favorecida, y el producto D es el 4-metil-1,3-pentadieno.

Por último, la reacción con ácido acético es la esterificación, que tiene lugar tanto en alcoholes primarios como terciarios, De modo que el producto E es el diéster.

21. Ordenar los siguientes alcoholes, dentro de cada grupo, de menor a mayor acidez.

    a)   1-hexanol, ciclohexanol, fenol

    b)   1-butanol, 2-metil-2-propanol, 2-butanol

    c)   1-propanol, 2-cloro-1-propanol, 3-cloro-1-propanol

    d)   fenol, *m*-metilfenol, *m*-nitrofenol

Aminas. Reactividad

22. *Ejercicio resuelto*. En los siguientes pares de aminas, indicar cuál de ellas es más básica:

a) etilamina y dimetilamina

b) etilamina y vinilamina $H_2C=CH-NH_2$

Resolución: En el caso de comparar la basicidad de dos aminas, se ha de estudiar la disponibilidad del par de electrones no enlazante del átomo de nitrógeno: aquella amina en la que dicho par esté más disponible, será más básica, y viceversa. Esta disponibilidad viene también influenciada por el efecto inductivo y la resonancia.

a) etilamina y dimetilamina. La etilamina es una amina primaria con dos átomos de C, y la dimetilamina es una amina secundaria con dos cadenas de un átomo de C cada una sobre el átomo de N. El efecto inductivo +I de los átomos de C favorece la disponibilidad del par electrónico no enlazante del átomo de N, aumentando la basicidad. Como el efecto inductivo de dos cadenas de un carbono es mayor que el de una cadena de dos carbonos, es más básica la dimetilamina que la etilamina.

b) etilamina y vinilamina. En este caso, el par de electrones no enlazante del nitrógeno en la vinilamina se encuentra deslocalizado por toda la molécula en virtud de la resonancia (se propone al estudiante que dibuje las dos formas canónicas principales de la vinilamina), de modo que está poco disponible para su protonación, y la etilamina es una base más fuerte que la vinilamina.

23. En los siguientes pares de aminas, indicar cuál de ellas es más básica:

a) ciclohexilamina y anilina b) anilina y *p*-metoxianilina

c) anilina y *m*-nitroanilina d) metilamina y 1-propilamina

24. La guanidina, de fórmula molecular $HN=C(NH_2)_2$, es una amina fuertemente básica. Indicar la causa de su gran basicidad.

25. *Ejercicio resuelto.* Indicar qué productos se obtendrán al hacer reaccionar la 1-propilamina y la dietilamina con:

a) Cloroetano b) Anhídrido acético c) $NaNO_2/HCl$ en agua

Resolución: Se trata de un ejercicio de reactividad de aminas primarias y secundarias, y se ha de tener en cuenta si en alguna reacción el producto es diferente en función del tipo de amina, como es el caso de la diazotación.

a) Con cloroetano, ambas aminas dan lugar a la N-alquilación por sustitución nucleofílica del cloro, por lo que la 1-propilamina dará lugar a la etilpropilamina (secundaria) y la dietilamina dará lugar a la trietilamina (terciaria).

b) Con anhídrido acético, tiene lugar la acilación en el N, formándose la amida del ácido acético y la amina correspondiente. De este modo, la 1-propilamina dará lugar a la N-propiletanoamida (o N-propilacetamida), mientras que la dietilamina dará lugar a la N,N'-dietiletanoamida (o N,N'-dietilacetamida).

c) Con mezcla acuosa $NaNO_2$/HCl, tiene lugar la reacción con ácido nitroso. En el caso de la amina primaria, la diazotación da lugar a la sal de diazonio $CH_3CH_2CH_2N\equiv N^+Cl^-$ inestable, que se descompone inmediatamente y genera dinitrógeno gaseoso N_2 y el carbocatión propilo $CH_3CH_2CH_2^+$. Éste a su vez reacciona con el agua, produciendo alcoholes, alquenos… En cambio, la reacción de la amina secundaria con ácido nitroso da lugar a la N-nitrosoamina $(CH_3CH_2)_2N-N=O$, una molécula estable, que se separa en forma de precipitado o de aceite.

26. Dibujar los productos que se obtendrán al hacer reaccionar la 2-metil-1-butilamina (isómero S) con:

a) 1-cloropropano

b) 2-cloropropano

c) anhídrido propanoico

d) anhídrido *orto*-ftálico

27. Para transformar una amina en un alqueno por eliminación de Hoffman, en primer lugar, se ha de generar la sal de amonio cuaternario por tratamiento con exceso de ioduro de metilo.

a) ¿Qué ocurriría si se utilizara ioduro de un alquilo de cadena más larga, por ejemplo, etilo, propilo o butilo? Escribir las reacciones que tendrían lugar al tratar la 1-propilamina con ioduro de etilo y posterior calentamiento en presencia de Ag_2O/H_2O.

b) ¿Qué alquenos se obtendrán con 3-metil-1-butilamina y ioduro de propilo?

28. *Ejercicio resuelto.* Indicar el producto mayoritario que se obtendrá al someter a eliminación de Hoffmann las siguientes aminas. Detallar los pasos de la reacción y los reactivos a emplear en cada caso:

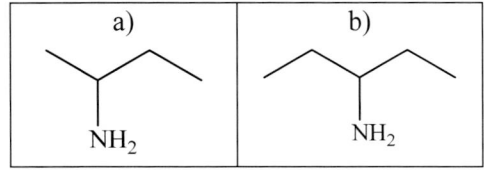

Resolución: Para llevar a cabo la eliminación de Hoffmann de modo efectivo, en primer lugar, se ha de obtener la sal de amonio cuaternario por reacción con un haluro de alquilo en exceso. El reactivo óptimo es el yoduro de metilo, ya que, por un lado, la reacción de sustitución del haluro está favorecida con yoduros, y por otro lado al introducir grupos metilo en el N, se evita que se produzcan eliminaciones colaterales en estas cadenas. Por lo tanto, el primer paso consiste en hacer reaccionar la amina con un exceso de yoduro de metilo. A continuación, la eliminación propiamente dicha se consigue por calentamiento con una base débil, y el reactivo óptimo a utilizar es el óxido de plata Ag_2O, que proporciona el medio básico adecuado. El producto de eliminación ha de seguir la regla de Hoffmann, contraria a la regla de Saytzeff en otras reacciones de eliminación: el producto es el alqueno menos sustituido. Y tras la eliminación, se habrá roto un enlace C-N, separándose una molécula de trimetilamina o bien abriéndose un anillo en aminas cíclicas (ver ejercicio siguiente).

a) La secuencia de las reacciones para la 2-butanoamina es la siguiente:

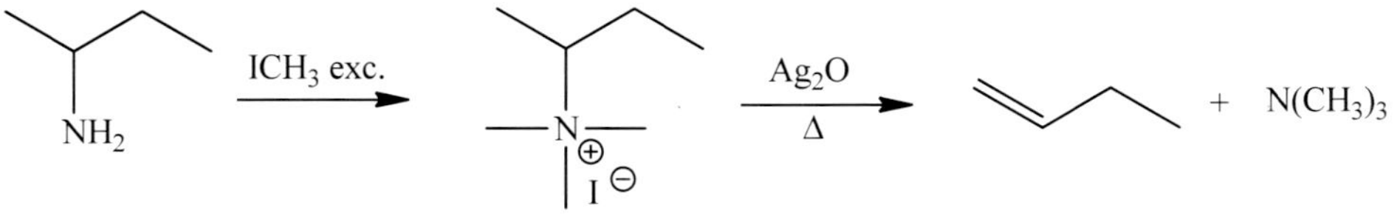

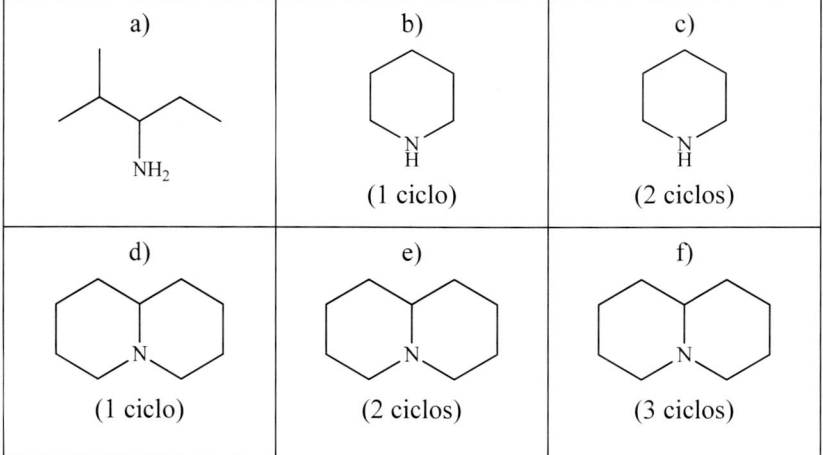

b) En el caso de la 3 pentanoamina, no es necesario observar la regla de Hoffmann, debido a la simetría de la molécula de partida. La secuencia de reacciones es:

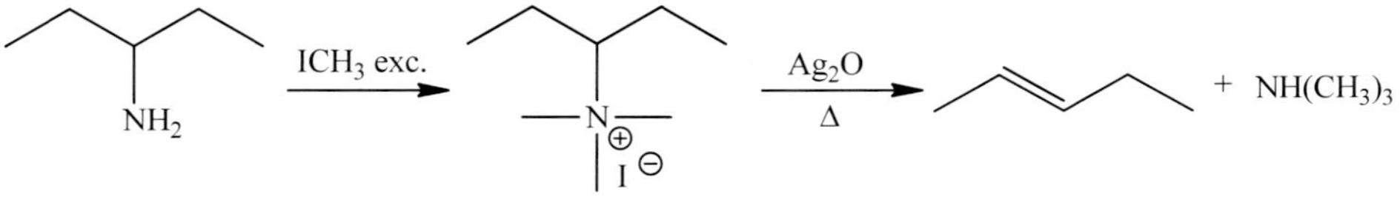

29. Indicar el producto mayoritario que se obtendrá al someter a eliminación de Hoffmann, utilizando ioduro de metilo, las siguientes aminas:

a)	b)	c)
NH₂	N H (1 ciclo)	N H (2 ciclos)
d)	e)	f)
N (1 ciclo)	N (2 ciclos)	N (3 ciclos)

30. Indicar qué productos se obtendrán al tratar con $NaNO_2$/HCl estas aminas:

   a) 1-butilamina

   b) *N*-metiletilamina

   c) trimetilamina

   d) *p*-nitroanilina

31. Dibujar la estructura del compuesto que resulta del tratamiento del producto del ejercicio anterior, apartado (d) con: (a) fenol; (b) anilina; (c) tolueno.

32. Indicar cómo se puede utilizar la reacción de diazotación para distinguir entre aminas primarias, secundarias, terciarias y aromáticas.

33. Teniendo en cuenta el cumplimiento de la regla de Hoffmann, indicar las estructuras de todos los productos de la eliminación de Hoffmann de la sal de amonio cuaternario que se indica a continuación.

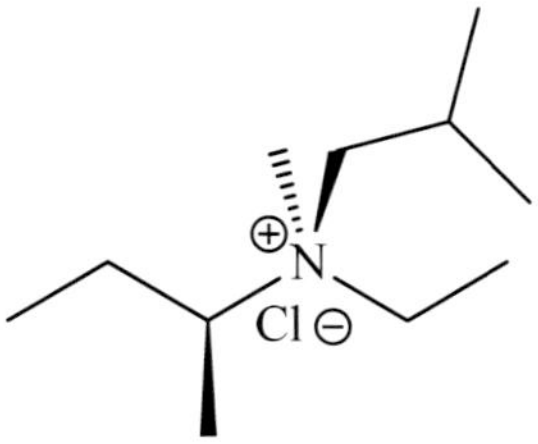

34. La reacción de eliminación de Hoffmann es estereoselectiva y regioselectiva. Indicar la estructura del producto mayoritario que se obtiene cuando se trata la siguiente amina con exceso de ICH_3 seguido de calentamiento con Ag_2O.

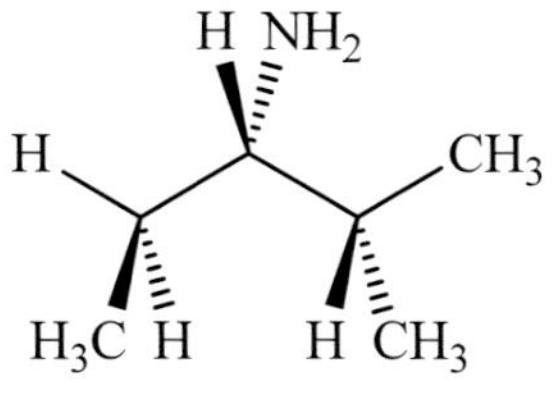

Ejercicios y cuestiones variadas

35. Dibujar, detallando la estereoquímica en los casos en que sea necesario, el producto mayoritario que se obtendrá en cada una de las siguientes reacciones.

a)	b)
CH_2CH_3 H_3C——H H_3C——Br H $\xrightarrow[SN_2]{HS^-}$	CH_2CH_3 H——CH_3 H_3C——Br H $\xrightarrow[SN_1]{NH_3}$
c)	d)
CH_2CH_3 H——CH_3 H_3C——Br H——H CH_3 $\xrightarrow[E_2]{tBuO^-}$	CH_2CH_3 H_3C——H H_3C——Br H $\xrightarrow[E_2]{tBuO^-}$
e)	f)
$\xrightarrow[E_2]{tBuO^-}$ Cl	$\xrightarrow[\text{intramolecular}]{H_2SO_4/\Delta}$ OH
g)	h)
$\xrightarrow{Cr_2O_7^{2-}}$ OH	$\xrightarrow{IO_4^-}$ OH ... OH
i)	j)
HS ⁓ SH $\xrightarrow{[ox]}$	OH ... OH $\xrightarrow{[ox]}$

36. ¿Qué producto se obtendrá de la eliminación E_2 en la siguiente molécula? Dibujarlo en su conformación más estable y nombrarlo.

37. Completar el esquema de reacción. Si alguna reacción es de sustitución nucleofílica o eliminación, indicar si se trata del mecanismo monomolecular o bimolecular. Indicar la estereoquímica de las moléculas cuando se obtengan isómeros geométricos u ópticos.

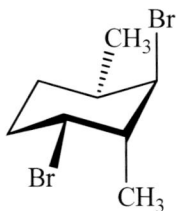

38. a) Indicar el producto resultante al tratar con mezcla $NaNO_2/HCl$ la p-metilanilina. Lo mismo para la molécula de la figura.

   b) El producto resultante de la reacción entre la p-metilanilina y la mezcla $NaNO_2/HCl$ se añade sobre anilina. ¿Qué molécula se obtendrá?

   c) Con la molécula de la figura del apartado (a) se puede obtener una amina primaria con un doble enlace C=C en la cadena hidrocarbonada, mediante eliminación de Hoffman. Indicar qué reactivos son necesarios y qué molécula se obtendrá.

   d) ¿Qué producto se obtendrá al someter al producto de la reacción anterior a un segundo ciclo de eliminación de Hoffmann? (1,5 puntos).

39. a) ¿Por qué el ioduro es el mejor grupo saliente dentro de la serie de los halógenos?

   b) ¿Cuál será el producto resultante de la reacción de eliminación E_2 en el dihaluro de ciclohexilo siguiente?

c) Completar el siguiente esquema

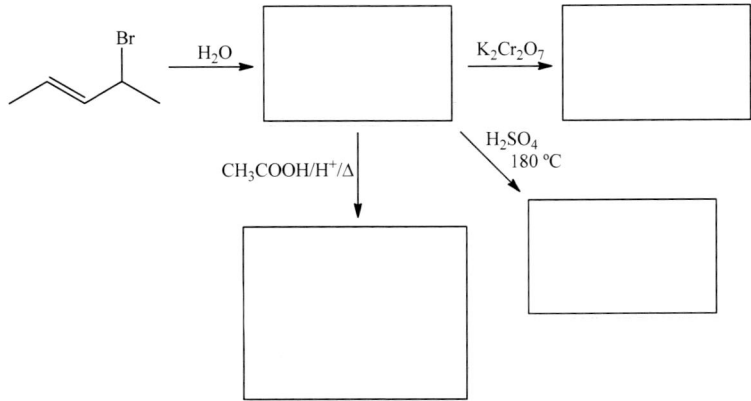

d) Ordenar por orden de basicidad creciente y relacionar en la tabla cada compuesto con su constante de basicidad.

pK$_b$	Compuesto
3,40	
9,21	
9,48	

e) Completar el siguiente esquema de reacción:

^{t}BuO$^-$Na$^+$ / ^{t}BuOH   Br   NH$_3$

i) CH$_3$I exceso
ii) Ag$_2$O/Δ

Soluciones a los ejercicios propuestos

1. a) $CH_2I_2 < CH_2Br_2 < CH_2Cl_2 < CH_2F_2$. Cuanto mayor es la electronegatividad del halógeno, más polares resultan los enlaces C-X, y mayor es la polaridad de la molécula.

   b) El diclorometano y el agua son inmiscibles porque, a pesar de que ambas moléculas son polares, no pueden formar puentes de hidrógeno entre ellas.

   c) El difluorometano es más soluble en agua que el diclorometano, ya que en este caso sí que se pueden formar puentes de hidrógeno entre los átomos de hidrógeno del agua y los átomos de flúor.

2. a) SN_2 b) Ambas   c) SN_1 d) Ambas

   e) SN_1 f) SN_1 g) SN_1 h) SN_2

   i) SN_1 j) SN_1 k) SN_2 l) SN_2

3. a) H_3C-S^- b) HS^- c) Br^-

   d) $R_3N:$ e) $R-OH$ f) $R-O^-$

4. a) Butiletiléter $H_3C-CH_2-CH_2-CH_2-O-CH_2-CH_3$

   b) 1-butilamina $H_3C-CH_2-CH_2-CH_2-NH_2$

   c) Cloruro de tetrabutilamonio $(H_3C-CH_2-CH_2-CH_2)_4N^+ Cl^-$

   d) Cloruro de butilmagnesio $H_3C-CH_2-CH_2-CH_2MgCl$

5. a) $CH_3-CH_2-CH_2-NH_2 + HCl$ (SN_2)

   b) $CH_3-CHOH-CH_3 + HCl$ (SN_1)

   c) $CH_3-CH(SH)-CH_3 + HCl$ (SN_2)

   d) $C_6H_5-CH_2-O-CH_3 + HCl$ (SN_1) catión bencílico más estable

6. a) SN_1

   b) Se obtiene una mezcla racémica:

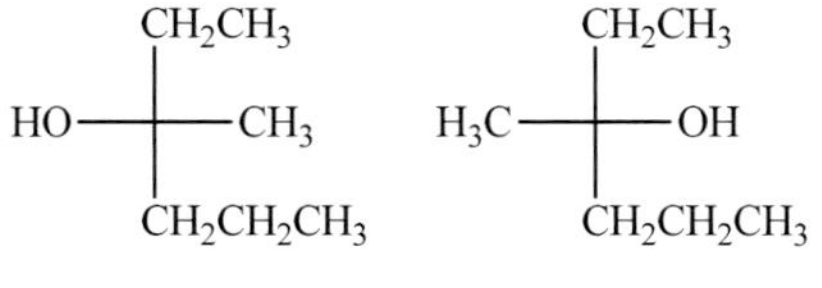

   c) Se obtiene una mezcla racémica del éter metílico correspondiente:

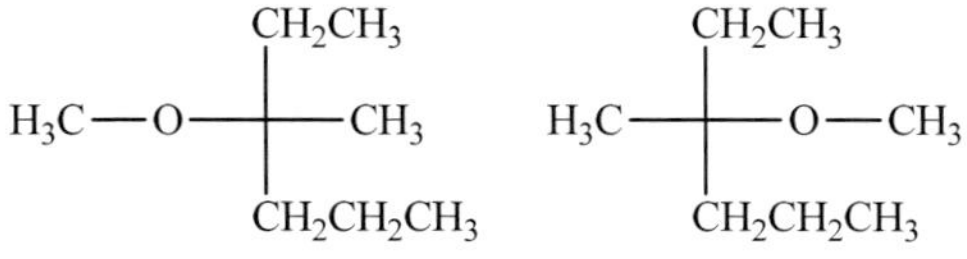

d) En medio alcalino, tiene lugar la reacción de eliminación, favorecida en haluros terciarios. Los alquenos que se obtienen preferentemente son los más sustituidos:

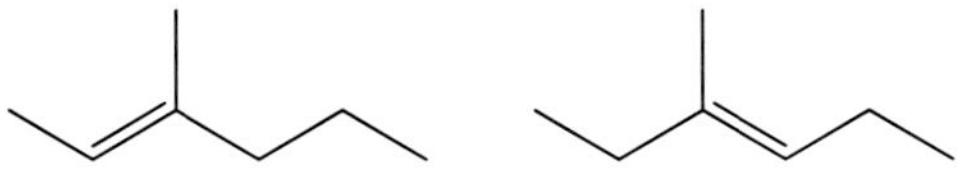

7. a) $CH_3\text{-}CH_2\text{-}CH_2\text{-}O\text{-}CH_3 + NaBr$ (SN$_2$)
   b) $CH_3\text{-}CH(SH)\text{-}CH_3 + HBr$ (SN$_2$)
   c) $CH_2=CH\text{-}CH_3 + HBr$ (E$_2$)
   d) $CH_2=C(CH_3)_2 + HCl$ (E$_2$)

8. *E*-3-metil-2-penteno.

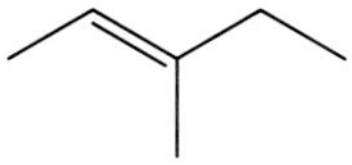

9.

a) 2-metil-2-buteno 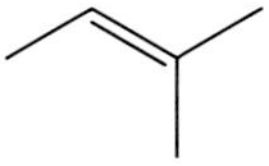	b) 3,3-dimetil-1-penteno 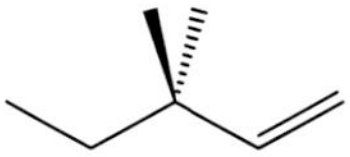	c) etiliden ciclohexano 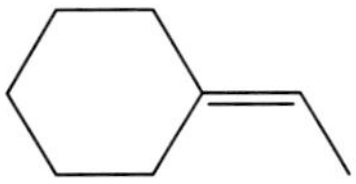
d) *E*-3-metil-2-penteno 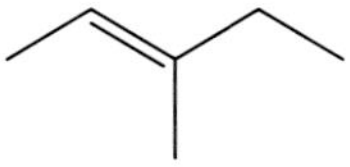	g) *Z*-3-metil-2-penteno 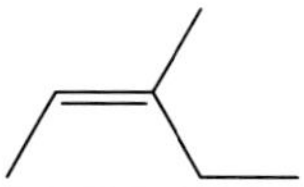	h) 2,4-dimetil-2-penteno 

10.

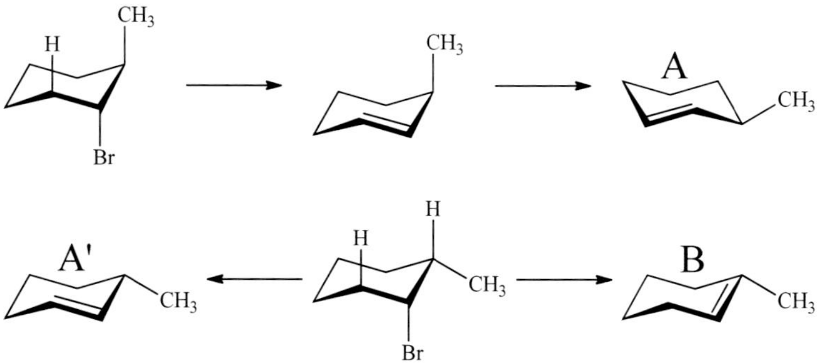

Se obtiene mayoritariamente el producto B (alqueno más sustituido, Saytzeff)

11. a) 1-metilciclohexeno.   b) 1-metilciclopenteno.   c) 3-metilciclopenteno

12.

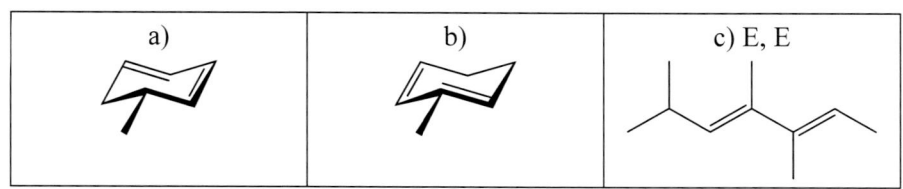

a)	b)	c) E, E

13. La primera parte de la reacción son dos sustituciones nucleofílicas, pero la sustitución del bromo primario es una SN_2, y tiene lugar más rápidamente, mientras que la sustitución del bromo secundario es una SN_1.

La segunda parte de la reacción es una hidrólisis del éster resultante en medio alcalino. Las sustituciones nucleofílicas se han de llevar a cabo en presencia de una base débil, el carbonato de potasio, que desprotona el fenol, porque si se emplea una base más fuerte, por ejemplo, el hidróxido de potasio, los bromos se sustituyen por OH y las dos moléculas no se unen. Además, en presencia de una base más fuerte, el bromo secundario puede sufrir eliminación E_2 en vez de la SN_1. Una vez realizadas las sustituciones, en la siguiente etapa ya se puede emplear una base más fuerte, como el hidróxido de potasio.

14. El fenol tiene mayor temperatura de fusión y es más soluble, ya que, al ser la molécula totalmente plana, se empaqueta mejor, y el enlace O-H está más polarizado por efecto del anillo aromático, aumentando la intensidad de los puentes de H.

15. a) metanol   b) 1-propanol

   c) fenol   d) *p*-nitrofenol

16. a) 3-metil-2-butanol

   b) 4-metil-2-pentanol

   c) 2-metil-2-pentanol

17. a)   2-clorobutano H_3C-CH_2-$CHCl$-CH_3

b)   metilpropiléter H_3C-CH_2-CH_2-O-CH_3

c)   metil-*terc*-butiléter H_3C-O-$C(CH_3)_3$

d)   fenolato de sodio C_6H_5-O^- Na^+ y agua

e)   propanoato de isopropilo H_3C-CH_2-CO-O-$CH(CH_3)_2$

f)   dibutiléter H_3C-CH_2-CH_2-CH_2-O-CH_2-CH_2-CH_2-CH_3

g)   metilpropeno H_3C-$C(CH_3)$=CH_2

h)   3-metilbutanal $\rightarrow$ ácido 3-metilbutanoico

i)   3-metilbutanona

j)   No da reacción

k)   ácido hexanodioico $HOOC$-CH_2-CH_2-CH_2-CH_2-$COOH$

l)   hexanodial OHC-CH_2-CH_2-CH_2-CH_2-CHO

m) *orto*-quinona

n)

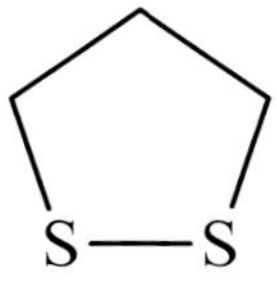

18. a)   2,3-butanodiol H_3C-$CHOH$-$CHOH$-CH_3

b)   1,2-propanodiol H-$CHOH$-$CHOH$-CH_3

c)   2-metil-1,2-propanodiol H-$CHOH$-COH-$(CH_3)_2$

d)   1,2-ciclopentanodiol

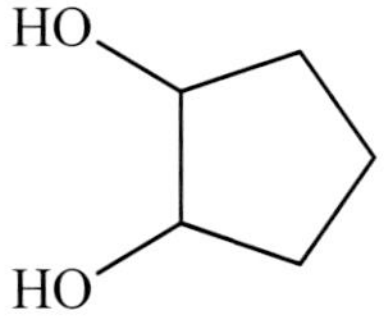

e)   1,2,4,5-ciclohexanotetraol

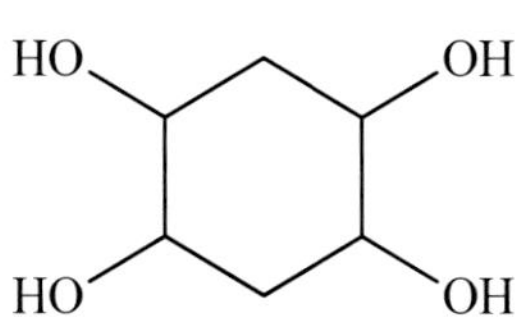

19. a) Reacción con Cr (IV), positiva para el alcohol, pero negativa para el alcano. Si el alcohol es de cadena corta, la solubilidad en agua también sería una prueba.

  b) Decoloración del Br_2, positiva para el alqueno, pero negativa para el alcohol.

  c) Oxidación con un oxidante débil (Ag^+, Cu^{2+}), positiva para el aldehído, pero negativa para el alcohol.

  d) Prueba de Lucas: reacción con HCl, rápida para el alcohol 3°, lenta para el alcohol 2° y ensayo negativo para el alcohol 1°.

20.

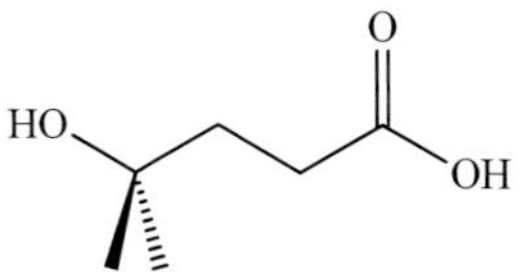

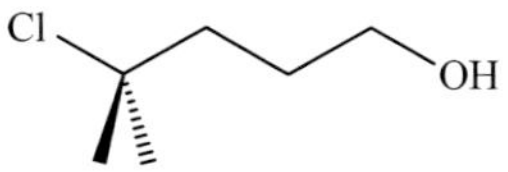

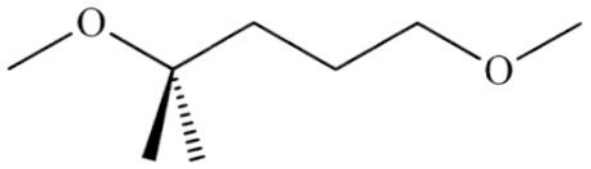

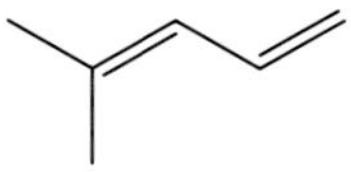

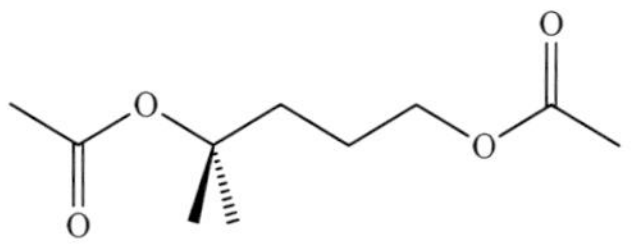

21. a) Ciclohexanol < 1-hexanol < fenol

  b) 2-metil-2-propanol < 2-butanol < 1-butanol

  c) 1-propanol < 3-cloro-1-propanol < 2-cloro-1-propanol

  d) *m*-metilfenol < fenol < *m*-nitrofenol

22. a) dimetilamina

  b) etilamina

23. a) ciclohexilamina

  b) *p*-metoxianilina

  c) anilina

  d) 1-propilamina

24. La basicidad de la guanidina se debe a que al protonarse se genera un catión muy estabilizado por resonancia:

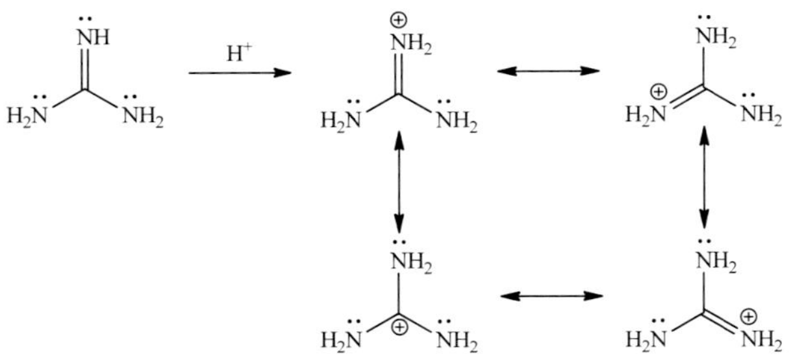

25. a) etilpropilamina y trietilamina

b) N-propiletanoamida y N,N'-dietiletanoamida

c) La sal de diazonio inestable $CH_3CH_2CH_2N\equiv N^+Cl^-$ y la N-nitrosoamina estable $(CH_3CH_2)_2N$-NO

26.

a)	b)
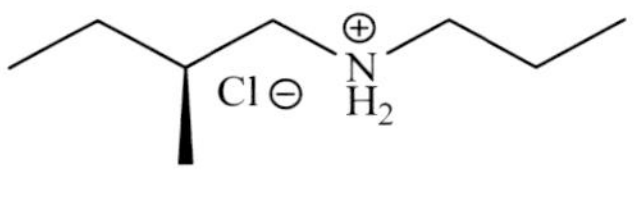	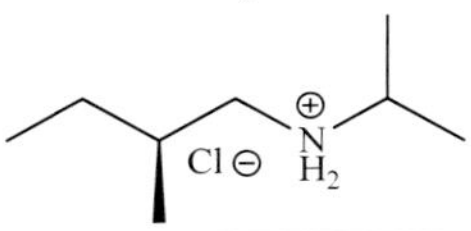
c)	d)
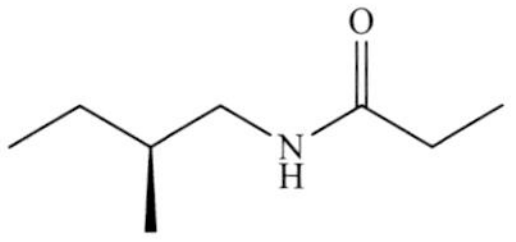 + ácido propanoico	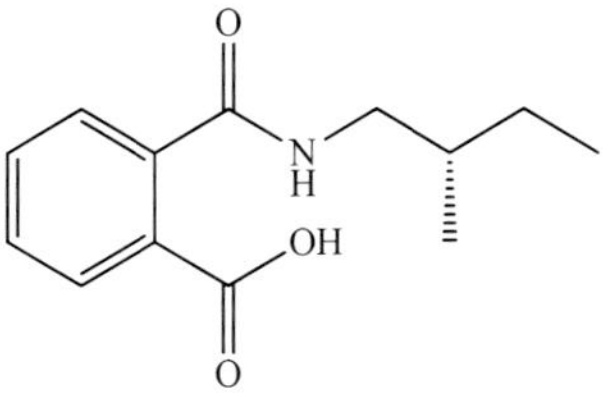

27. a) En la eliminación de Hoffman, se elimina el amonio cuaternario junto con un átomo de hidrógeno en posición β. Si solamente el radical alquílico original tiene hidrógenos en posición β –tratamiento con ioduro de metilo–, se obtendrá únicamente el producto deseado. Si el amonio cuaternario se genera con cadenas más largas, conteniendo hidrógenos en posición β, estas cadenas también sufrirán eliminación, y se generarán mezclas de alquenos y de aminas terciarias.

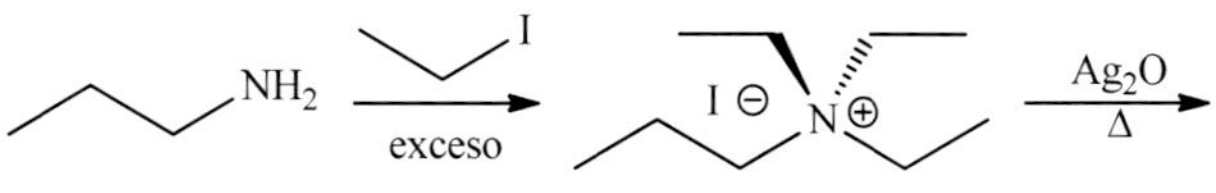

b)   Se obtendrían propeno y 3-metil-1-buteno.

28. a) La secuencia de las reacciones para la 2-butanoamina es la siguiente:

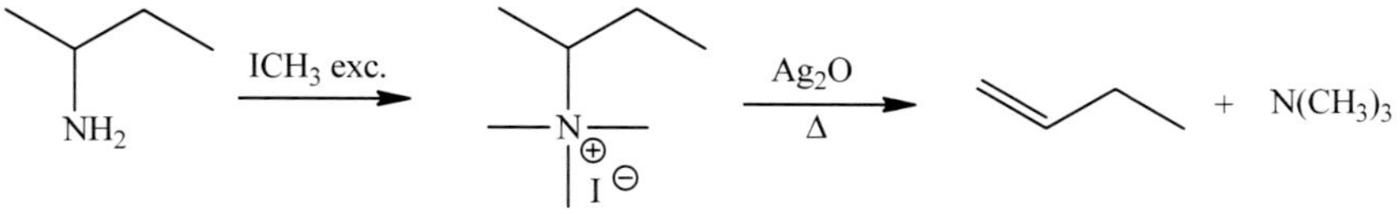

b) En el caso de la 3 pentanoamina, no es necesario observar la regla de Hoffmann, debido a la simetría de la molécula de partida. La secuencia de reacciones es:

29.

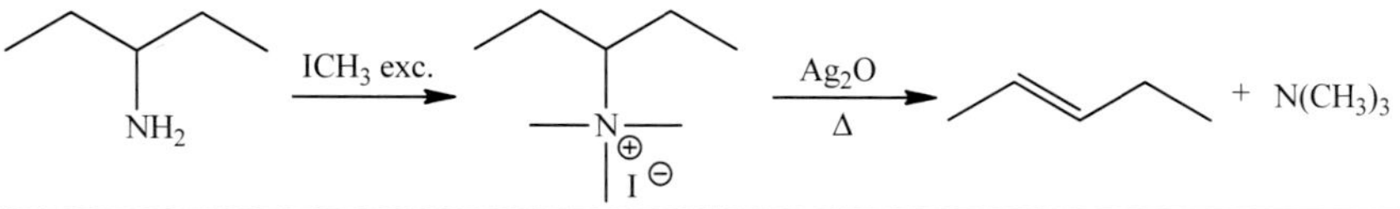

a)	b)
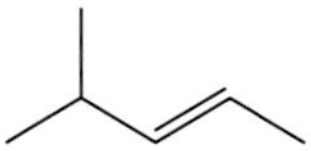	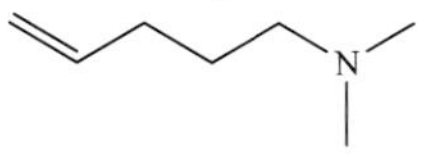
c)	d)
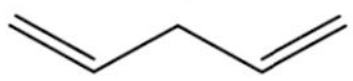	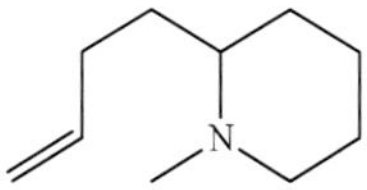
e)	f)
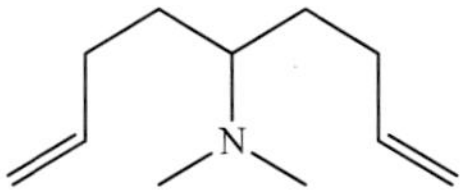	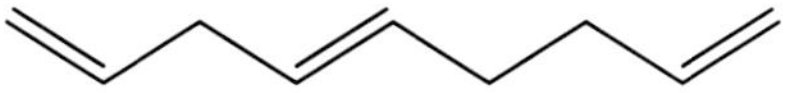

30. a)

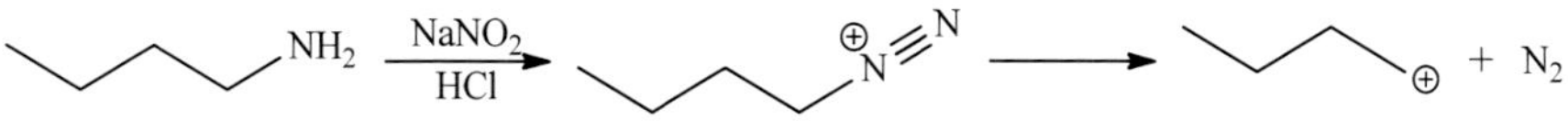

El carbocatión genera 1-buteno, 1-butanol, 2-butanol y ciclobutano

b) Se obtiene el *N*-óxido de amina

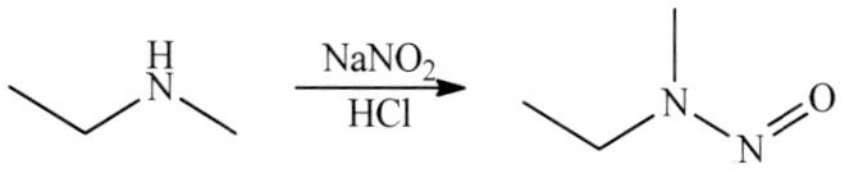

c) Las aminas terciarias no reaccionan con ácido nitroso

d) Se obtiene la sal de diazonio aromática

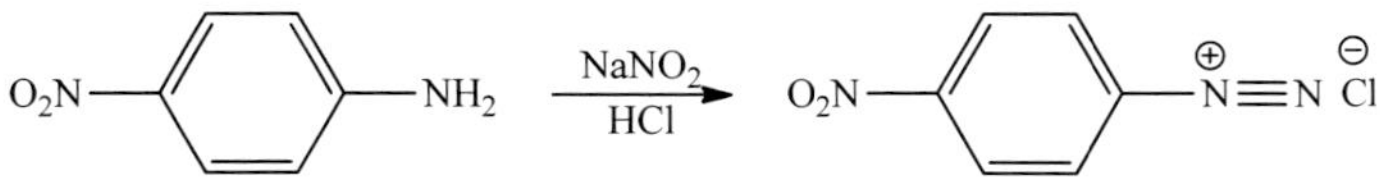

31.

a)

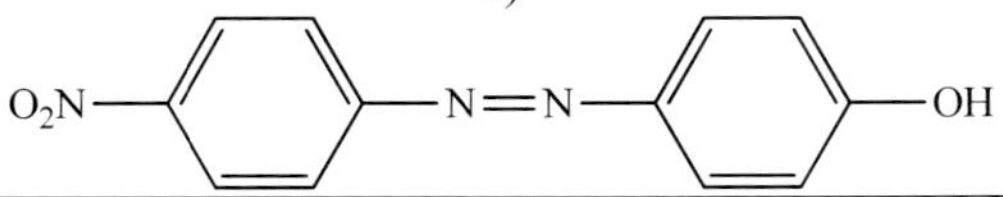

O_2N—⬡—N=N—⬡—OH

b)

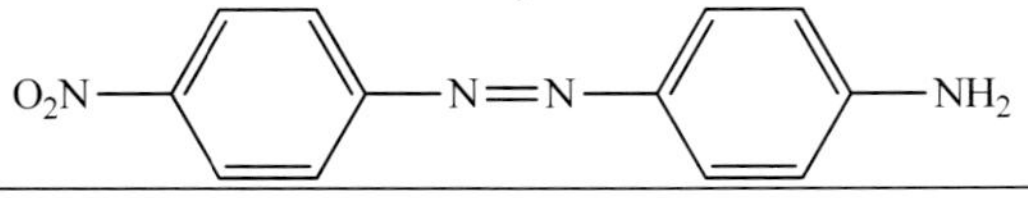

O_2N—⬡—N=N—⬡—NH_2

c)

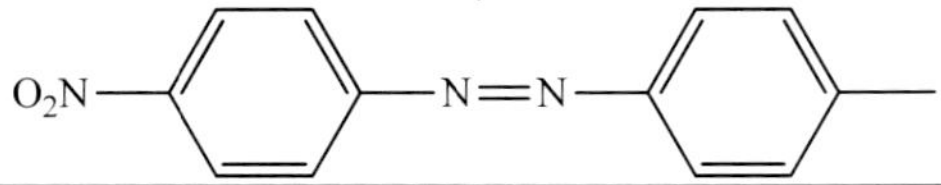

O_2N—⬡—N=N—⬡—

32. La reacción de las aminas con el ácido nitroso permite diferenciar entre los distintos tipos de aminas ya que la reactividad y los productos de la reacción son diferentes en cada caso. En primer lugar, una amina que no reaccione con mezcla $NaNO_2/H^+$ es una amina terciaria –la ausencia de reacción se puede poner de manifiesto a través del poder reductor del ion nitrito–. Una amina secundaria da lugar a una *N*-nitrosamina, que es insoluble y se separa en forma de precipitado o de aceite. Una amina primaria da lugar a una sal de diazonio inestable que se rompe generando N_2, que se detecta visualmente como un burbujeo de la disolución, y una amina aromática reacciona con el ácido nitroso, no genera ningún precipitado, aceite o burbujeo, y además si se añade fenol u otro compuesto aromático con el anillo activado, da lugar a un colorante.

33. Los productos que se obtienen son metilpropeno, etileno y 1-buteno

34. Se obtienen indistintamente los dos isómeros geométricos *E* y *Z* del 4-metil-2-penteno.

35.

a) 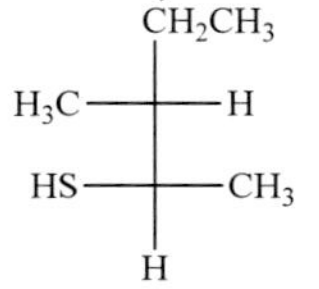	b)	c)
CH_2CH_3 H_3C—⊢—H HS—⊢—CH_3 H	CH_2CH_3 H—⊢—CH_3 H_3C〰〰NH_2 H mezcla racémica	
d) 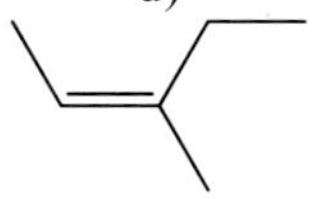	e) 	f) 2-buteno
g) butanona	h) hexanodial	i) 	j) 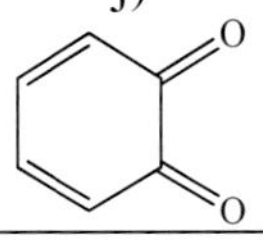

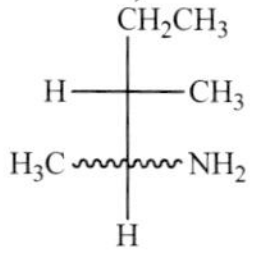

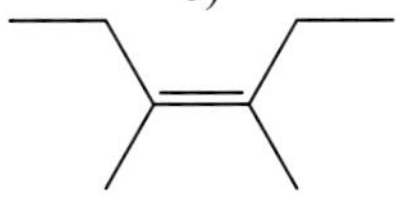

36. 1,3,6-trimetilciclohexeno

37.

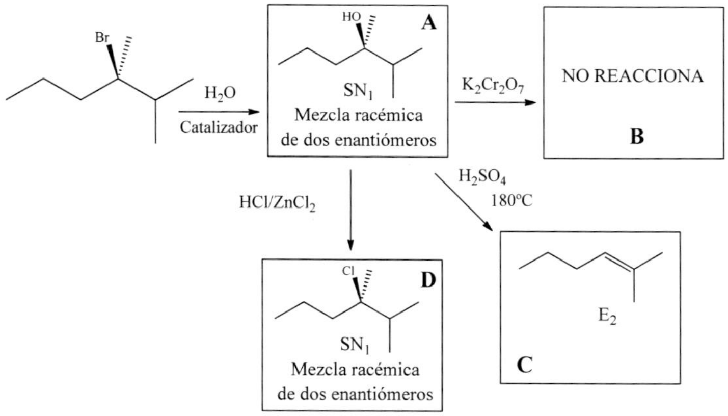

38. Las reacciones que tienen lugar, y los productos que se forman, son los siguientes.

a)

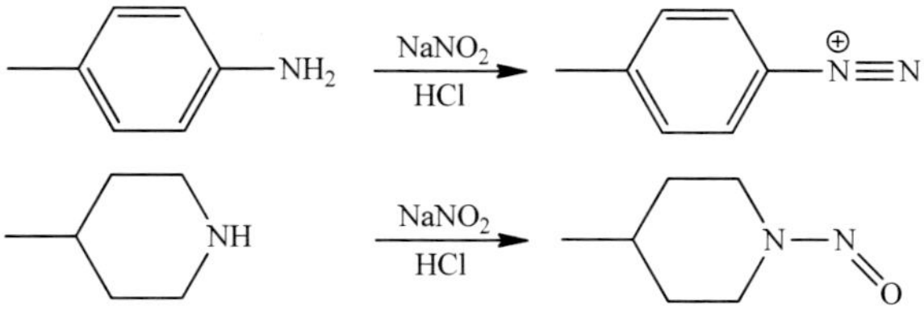

b)

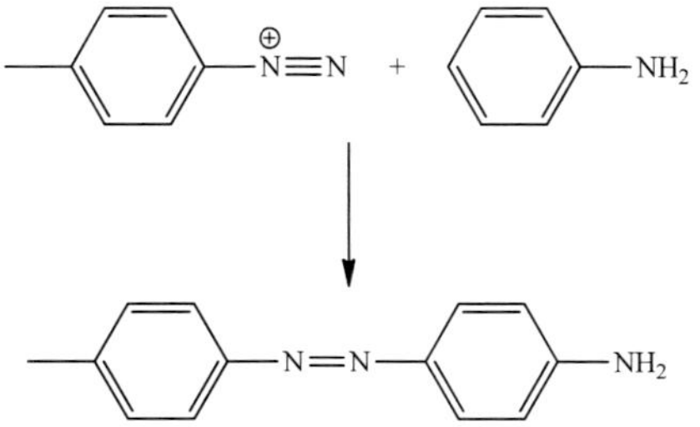

c) Es necesario primero yoduro de metilo en exceso y a continuación calentar en presencia de óxido de plata. El producto que se obtiene es el siguiente:

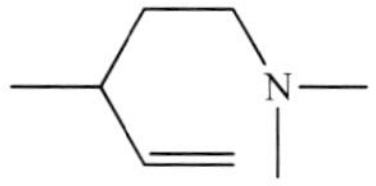

d) El producto de una segunda eliminación es trimetilamina más 3-metil-1,4-pentadieno.

39. a) Porque el átomo de iodo es el de mayor tamaño.

b)

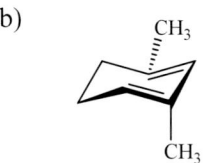

c)

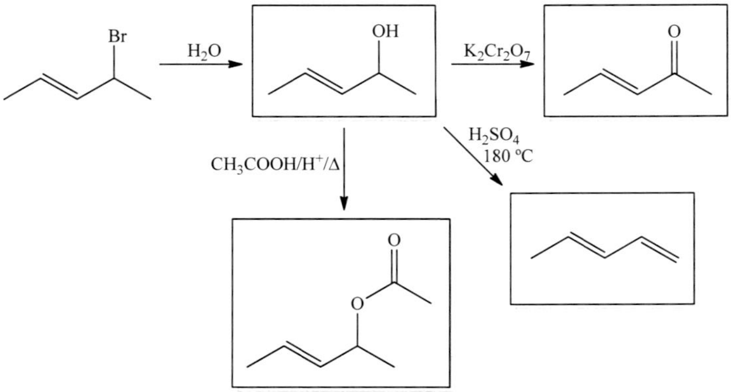

Br — H_2O → OH — $K_2Cr_2O_7$ → O

$CH_3COOH/H^+/\Delta$

H_2SO_4 180 °C

d)

— NH_2 < — NH_2 < — NH_2

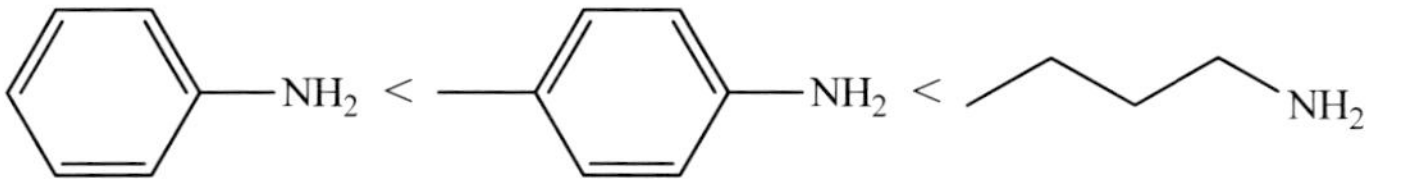

1   2   3

$1 < 2 < 3$

pKb	Compuesto
3,40	3
9,21	2
9,48	1

e)

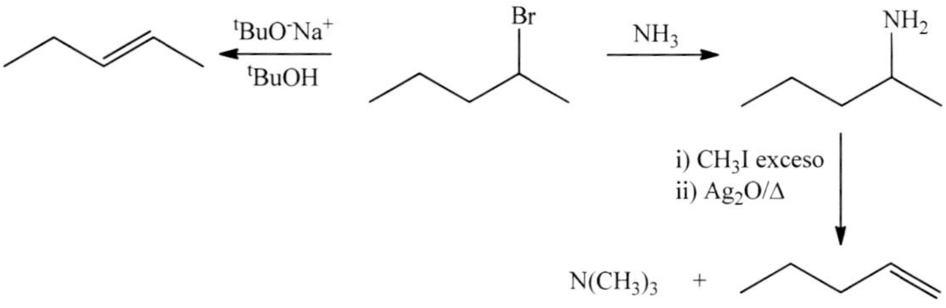

$^tBuO^-Na^+$ / ^tBuOH ← Br → NH_3 → NH_2

i) CH_3I exceso
ii) Ag_2O/Δ

$N(CH_3)_3$ +

5
Grupos funcionales con enlaces múltiples

Introducción

En el presente capítulo se estudian el resto de las familias de compuestos orgánicos de mayor interés en bioquímica y biotecnología. Aquí la complejidad aumenta, y ya tenemos enlaces múltiples entre átomos de C y átomos de O, i.e. el grupo carbonilo, así como otros que también contienen esta agrupación. Estas familias son las de mayor interés, ya que las biomoléculas de importancia contienen la agrupación C=O en muchas de sus variantes, y la bioquímica, estructural y metabólica, no se puede entender sin conocer a fondo la reactividad de los compuestos de estas familias. Se trata, pues, del capítulo de mayor importancia en química orgánica para las ciencias de la vida. En el caso de otras áreas que utilizan la química orgánica como base o herramienta, los contenidos del presente capítulo también son de gran relevancia, debido a la enorme y variada reactividad de las familias estudiadas, precursoras de todo tipo de productos de interés práctico.

El capítulo empieza con las familias de los llamados tradicionalmente "compuestos carbonílicos", aldehídos y cetonas. Seguidamente se estudia la familia de los ácidos carboxílicos, y por último se abordan las familias de los derivados de los ácidos carboxílicos de mayor relevancia en bioquímica, que son los ésteres y las amidas.

Los objetivos de aprendizaje de este capítulo no solo comprenden la asimilación razonada de las propiedades físicas y químicas de las familias que lo integran, sino también de la importancia de la reactividad de las mismas en los procesos químicos que tienen lugar en los seres vivos. Se comienza con las familias de compuestos aldehídos y cetonas, y se aborda la reactividad atendiendo a su carácter electrófilo en el carbono carbonílico, trabajando las reacciones de adición nucleofílica simple y adición seguida de sustitución nucleofílica, con especial foco en la formación de hemiacetales y acetales, de especial importancia en bioquímica estructural. En base al carácter electrófilo del carbono carbonílico también se vuelven a trabajar las reacciones de condensación, vistas con anterioridad en el capítulo de aminas. Además, se aborda la reactividad a través de la labilidad del hidrógeno en alfa, dando lugar a reacciones de halogenación en alfa y a reacciones de condensación aldólica, combinando esta última ambas características reactivas del compuesto carbonílico (labilidad del hidrógeno en alfa y electrofilia del carbono carbonílico). Por último, se trabajan las diferentes capacidades oxido-reductoras de aldehídos y cetonas. La familia de los ácidos carboxílicos ahonda en el carácter ácido del hidrógeno unido a oxígeno del grupo ácido y cómo esta mayor o menor acidez se puede predecir atendiendo al efecto inductivo de la estructura a la que está unido. También se trabajan los conceptos de transferencia de grupo acilo, con nucleófilos ya estudiados anteriormente (anillos aromáticos, alcoholes y aminas) y con nuevos reactivos, y el concepto de labilidad del hidrógeno en alfa, asemejándolo a las características reactivas de aldehídos y cetonas. Por último, se aborda también la capacidad de los ácidos carboxílicos de reducirse a alcoholes primarios en presencia de reductores de tipo hidruro. Para los derivados de ácido carboxílico se trabajan los haluros de acilo, los anhídridos de aácidos, los ésteres y las amidas, siendo estas dos últimas familias de especial relevancia para el ámbito de las ciencias de la vida. Se aborda la diferente facilidad de hidrólisis de los distintos derivados de ácido atendiendo a fenómenos de resonancia y efectos inductivos, y se trabajan las reacciones de transferencia de grupo acilo y de halogenación en alfa. También se aborda la presencia de estos grupos en compuestos biológicos como las grasas o los fármacos beta-lactámicos.

Con el estudio integrado de estas familias de compuestos orgánicos, se culmina la base necesaria para entender los principios de reactividad orgánica que sustentan los procesos moleculares esenciales en las ciencias de la vida.

Conceptos teóricos a emplear

- El grupo carbonilo. Importancia.
- Aldehídos y cetonas. Reacciones de adición nucleofílica al carbono carbonílico. Adición seguida de sustitución. Adición seguida de eliminación de agua: condensación.
- Aldehídos y cetonas. Reacciones que implican al carbono en α.
- Aldehídos y cetonas. Reacciones de oxidación y reducción.
- Ácidos carboxílicos. Reactividad general.
- Derivados de los ácidos carboxílicos.
- Ésteres y amidas.

Por lo comentado anteriormente, todos los textos de Química Orgánica dedican varios capítulos a los grupos funcionales objeto de estudio del presente tema, de hecho, la mayoría de los textos contienen temas en los que se habla exclusivamente de la importancia de una de las reacciones básicas de los mismos. A continuación, se citan fuentes bibliográficas que complementan el estudio de estas familias.

- Soler Martínez, V. y González Rosende, M.E. *Química Orgánica para las ciencias de la salud, Volumen II: reactividad de grupos funcionales*. Ed. Síntesis. Capítulos 7-10.

- Primo Yúfera, E. *Química Orgánica básica y aplicada. De la molécula a la industria*. Ed. Reverté. Capítulos 20-23.

- Morrison, R.T. y Boyd, R.N. *Química Orgánica*. Addison Wesley. Capítulos 21, 23-25.

Aldehídos y cetonas. Reacciones de adición, adición + sustitución y condensación

1. La oxidación de alcoholes primarios mediante el uso de oxidantes fuertes no se detiene en el aldehído, sino que continúa hasta la conversión en ácidos carboxílicos. ¿Cómo se podría utilizar esta reacción para obtener aldehídos?

2. La adición de agua a aldehídos y cetonas para dar lugar a *gem*-dioles tiene lugar mediante catálisis ácida. Dibujar el mecanismo de la adición de agua a ciclohexanona en medio ácido.

3. *Ejercicio resuelto.* Indicar la estructura de los hemiacetales y acetales que se obtendrán al hacer reaccionar:

   a) etanal con etanol

   b) propanona con 1,2-propanodiol (relación molar 1:1)

Resolución: A la hora de resolver ejercicios de hemiacetales y acetales, tanto la reacción directa como la inversa, es conveniente primero dibujar el esquema general de la reacción entre el carbonilo y los dos alcoholes, qué enlaces se rompen y qué enlaces se forman, en cada una de las dos etapas.

Etapa 1: Adición del alcohol al carbono carbonílico. Formación del hemiacetal. El doble enlace $C=O$ se transforma en enlace sencillo; el H del alcohol se une al O del C carbonílico, formándose a su vez un grupo hidroxilo; y el O del alcohol se une al C carbonílico. El producto de la reacción es un hemiacetal: un éter y un alcohol sobre el mismo átomo de C. Nótese que el C carbonílico cambia de hibridación sp^2 a sp^3, y se puede generar un C asimétrico. Por otro lado, dicho C estaba unido inicialmente a un átomo de O mediante un enlace doble, y tras la reacción queda unido a dos átomos de O diferentes.

Etapa 2: Sustitución del –OH. El grupo hidroxilo que se ha formado se sustituye por un nuevo alcohol, que puede ser igual al utilizado en la adición o uno diferente, liberándose una molécula de agua. La reacción es catalizada por ácidos. El producto es el acetal, un éter doble sobre el mismo átomo de C. Nótese que el C carbonílico inicial, una vez formado el acetal, continúa unido a dos átomos de O.

En este esquema general, R_2 será un átomo de H si el carbonilo que reacciona es un aldehído, y una cadena carbonada si se trata de una cetona.

a) etanal con etanol. Aplicamos el esquema general completo al etanal y a dos moléculas de etanol, obteniéndose el hemiacetal y acetal siguientes.

b) propanona con 1,2-propanodiol (relación molar 1:1). En este caso, el primer alcohol que reacciona con la propanona es uno de los –OH del diol, obteniéndose el correspondiente hemiacetal. La segunda etapa tiene lugar con el otro –OH del diol, formándose un acetal cíclico, tal como se muestra a continuación.

Y en ambos casos se libera también una molécula de agua en la sustitución del alcohol y formación del acetal. Nótese que el hemiacetal se podría haber formado con el –OH secundario del diol, en lugar del primario, y dicho hemiacetal tendría estructura diferente a la dibujada. No obstante, el acetal tras la segunda etapa de la reacción sería el mismo. Por otro lado, la primera etapa estará favorecida con el alcohol primario frente al secundario, por consideraciones estéricas.

4. Indicar la estructura de los hemiacetales y acetales que se obtendrán al hacer reaccionar:

    a) butanal con 1-propanol.

    b) 4-metil-2-pentanona con 2-butanol.

    c) 2,3-dimetilbutanal con 2-metil-1-propanol.

    d) butanona con 1,3-propanodiol (relación molar 1:1).

    e) butanodial con 2,4-pentanodiol (tener en cuenta la formación de los hemiacetales y acetales en los dos grupos carbonilo, y que la relación molar dicarbonilo-diol es 1:2).

5. En los ejercicios anteriores en los que reaccionan dioles se forman acetales cíclicos con gran facilidad. ¿Por qué?

6. Los monosacáridos de cinco y seis átomos de carbono se representan habitualmente como una cadena lineal, pero en realidad forman un hemiacetal interno, dando lugar a una estructura cíclica con un anillo de cinco o seis átomos (ver cuestión anterior).

A continuación, se dan las proyecciones de Fischer de la D-glucosa y la D-fructosa. Dibujar, para cada uno de los dos monosacáridos, el hemiacetal cíclico de 6 átomos y el de 5 átomos, primero en proyección de Fischer, después en proyección de Hawort plana, y por último destacando la conformación de silla en los anillos de seis miembros. Tener en cuenta que el carbono carbonílico se hace asimétrico al formarse el hemiacetal, por lo que en cada caso habrá que dibujar dos diastereoisómeros (anómeros).

D-glucosa	D-fructosa
CHO	CH₂OH
H—OH	=O
HO—H	HO—H
H—OH	H—OH
H—OH	H—OH
CH₂OH	CH₂OH

La estructura de D-glucosa en proyección de Fischer:

CHO
H——OH
HO——H
H——OH
H——OH
CH$_2$OH

La estructura de D-fructosa en proyección de Fischer:

CH$_2$OH
=O
HO——H
H——OH
H——OH
CH$_2$OH

7. **Ejercicio resuelto.** Indicar la estructura de los compuestos carbonílicos y los alcoholes de los que proceden los siguientes hemiacetales y acetales.

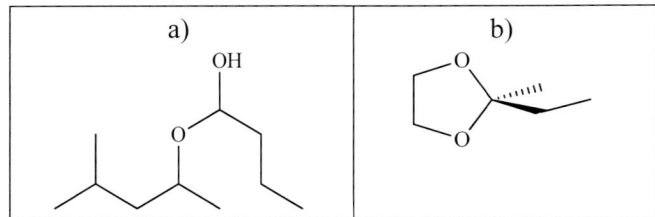

Resolución: En la reacción inversa a la formación de hemiacetales y acetales, es conveniente utilizar el esquema general de la reacción. En primer lugar, hay que localizar el C inicialmente carbonílico, que es el que estará unido a dos átomos de O. A continuación, se ha de establecer si la molécula es un hemiacetal (alcohol más éter sobre el mismo carbono) o un acetal (dos éteres sobre el mismo carbono).

Si se trata de un hemiacetal, se ejecuta la etapa 1 (ver resolución del ejercicio 3) al revés: en el hemiacetal se rompe el enlace C-O del éter y O-H del alcohol, el H y el O escindidos para formar el alcohol de partida, y regenerando el doble enlace C=O para dar lugar al carbonilo original.

Si se trata de un acetal, se ejecutan a la vez las dos etapas: una vez localizado el C carbonílico, en el acetal se rompen los dos enlaces C-O y se regenera el doble enlace C=O del carbonilo original. A los fragmentos restantes, se les añade un H a cada O, formándose los dos grupos -OH correspondientes. Nótese que en todo el proceso se han introducido dos átomos de H y uno de O, i.e. la molécula de agua que se separa en la reacción directa, y que hay que introducir en la reacción inversa.

a) La molécula es un hemiacetal, y la reacción inversa se describe en el siguiente esquema, en el que se señala el carbono carbonílico mediante un asterisco:

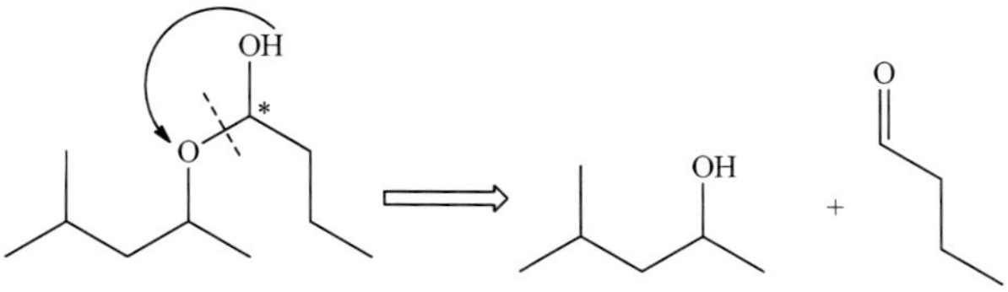

b) La molécula es un acetal, y la reacción inversa completa se describe en el siguiente esquema:

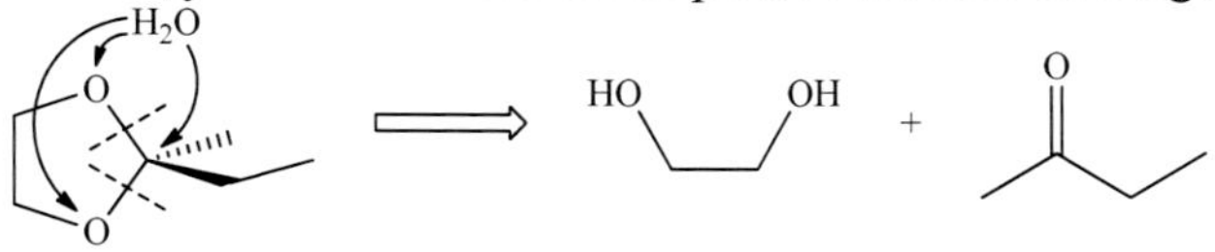

8. Indicar la estructura de los compuestos carbonílicos y los alcoholes de los que proceden los siguientes hemiacetales y acetales.

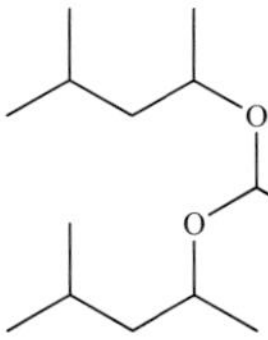

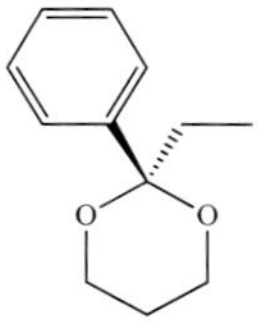

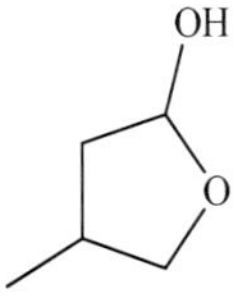

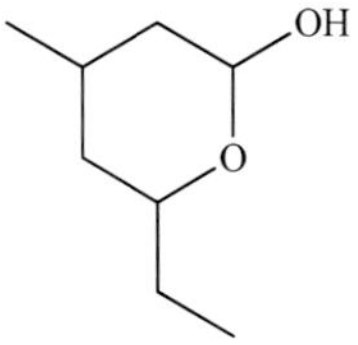

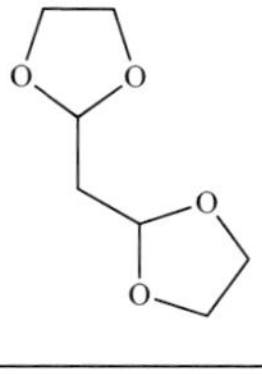

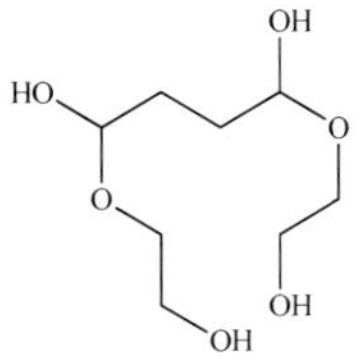

9. Dibujar los siguientes monosacáridos en proyección de Fischer con cadena abierta no hemiacetálica. Hay que recordar que muchos átomos de hidrógeno no se dibujan por simplificar. Indicar cuáles de ellos son naturales y cuáles artificiales.

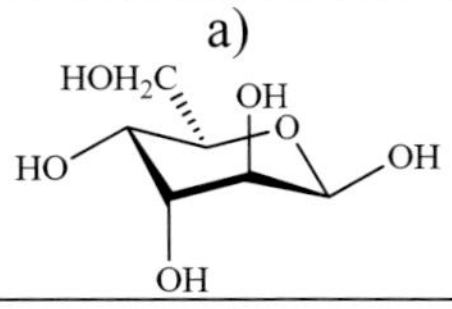

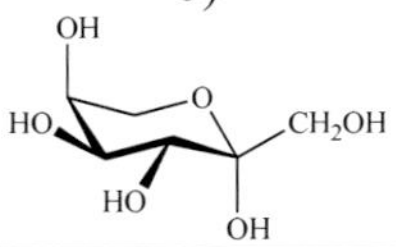

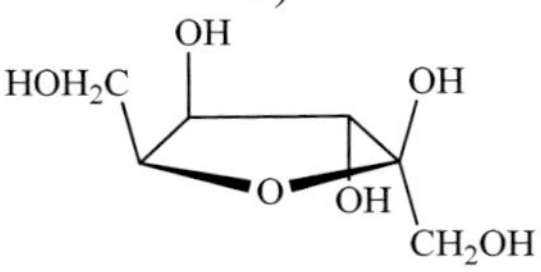

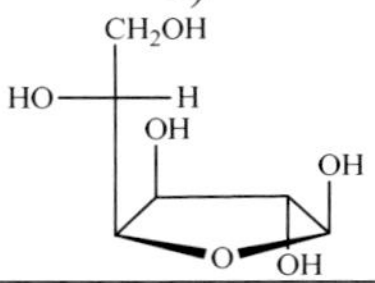

10. Dibujar el producto que se obtendrá al hacer reaccionar ciclopentanona con:

a) amoníaco

b) etilamina

c) isopropilamina

d) hidrazina $H_2N\text{-}NH_2$

e) 2,4-dinitrofenilhidrazina $H_2N\text{-}NH\text{-}C_6H_4(NO_2)_2$

f) hidroxilamina $H_2N\text{-}OH$

g) semicarbazida $H_2N\text{-}NH\text{-}CO\text{-}NH_2$

Aldehídos y cetonas. Reacciones que implican al C en α

11. De los siguientes pares de compuestos carbonílicos, indicar cuál de ellos está más desplazado hacia la forma enólica.

a)	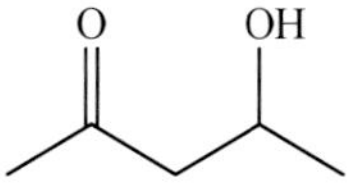 y	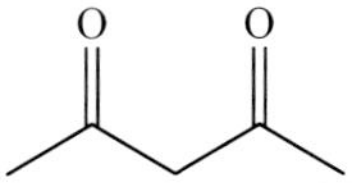
b)	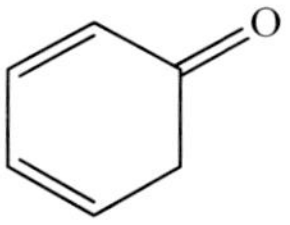 y	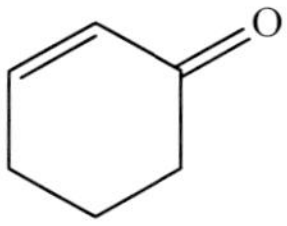
c)	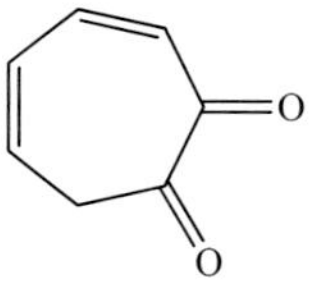 y	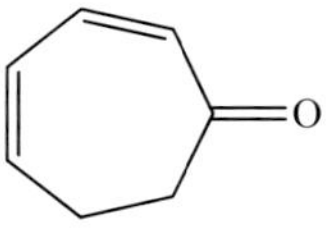
d)	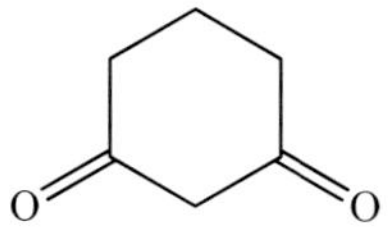 y	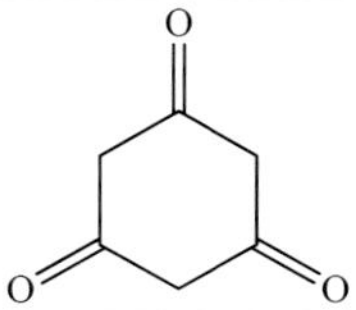

12. *Ejercicio resuelto.* La acetona se somete a condensación aldólica por calentamiento en medio alcalino. Indicar la estructura del aldol intermedio y del producto final de la reacción. Hacer lo mismo para el hexanodial, teniendo en cuenta que en este caso hay que contemplar la reacción entre dos moléculas y la reacción intramolecular.

Resolución: Para la resolución de ejercicios de condensación aldólica, también es conveniente dibujar en primer lugar el esquema general de las dos etapas de la reacción, y luego aplicarlo a las moléculas problema. Para que la reacción sea completa, ha de haber un compuesto carbonílico que tenga un C en α unido a dos átomos de H, y otro compuesto carbonílico sobre el que se realiza la adición. Puede tratarse de un único reactivo, como es el ejemplo del presente ejercicio.

Etapa 1. Adición nucleofílica. El C en α a un carbonilo se une al otro C carbonílico, y el H se une al O, rompiéndose el doble enlace C=O y formándose un alcohol. El producto es un "aldol", pues la molécula contiene un grupo carbonilo C=O (como los aldehídos) y un grupo alcohol OH (como los alcoholes), estando dicho grupo OH en la posición β con respecto al carbonilo que no se ha modificado. No hay que olvidar que, para que la primera etapa tenga lugar, se ha de añadir una base, que activa la reacción por abstracción de uno de los dos H en α y generación del enolato correspondiente.

Etapa 2. El OH del C en β se elimina junto con el otro H del C en α (deshidratación). Esta reacción está favorecida termodinámicamente y tiene lugar de modo inmediato, ya que el producto de la misma, un compuesto carbonílico α,β-insaturado, es estable, ya que contiene dos dobles enlaces conjugados.

En el caso más general, en el que reaccionan dos compuestos carbonílicos diferentes, y ambos contienen hidrógenos unidos a carbonos en α, habría que tener en cuenta la reacción de condensación de cada uno de los compuestos consigo mismo, y la reacción entre ambos compuestos considerando primero uno el que aporta el hidrógeno en α y después el otro (ver ejercicio siguiente). Si, además, una o las dos moléculas es una cetona en la que los dos carbonos en α son diferentes entre sí, el número de combinaciones de reacción se multiplica. Así, en la reacción de condensación aldólica entre la butanona y la 3-hexanona se obtienen hasta 8 productos diferentes.

En el caso concreto de la acetona reaccionando consigo misma, una única molécula en la que los dos carbonos en α son equivalentes, solo hay una posibilidad de reacción. La secuencia de las dos reacciones, adición y eliminación, es la siguiente:

En el caso del hexanodial los dos carbonos en α de la molécula son también equivalentes. La condensación intermolecular tiene lugar mediante la siguiente secuencia:

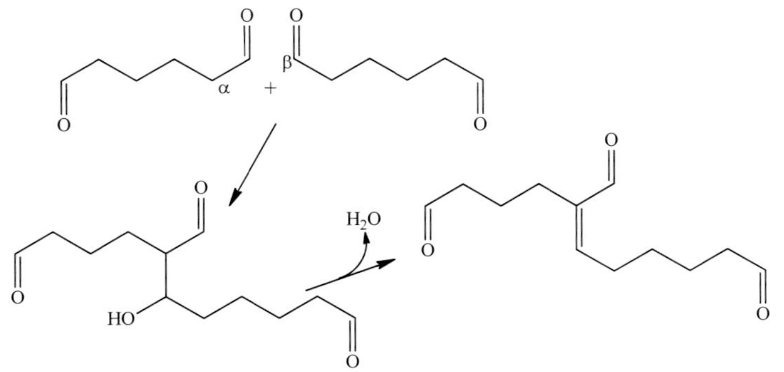

En la condensación intramolecular, los carbonos C α y β están en la misma molécula, y en la reacción de adición se forma un anillo. En estos casos, aparte de la notación α y β para los carbonos implicados en la reacción, es conveniente poner localizadores en toda la cadena y así asignar bien el tamaño del anillo y la posición de los sustituyentes.

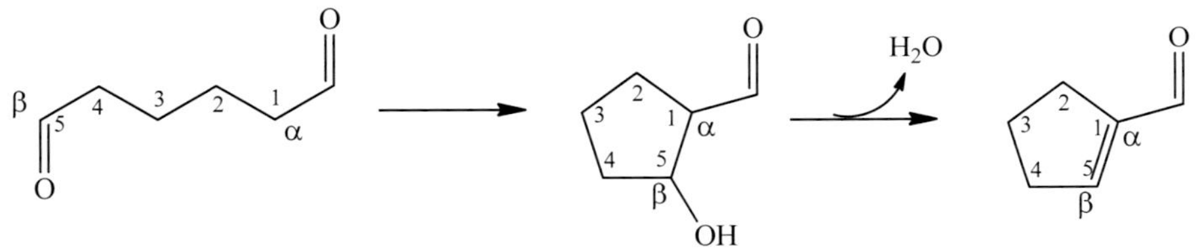

13. Indicar la estructura de los aldoles que se obtendrán al someter las siguientes mezclas de compuestos carbonílicos a adición aldólica por calentamiento en medio alcalino, teniendo en cuenta que algunos de ellos pueden reaccionar consigo mismo, y que un compuesto dicarbonílico puede dar lugar a adición intramolecular.

a) acetona (propanona) y formaldehído (metanal)

b) acetona y acetaldehído (etanal)

c) acetaldehído y benzaldehído

d) formaldehído y benzofenona (C_6H_5-CO-C_6H_5)

e) 2,6-dimetilheptanodial (inter e intramolecular)

f) En compuesto siguiente, considerar solamente la adición intramolecular

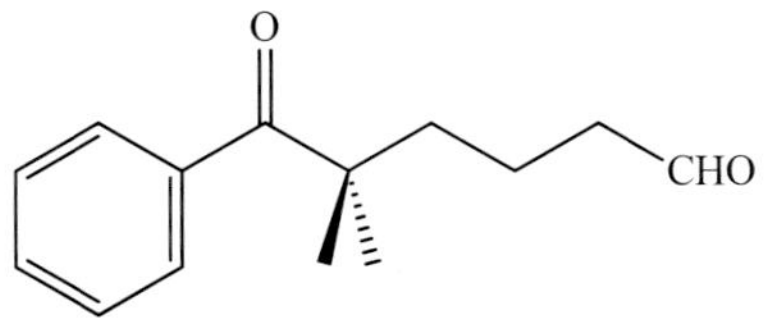

14. Indicar la estructura de los productos que se obtienen de la deshidratación de todos los aldoles del ejercicio anterior.

15. *Ejercicio resuelto:* La adición aldólica es una reacción reversible, y de hecho los aldoles se pueden transformar en los compuestos carbonílicos de partida. Indicar qué producto o productos se obtendrán de la descomposición de los siguientes aldoles.

Resolución: En el caso de la reversión de la condensación aldólica (o la primera etapa de adición), y al igual que en otras reacciones, es conveniente utilizar el esquema general de la reacción (ver resolución del ejercicio 12). Cuando se parte de aldoles, en la molécula producto de la adición aldólica se ha de buscar un grupo carbonilo C=O, tanto aldehído como cetona, y un alcohol –OH que ha de estar unido al carbono en β del carbonilo, y si la posición relativa del carbonilo y el alcohol no es la β, la molécula o ese fragmento no es el producto de una adición aldólica. Una vez encontrados, se marcan los carbonos α y β, y para revertir la reacción, se rompe el enlace α–β, de manera que el H del alcohol se devuelve al carbono en α, y en el carbono β se forma un nuevo grupo carbonilo que lo contiene.

a) En la molécula del ejemplo, es muy sencillo localizar los carbonos α y β, de modo que la reversión de la reacción se realiza como sigue, obteniéndose acetona y acetaldehído.

b) En este ejemplo la molécula es un poco más compleja, pero también resulta fácil encontrar los carbonos α y β. Hay dos grupos –OH, pero uno de ellos está en posición β y el otro en posición γ, por lo tanto, ese otro no interviene en la reacción. La reversión de la reacción es la siguiente, y se obtiene 2-metil-2-hidroxipropanal y metilfenilcetona o acetofenona.

16. *Ejercicio resuelto:* Dibujar los compuestos que, por condensación aldólica, dan lugar a los compuestos carbonílicos siguientes:

a)	b)

Resolución: Cuando se parte del producto final de la condensación aldólica, el compuesto carbonílico α,β-insaturado, revertir a los compuestos carbonílicos de partida es muy sencillo (ver esquema general de la reacción en la resolución del ejercicio 12). Se ha de localizar en la molécula problema el grupo carbonilo C=O y un doble enlace C=C entre el carbono α y el β al carbonilo, y si la posición del doble enlace no es entre los carbonos α y β, la molécula o el fragmento no es el producto de la condensación aldólica. Una vez localizados, se ha de romper completamente el doble enlace α=β e introducir una molécula de agua, en la que los dos hidrógenos irán a parar al carbono α y el oxígeno formará un doble enlace con el carbono β, generando un nuevo grupo carbonilo.

a) En la molécula del ejemplo, está muy claro cuáles son los carbonos α y β, de modo que la reversión de la reacción completa es muy sencilla, y se forma ciclohexanona y acetaldehído.

b) En este ejemplo, la molécula problema tiene varios dobles enlaces, para diferenciar entre los que están en posición α-β (solo hay uno) y los que no. La reversión de la reacción completa conduce al siguiente producto:

Hay que observar que, aunque con ninguno de estos dos ejemplos ocurre, la reversión de la condensación aldólica completa genera un nuevo grupo carbonilo, que a su vez puede tener un doble enlace α=β, de modo que se podría realizar una nueva reversión de la reacción. En el ejemplo (b), la molécula resultante tiene un doble enlace, pero está en posición β=γ tanto para el carbonilo de la molécula de partida como para el carbonilo que se ha generado, de modo que no ha lugar una nueva reversión de la reacción de condensación aldólica.

17. Las siguientes moléculas son productos de la reacción aldólica (solo adición o reacción completa de condensación). Indicar cuáles son los reactivos de partida en cada caso.

a) 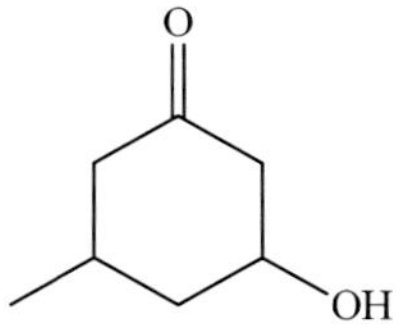	b) 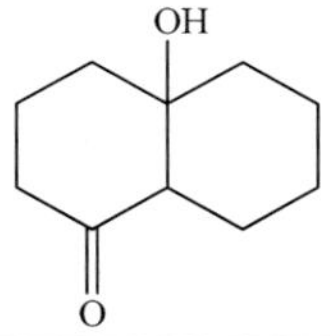
c) 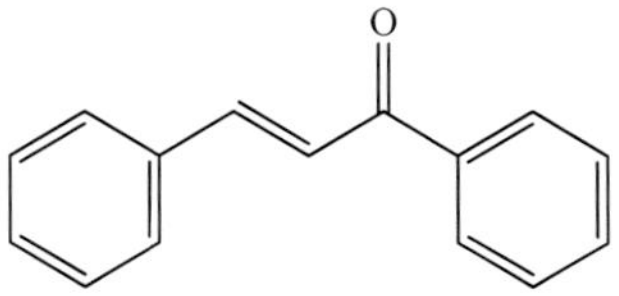	**d)** 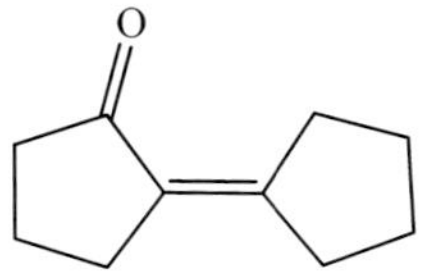
e) 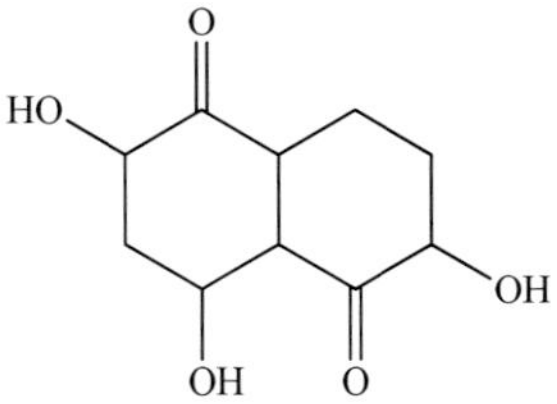	**f)** 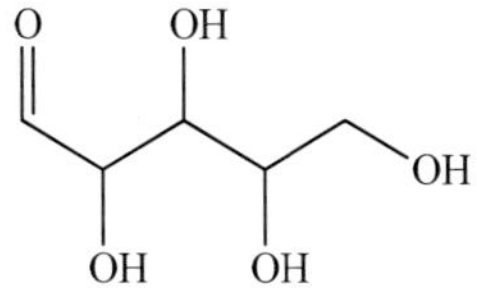
g) 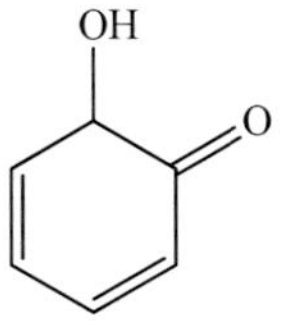	**h)** 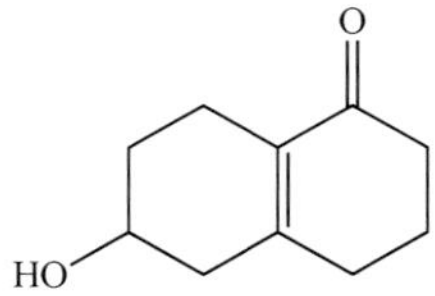

18. Dibujar todas las moléculas posibles, incluyendo estereoisómeros, que se obtendrán por adición aldólica de los siguientes compuestos. Tener en cuenta también la posibilidad de adición de un compuesto consigo mismo.

a) 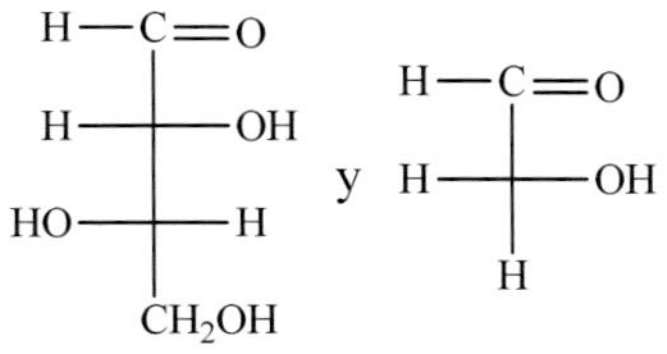	b) 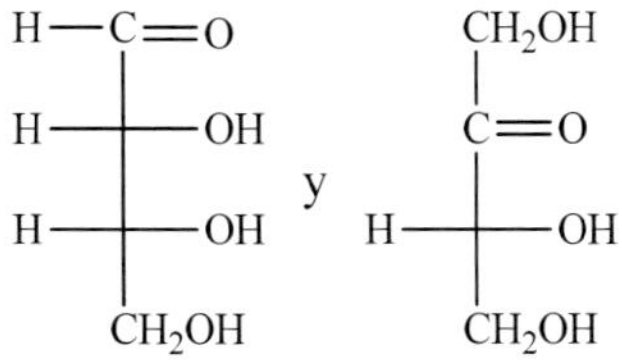

Aldehídos y cetonas. Reacciones de oxidación y reducción

19. Completar las siguientes reacciones red-ox de compuestos carbonílicos.

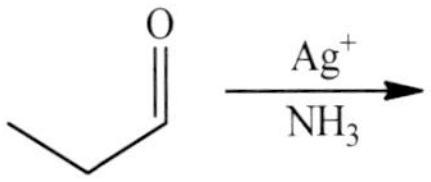

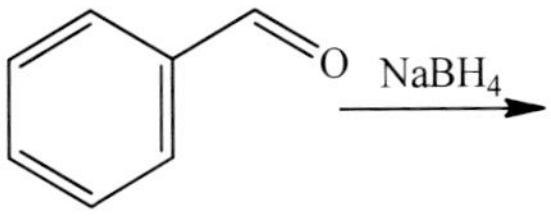

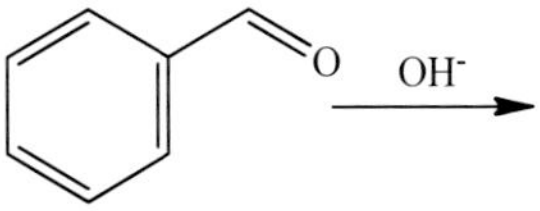

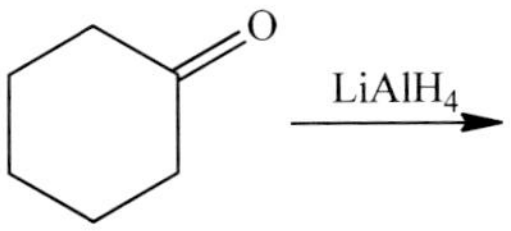

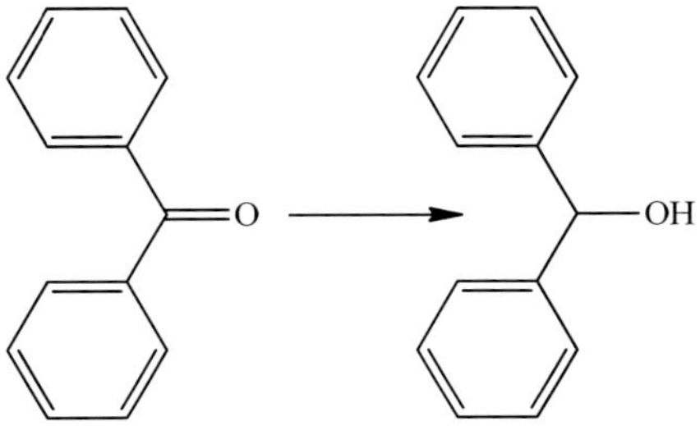

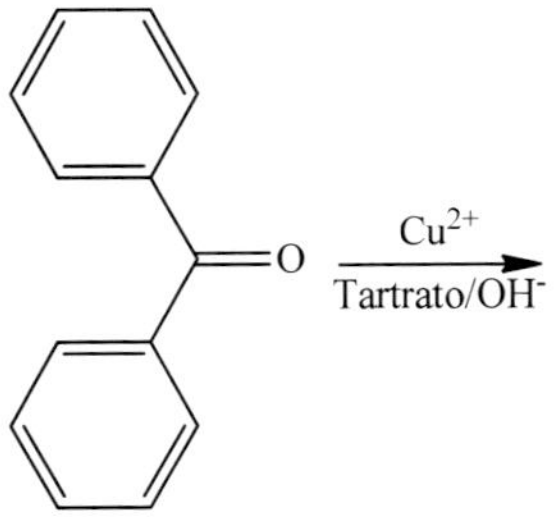

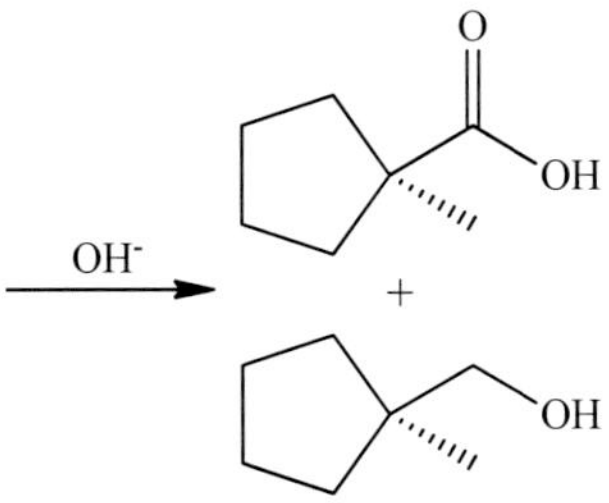

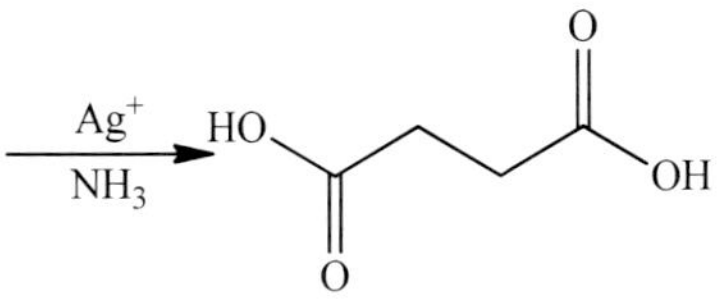

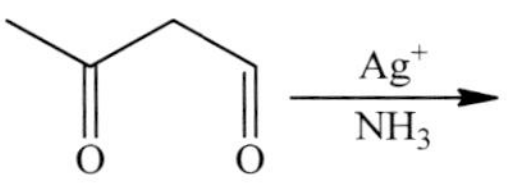

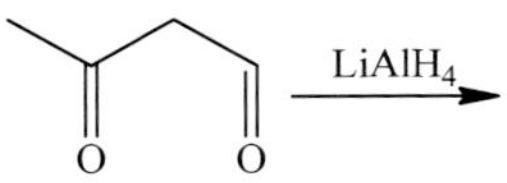

Aldehídos y cetonas. Ejercicios variados

20. Un compuesto orgánico tiene 69,7 % de C, 11,63 % de H y el resto O. La densidad de su vapor a 75 °C y 740 mmHg es de 2,93 g/L. Al hacer reaccionar el compuesto con 2,4-dinitrofenilhidrazina se forma un precipitado amarillo, pero al adicionar nitrato de plata en medio amoniacal a la sustancia problema no se aprecia ningún cambio. El compuesto es capaz de incorporar iodo a su estructura, pero un exceso de iodo en medio alcalino acuoso da lugar a una disolución transparente. Deducir la estructura del compuesto problema.

21. Predecir el producto principal de las siguientes reacciones:

a)   etanal + NaOH/Δ →

b)   propanona + H_2O →

c)   propanal + HCN →

d)   2,2-dimetilpropanal + acetona + NaOH/Δ →

e)   etanal + $[Ag(NH_3)_2]^+$ + OH⁻ →

f)   metilfenilcetona + I_2 + OH⁻ →

g)   acetona + hidroxilamina →

h)   etanal + 1,3-propanodiol →

i)   5-hidroxipentanal + H⁺/Δ →

j)   2,2-dimetilpropanal + NaOH/Δ

22. Las siguientes figuras corresponden a dos monosacáridos en forma hemiacetálica cíclica (solamente se representan los grupos hidroxilo para simplificar).

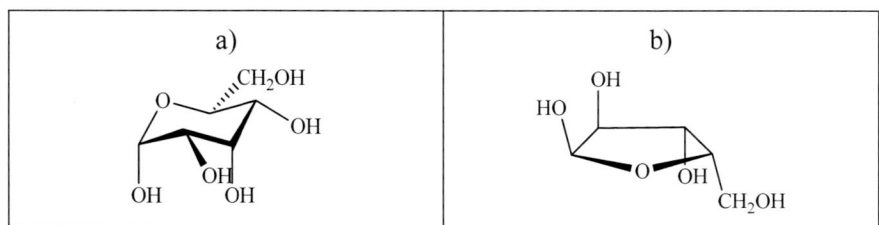

a)   Dibujar las dos moléculas en proyección de Fischer y con estructura abierta no hemiacetálica.

b)   Algunas reacciones del anabolismo de los hidratos de carbono consisten en una ruptura de la cadena mediante una reacción inversa a la adición aldólica. Indicar la estructura de los productos que se obtendrían en una primera ruptura a partir de los dos hidratos de carbono del apartado anterior.

23. Indicar qué compuestos han de reaccionar (condensación aldólica) para obtener los siguientes compuestos carbonílicos.

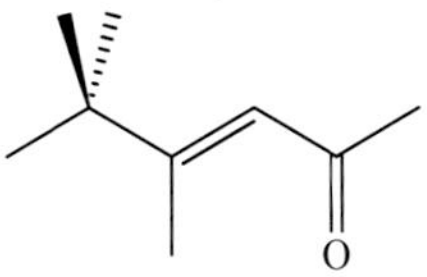

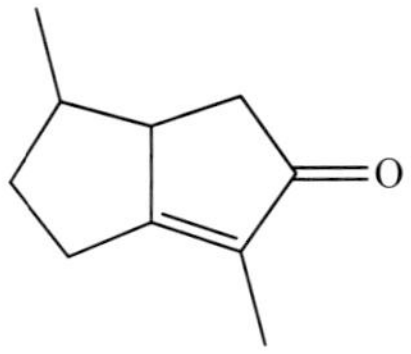

24. En los siguientes esquemas, indicar las estructuras de los productos A a K. Algunos de ellos pueden ser una mezcla de dos o más moléculas.

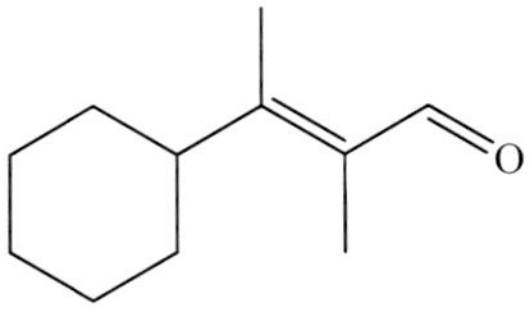

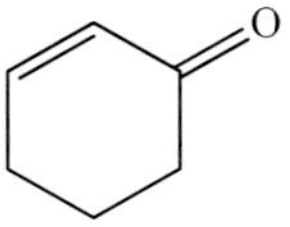

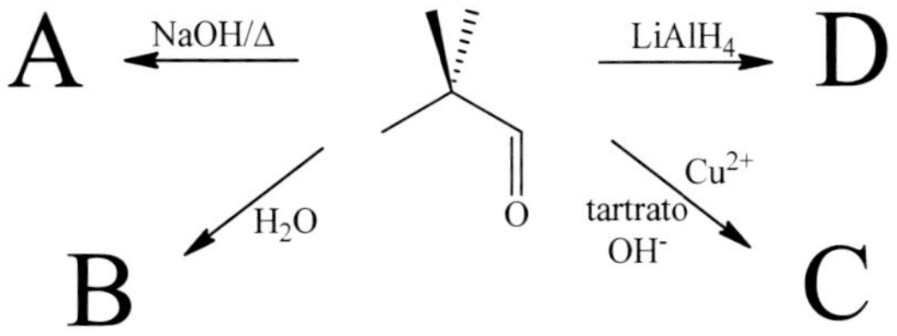

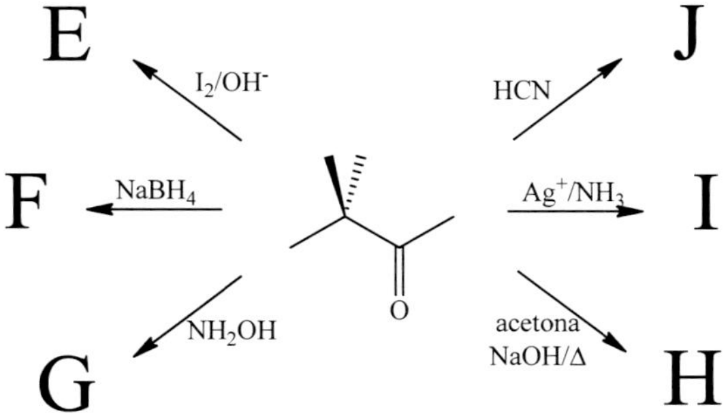

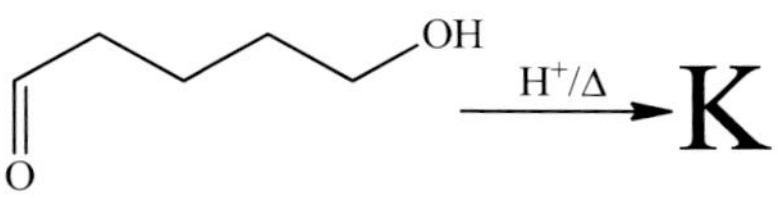

25. Dibujar las moléculas que faltan en los recuadros correspondientes.

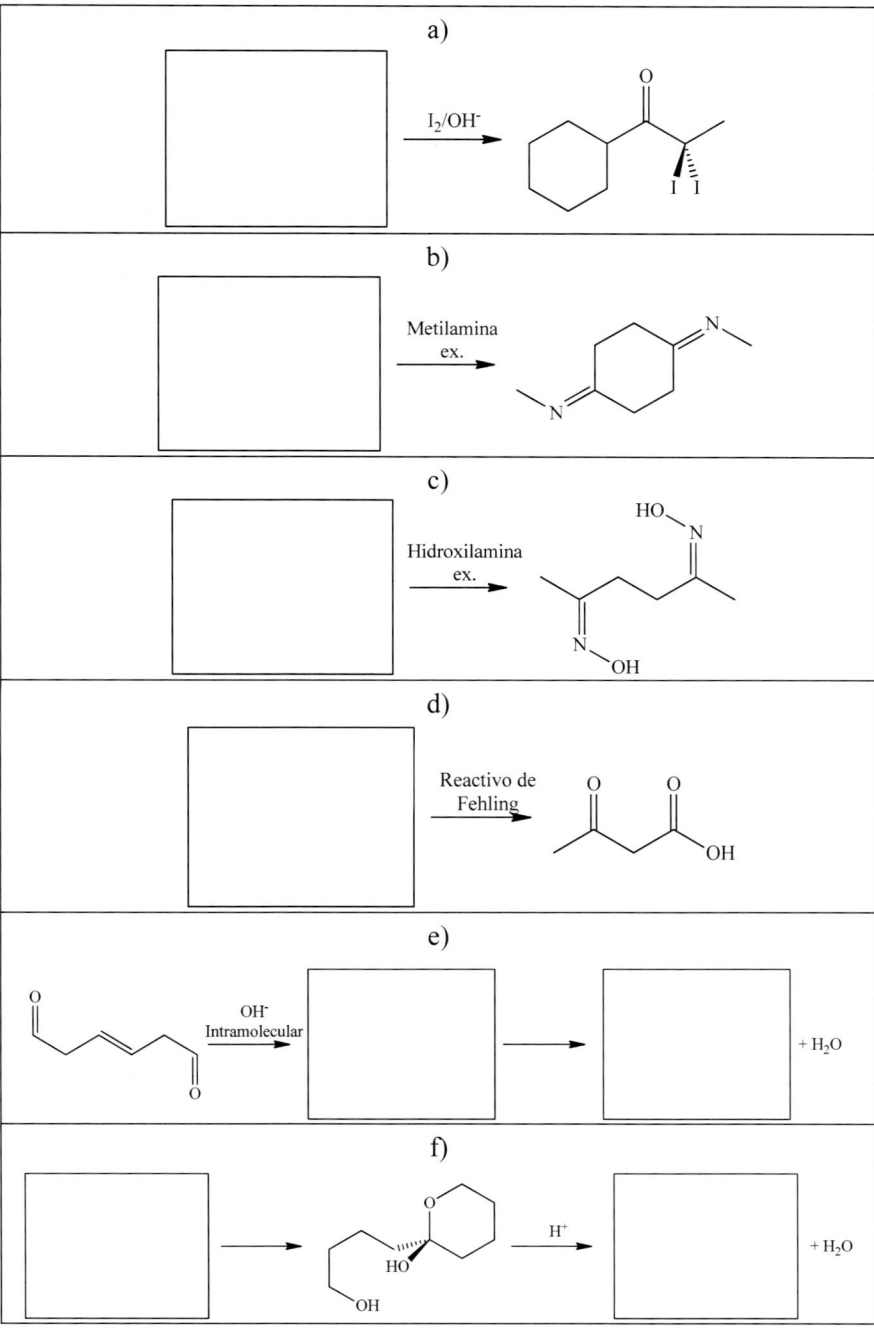

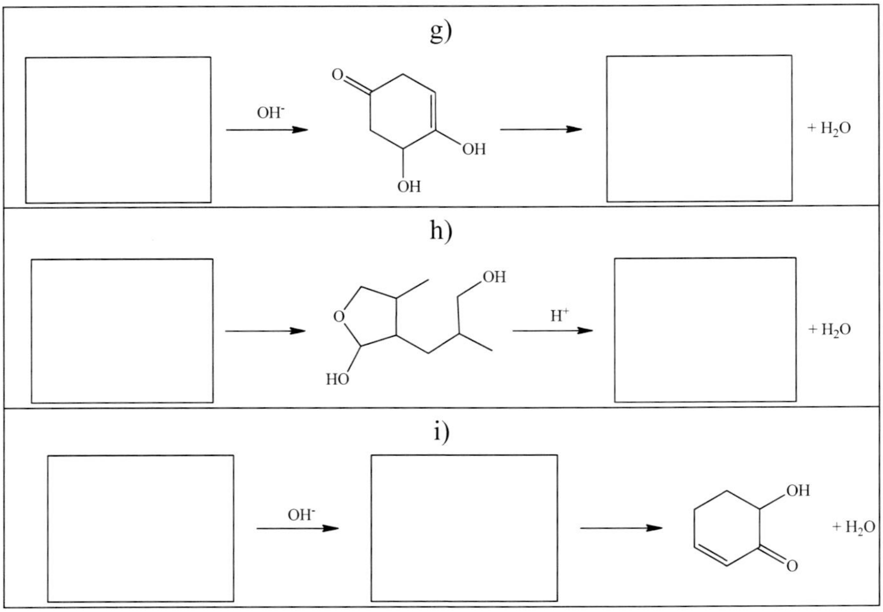

g)

OH⁻ → (compuesto con O, OH, OH) → ☐ + H₂O

h)

☐ → (compuesto con OH, HO) → H⁺ → ☐ + H₂O

i)

☐ → OH⁻ → ☐ → (compuesto con OH, O) + H₂O

26. a) Indicar los productos de partida empleados para la obtención de los siguientes compuestos:

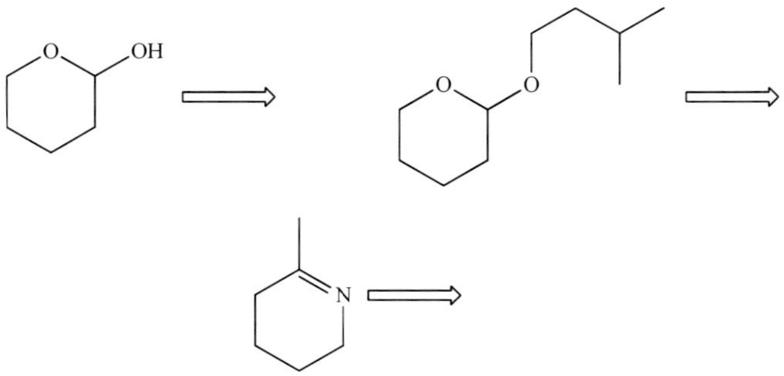

b) Dibujar los productos que resultan de tratar con el reactivo de Tollens los compuestos carbonílicos que se emplearon en el apartado a).

c) ¿Cuál será el producto mayoritario obtenido en la reacción de condensación aldólica intramolecular del siguiente compuesto?

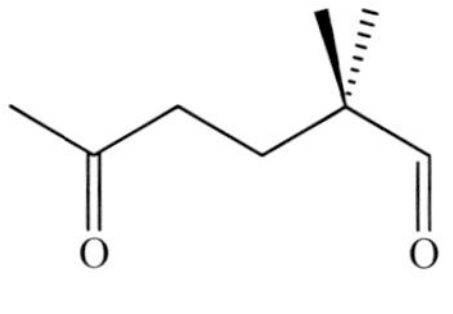

d) ¿Qué productos se obtendrán de la adición aldólica intermolecular en la molécula del apartado anterior?

Ácidos carboxílicos. Reactividad

27. En las siguientes moléculas, señalar e identificar los fragmentos de las mismas que corresponden a los siguientes grupos funcionales derivados de los ácidos carboxílicos:

a) ácido carboxílico   b) amida primaria   c) amida secundaria

d) amida terciaria   e) anhídrido   f) haluro de ácido

g) éster   h) nitrilo   i) urea

28. *Ejercicio resuelto.* En los siguientes pares de ácidos carboxílicos, indicar cuál de los dos es más ácido:

a)   ácido acético y ácido propanoico

b)   ácido 2-cloropropanoico y ácido 3-cloropropanoico

c)   ácido ciclohexilmetanoico y ácido benzoico

Resolución: Para comparar la fuerza relativa de dos ácidos carboxílicos, al igual que en el caso de los alcoholes, se ha de dibujar la fórmula estructural de las correspondientes bases conjugadas, y aquella base que sea más estable de las dos (generalmente en virtud del efecto inductivo y la resonancia) será la base conjugada del ácido más fuerte (menos débil) de los dos.

a) Al comparar la fuerza ácida del ácido acético y el ácido propanoico, las correspondientes bases conjugadas son el ion acetato $CH_3\text{-}COO^-$ y el ion propanoato $CH_3\text{-}CH_2\text{-}COO^-$, respectivamente. La carga negativa del átomo de O está estabilizada por resonancia en el propio grupo funcional carboxilato, pero el resto de la cadena puede ejercer un efecto estabilizante o desestabilizante adicional. Las cadenas de hidrocarburo tienen efecto inductivo $+I$ donador de electrones, por lo que desestabilizan la carga negativa, de modo que cuanto mayor sea dicho efecto inductivo, menos estable es el ion carboxilato correspondiente, y más débil es el ácido del que procede. El efecto inductivo es mayor al aumentar la longitud de la cadena, por lo que es mayor en el ion propanoato, de modo que este ion es menos estable que el acetato, y por lo tanto el ácido acético es más fuerte que el ácido propanoico.

163

b) En el caso de los ácidos 2-cloropropanoico y 3-cloropropanoico, las bases conjugadas son el 2-cloropropanoato CH_3-CHCl-COO⁻ y el 3-cloropropanoato Cl-CH_2-CH_2-COO⁻, respectivamente. En este caso, el átomo de Cl tiene un efecto inductivo electroatrayente –I, que estabiliza el anión al desplazar la carga negativa hacia la cadena. Ambos aniones contienen un átomo de Cl, pero uno en posición 2 y el otro en posición 3. Al ser el efecto inductivo de corto alcance, éste será más intenso en el anión 2-cloropropanoato. de modo que dicho anión será más estable, y por lo tanto el ácido 2-cloropropanoico es más fuerte que el 3-cloropropanoico.

c) El caso más complejo es el del ácido ciclohexilmetanoico y el ácido benzoico, cuyas bases conjugadas son el cicloheximetanoato (C_6H_{12})-COO⁻ y el benzoato (C_6H_6)-COO⁻, respectivamente. El anillo alifático tiene efecto inductivo electrodonante, mientras que el anillo aromático tiene un ligero efecto inductivo electroatrayente, por lo que el anión benzoato es más estable que el ciclohexilmetanoato, y el ácido benzoico es más fuerte que el ácido ciclohexilmetanoico.

29. En los siguientes pares de ácidos carboxílicos, indicar cuál de los dos es más ácido:

   a) ácido butanoico y ácido 2-metilpropanoico

   b) ácido propanoico y ácido 2-cloropropanoico

   c) ácido cloroacético y ácido tricloroacético

   d) ácido benzoico y ácido *m*-nitrobenzoico

   e) ácido benzoico y ácido *m*-hidroxibenzoico

   f) ácido *m*-hidroxibenzoico y ácido *o*-hidroxibenzoico

30. Señalar en cada compuesto el hidrógeno más ácido

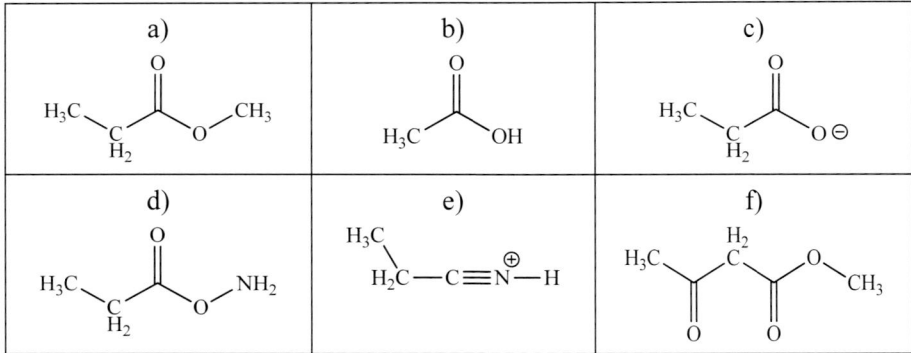

31. A continuación se dan varios grupos de tres ácidos carboxílicos junto con tres valores de constantes de acidez. Emparejar cada compuesto con su dato correspondiente.

   a) propanoico   2-cloropropanoico   3-cloropropanoico
      $K_a = 1{,}38 \cdot 10^{-5}$ $pK_a = 4{,}10$ $pK_a = 2{,}8$

b) 3-fluoropropanoico   3-bromopropanoico   3-cloropropanoico
$pK_a = 4,36$ $K_a = 7,94 \cdot 10^{-5}$ $pK_a = 4,02$

c) benzoico   *orto*-clorobenzoico   *para*-clorobenzoico
$K_a = 6,31 \cdot 10^{-5}$ $pK_a = 2,92$ $K_a = 1,07 \cdot 10^{-4}$

d) benzoico   *para*-metilbenzoico   *meta*-nitrobenzoico
$K_a = 3,23 \cdot 10^{-4}$ $pK_a = 4,20$ $K_a = 4,17 \cdot 10^{-5}$

32. *Ejercicio resuelto.* Indicar qué producto se obtendrá al hacer reaccionar ácido 2-metilbutanoico con:

a) amoníaco   b) anilina   c) 2-propanol/H$^+$
d) tricloruro de fósforo   e) LiAlH$_4$ f) bromo/P

Resolución: Se trata de un ejercicio de reactividad general de los ácidos carboxílicos.

a) La reacción de ácidos carboxílicos con amoníaco da lugar a una amida primaria. En este caso del ácido 2-metilbutanoico, el producto es la 2-metilbutanoamida CH_3-CH_2-$CH(CH_3)$-CO-NH_2 más una molécula de agua.

b) La reacción de un ácido carboxílico con una amina primaria da lugar a una amida secundaria. Por lo tanto, la reacción del ácido 2-metilbutanoico con la anilina da lugar a la N-fenil-2-metilbutanoamida más una molécula de agua: CH_3-CH_2-$CH(CH_3)$-CO-$NH(C_6H_5)$.

c) La reacción de ácidos carboxílicos con alcoholes, catalizada por ácidos, es la esterificación. En este caso se obtiene el éster correspondiente 2-metilbutanoato de isopropilo CH_3-CH_2-$CH(CH_3)$-CO-O-$CH(CH_3)_2$ más una molécula de agua.

d) La reacción de ácidos carboxílicos con agentes halogenantes, como el tricloruro de fósforo, transforma los ácidos en sus correspondientes haluros de acilo. El producto de la reacción para el ácido 2-metilbutanoico es el cloruro de 2-metilbutanoilo CH_3-CH_2-$CH(CH_3)$-CO-Cl.

e) La reacción con hidruro de aluminio y litio es la reducción del ácido carboxílico, directamente al alcohol primario correspondiente, de modo que el producto de la reacción es el 2-metil-1-butanol CH_3-CH_2-$CH(CH_3)$-CH_2OH.

f) La reacción con bromo catalizada por fósforo es la reacción de halogenación en α, también llamada reacción de Hell-Volhard-Zelinski. En ácidos carboxílicos, se sustituyen todos los hidrógenos en α por el halógeno correspondiente, en este caso bromo. El producto es el ácido 2-bromo-2-metilbutanoico CH_3-CH_2-$CBr(CH_3)$-$COOH$.

Derivados de los ácidos carboxílicos

33. Ordenar de mayor a menor las temperaturas de fusión de los siguientes triglicéridos naturales.

a)

$$CH_2\text{-O-CO-}(CH_2)_7\text{-CH=CH-}(CH_2)_7\text{-CH}_3$$
$$CH\text{-O-CO-}(CH_2)_{16}\text{-CH}_3$$
$$CH_2\text{-O-CO-}(CH_2)_7\text{-CH=CH-}(CH_2)_7\text{-CH}_3$$

b)

$$CH_2\text{-O-CO-}(CH_2)_7\text{-CH=CH-}(CH_2)_7\text{-CH}_3$$
$$CH\text{-O-CO-}(CH_2)_{16}\text{-CH}_3$$
$$CH_2\text{-O-CO-}(CH_2)_7\text{-CH=CH-CH}_2\text{-CH=CH-CH}_2\text{-CH=CH-CH}_2\text{-CH}_3$$

c)

$$CH_2\text{-O-CO-}(CH_2)_{16}\text{-CH}_3$$
$$CH\text{-O-CO-}(CH_2)_{16}\text{-CH}_3$$
$$CH_2\text{-O-CO-}(CH_2)_{16}\text{-CH}_3$$

d)

$$CH_2\text{-O-CO-}(CH_2)_7\text{-CH=CH-}(CH_2)_7\text{-CH}_3$$
$$CH\text{-O-CO-}(CH_2)_7\text{-CH=CH-}(CH_2)_7\text{-CH}_3$$
$$CH_2\text{-O-CO-}(CH_2)_7\text{-CH=CH-CH}_2\text{-CH=CH-CH}_2\text{-CH=CH-CH}_2\text{-CH}_3$$

e)

$$CH_2\text{-O-CO-}(CH_2)_7\text{-CH=CH-}(CH_2)_7\text{-CH}_3$$
$$CH\text{-O-CO-}(CH_2)_7\text{-CH=CH-CH}_2\text{-CH=CH-}(CH_2)_4\text{-CH}_3$$
$$CH_2\text{-O-CO-}(CH_2)_7\text{-CH=CH-CH}_2\text{-CH=CH-CH}_2\text{-CH=CH-CH}_2\text{-CH}_3$$

f)

$$CH_2\text{-O-CO-}(CH_2)_7\text{-CH=CH-CH}_2\text{-CH=CH-}(CH_2)_4\text{-CH}_3$$
$$CH\text{-O-CO-}(CH_2)_7\text{-CH=CH-CH}_2\text{-CH=CH-CH}_2\text{-CH=CH-CH}_2\text{-CH}_3$$
$$CH_2\text{-O-CO-}(CH_2)_7\text{-CH=CH-CH}_2\text{-CH=CH-CH}_2\text{-CH=CH-CH}_2\text{-CH}_3$$

34. En las siguientes parejas de compuestos, indicar cuál de los dos es más reactivo en cuanto a la reacción de transferencia del grupo acilo.

a)

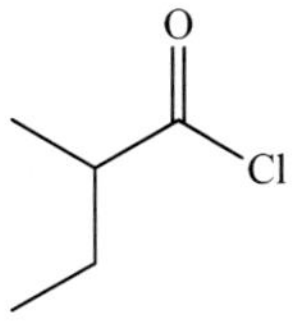

y

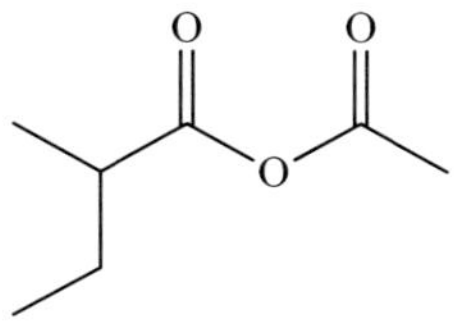

b)

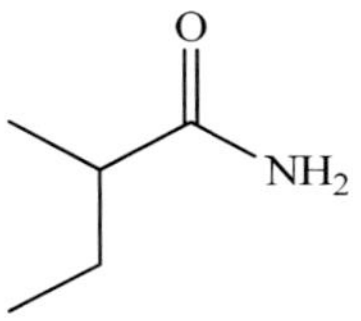

y

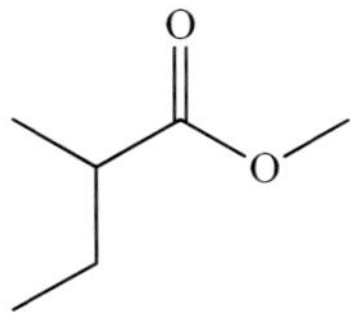

c)

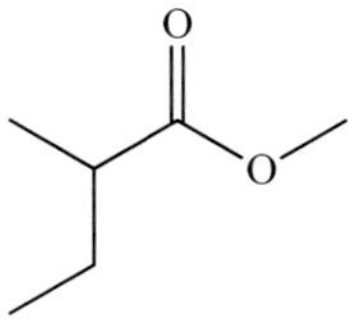

y

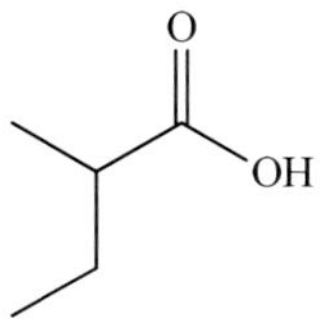

d)

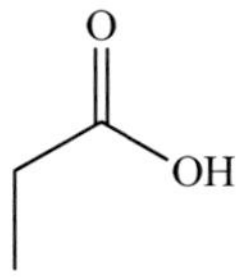

y

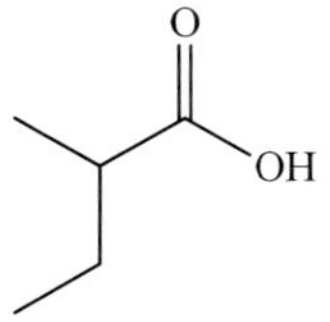

e)

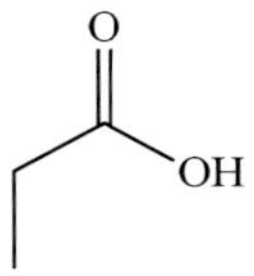

y

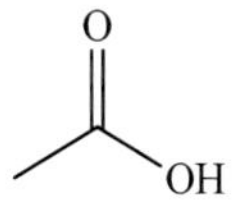

167

35. *Ejercicio resuelto:* Indicar qué reactivos son necesarios para transformar el cloruro de ciclohexanocarbonilo

en los compuestos que se citan a continuación:

a)	b)	c)
d)	**e)**	**f)**
	 (dos pasos)	 (dos pasos)

Resolución: Se trata de un ejercicio de reactividad general de los haluros de acilo, reactividad prácticamente idéntica a la de los ácidos carboxílicos, a la que hay que añadir la reacción de hidrólisis, que es una reacción de transferencia del grupo acilo.

a) El producto de la reacción es un éster, por lo tanto, el reactivo a utilizar es el alcohol correspondiente, en este caso el fenol.

b) La transformación de un haluro de ácido en el ácido carboxílico correspondiente es la reacción de hidrólisis. Por lo tanto, solo hace falta añadir agua.

c) Para obtener una amida terciaria a partir de un haluro de acilo, hay que hacerlo reaccionar con la amina secundaria correspondiente. En este caso, se trata de la dietilamina.

d) La reducción de un haluro de un ácido a un alcohol es idéntica a la del correspondiente ácido carboxílico, por lo tanto, el haluro de ácido se ha de tratar con $LiAlH_4$ o $NaBH_4$.

e) El producto final de la reacción es el ácido carboxílico correspondiente, al que se le ha realizado una sustitución del hidrógeno en α por un átomo de bromo, en virtud de la reacción de Hell-Volhard-Zelinski. Dicha reacción se lleva a cabo con Br_2 en presencia de P como catalizador, y la hidrólisis se realiza muy fácil al tratar con agua. El orden de las dos etapas no es relevante, y primero se puede hacer la hidrólisis y segundo la sustitución, o bien a la inversa.

f) En este caso, el producto consiste en sustituir todo el grupo funcional por un átomo de Br. Esto se puede llevar a cabo primero reduciendo el haluro de ácido con LiAlH₄ o NaBH₄, transformándose en un alcohol primario. Seguidamente, el alcohol se sustituye por el Br con HBr y un catalizador. Esta reacción se ha de hacer en condiciones enérgicas y altas concentraciones, ya que la sustitución de un alcohol primario es muy lenta y se lleva a cabo con dificultad.

36. Dibujar la estructura general de los polímeros que se obtendrían a partir de:

    a)   ácido 4-metilheptanodioico + etilendiamina (H_2N-CH_2-CH_2-NH_2)

    b)   ácido *m*-ftálico (*m*-HOOC-C_6H_4-COOH) + etilenglicol (HO-CH_2-CH_2-OH)

    c)   ácido hexanodioico (adípico) + hexametilendiamina (H_2N-$(CH_2)_6$-NH_2)

    d)   ácido *p*-ftálico y etilenglicol

Ácidos carboxílicos y derivados. Ejercicios variados

37. Predecir el producto principal de las siguientes reacciones:

    a)   ácido acético + etanol/H^+ →

    b)   ácido acético + Cl_2SO →

    c)   benzoato de metilo C_6H_5-CO-O-CH_3 + etanol (exceso) →

    d)   ácido 2-butenoico CH_3-CH=CH-COOH + LiAlH₄ →

    e)   ácido 2-butenoico CH_3-CH=CH-COOH + H_2/Pt →

    f)   ácido 2-metilpropanoico + Cl_2/P→

    g)   ácido propanoico + Cl_2/P→

    h)   Cl-CO-CH_2-CH_2-CO-Cl + OH-CH_2-CH_2-CH_2-OH →

    i) H_2N-CH_2-CH_2-NH_2 + Cl-CO-CH_2-CH_2-CH_2-CO-Cl →

38. La *N,N'*-dimetilformamida es un disolvente muy empleado en el laboratorio.

    a)   Dibujar la estructura de Lewis de las dos formas resonantes que más contribuyen a la estructura real de la molécula.

    b)   ¿Es este compuesto una base de Lewis? Justificar la respuesta.

    c)   ¿Por qué el enlace C-N no tiene permitido el libre giro, como cualquier enlace simple C-C?

39. a)   Dibujar la estructura de la grasa formada a partir únicamente del ácido graso natural monoinsaturado ácido 8-dodecaenoico.

    b)   ¿Qué productos se obtendrán al calentar la grasa de la cuestión anterior con un exceso de metanol en medio ácido?

    c)   Si en una sartén calentamos 50 g de la grasa de la cuestión anterior y en otra igual 50 g de un lípido formado a partir únicamente el ácido dodecanoico, ¿Cuál de las dos grasas se fundiría antes? Justificar la respuesta.

40. Indicar la estructura de los compuestos A-E en la siguiente figura.

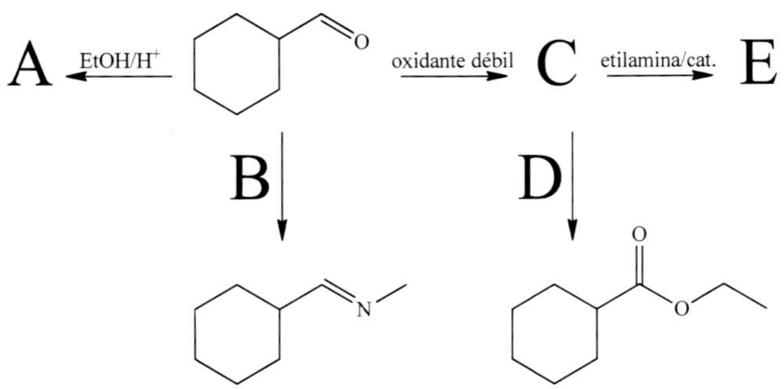

A ←—EtOH/H⁺—— [cyclohexane with CHO] ——oxidante débil—→ C ——etilamina/cat.—→ E

B ↓   D ↓

[cyclohexane with CH=N–CH₃]   [cyclohexane with CH(–)C(=O)O–CH₂CH₃]

41. Completar las siguientes secuencias de reacciones, teniendo en cuenta que puede haber más de una sustancia dentro de un recuadro.

a)

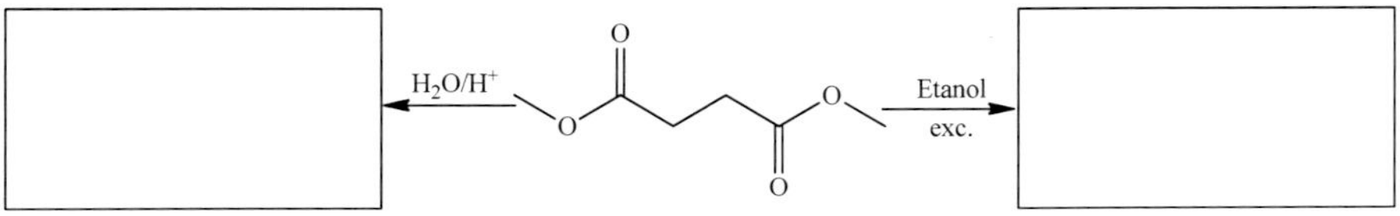

[ ] ←—H₂O/H⁺—— [diester: –O–C(=O)–CH₂CH₂–C(=O)–O–] ——Etanol exc.—→ [ ]

b)

HO–CH₂CH₂–OH ——Anhídrido acético exc.—→ [ ] ——Metanol exc.—→ [ ]

c)

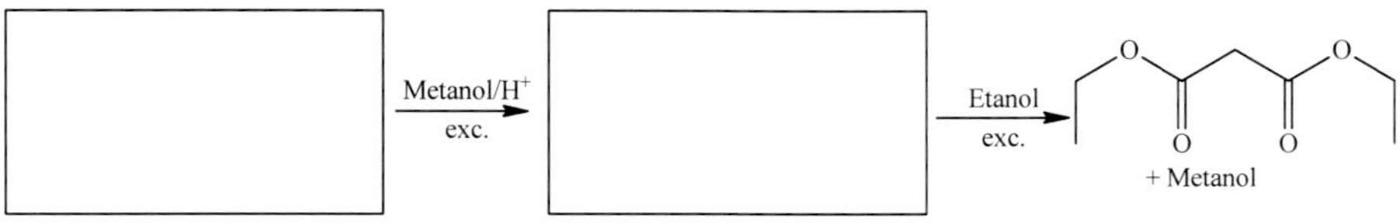

[ ] ——Metanol/H⁺ exc.—→ [ ] ——Etanol exc.—→ [O–C(=O)–CH₂–C(=O)–O diester] + Metanol

42. a) Dibujar, incluyendo la estereoquímica, el producto obtenido por reacción del 1,3-propanodiol con exceso de ácido Z-3-hexenoico.

b) El compuesto obtenido en el apartado a) reacciona con un exceso de 2-propanol en medio ácido. Dibujar los dos productos obtenidos y nombrarlos.

c) Escribir la formula molecular o de esqueleto del polímero que resulta de la reacción entre la 1,3-propanodiamina y el ácido 3-metilpentanodioico. Sugerir un derivado de ácido carboxílico para llevar a cabo la reacción en condiciones más suaves.

Soluciones a los ejercicios propuestos

1. La reacción de oxidación se puede detener en el aldehído si se lleva a cabo a ebullición, destilando el producto de la misma, ya que el aldehído tiene siempre menor temperatura de ebullición que el correspondiente alcohol primario o ácido carboxílico, ya que el aldehído no puede formar puentes de hidrógeno consigo mismo, al carecer de la agrupación O-H.

2.

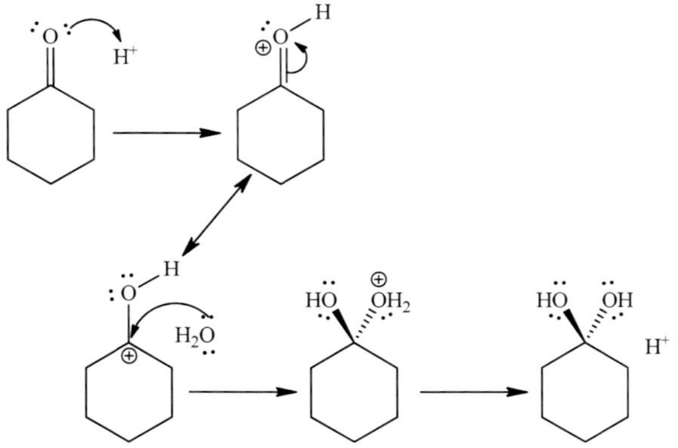

3. a)

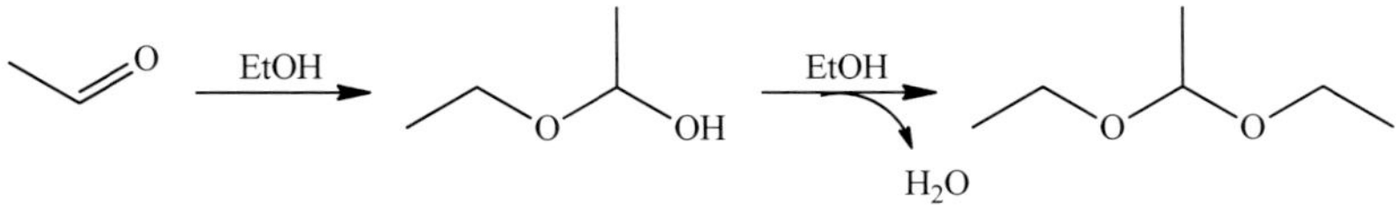

b)

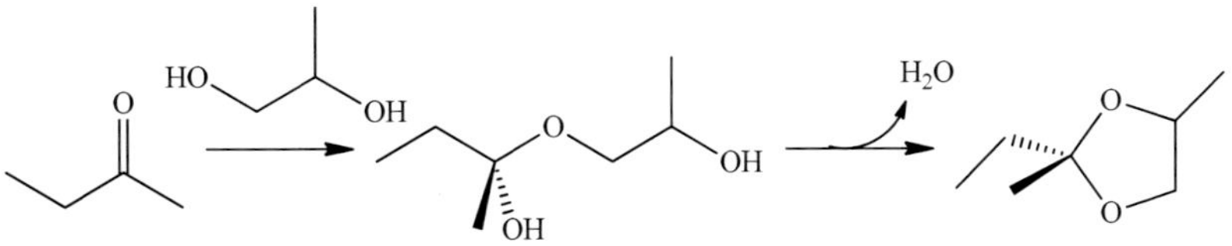

4. a) butanal con 1-propanol.

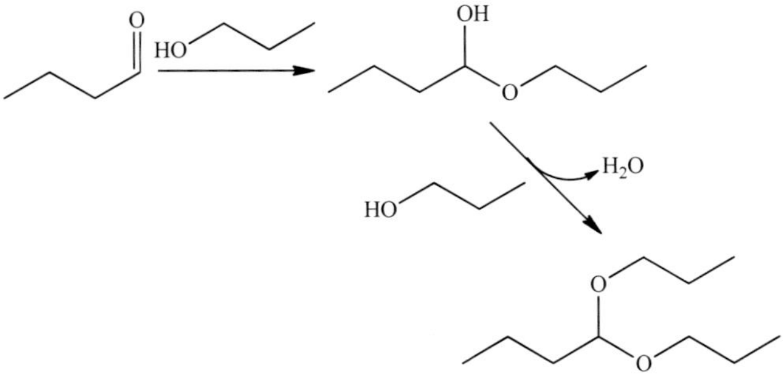

b) 4-metil-2-pentanona con 2-butanol.

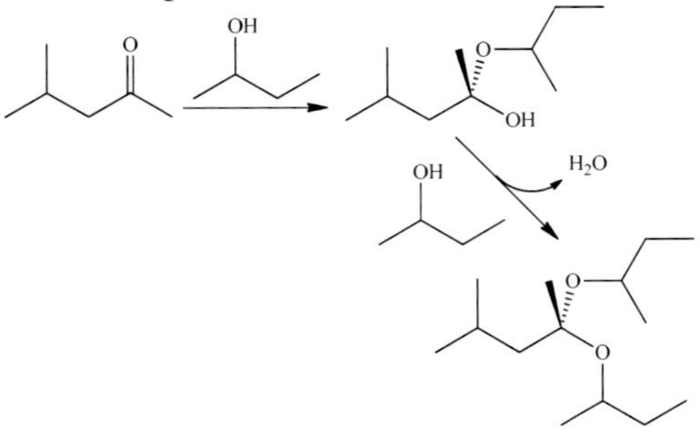

c) 2,3-dimetilbutanal con 2-metil-1-propanol.

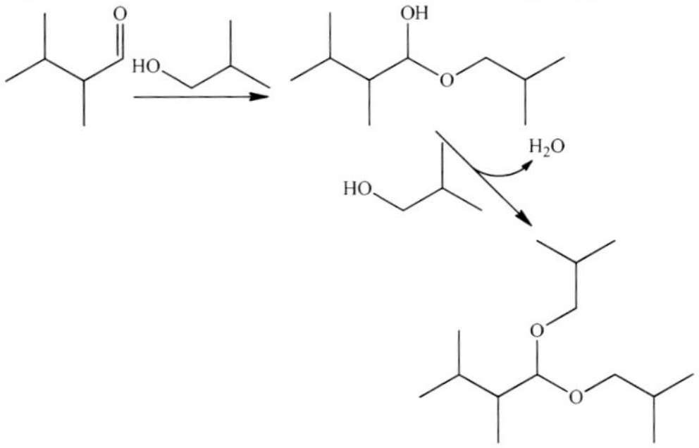

d) butanona con 1,3-propanodiol (relación molar 1:1).

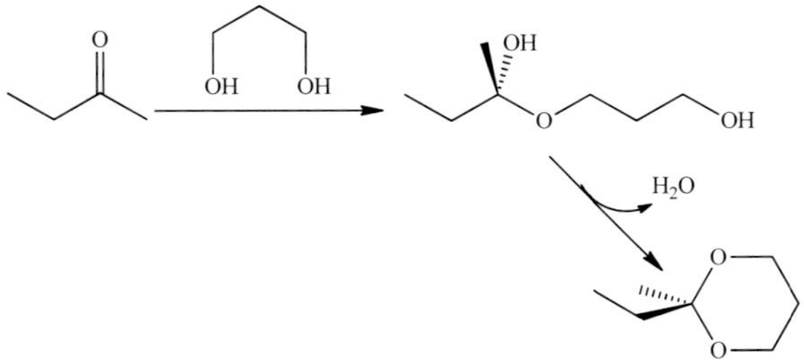

e) butanodial con 2,4-pentanodiol

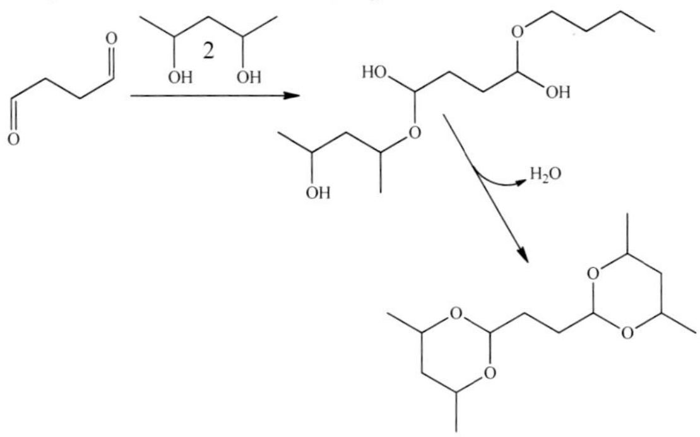

5. Porque se forman anillos de 5 y 6 átomos, muy estables debido a la ausencia de tensión angular.

6. Para la D-glucosa (en la proyección de Hawort se representan únicamente los enlaces C-OH para simplificar la figura, a excepción del carbono anomérico)

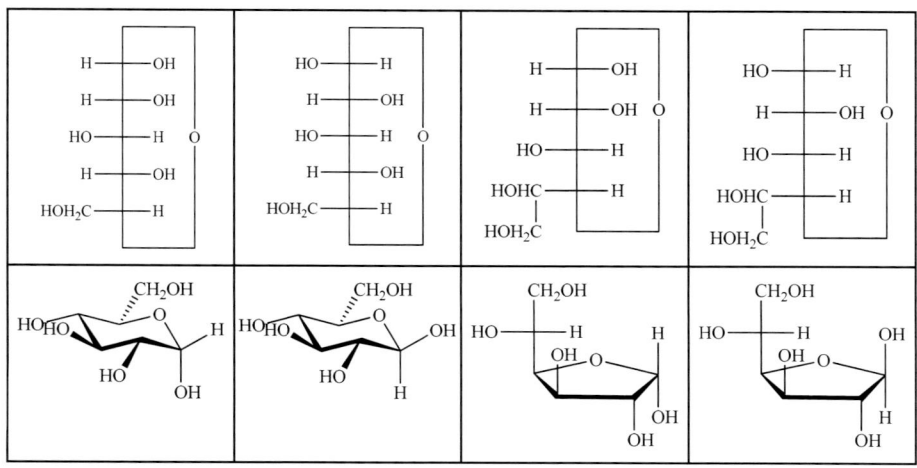

Para la D-fructosa

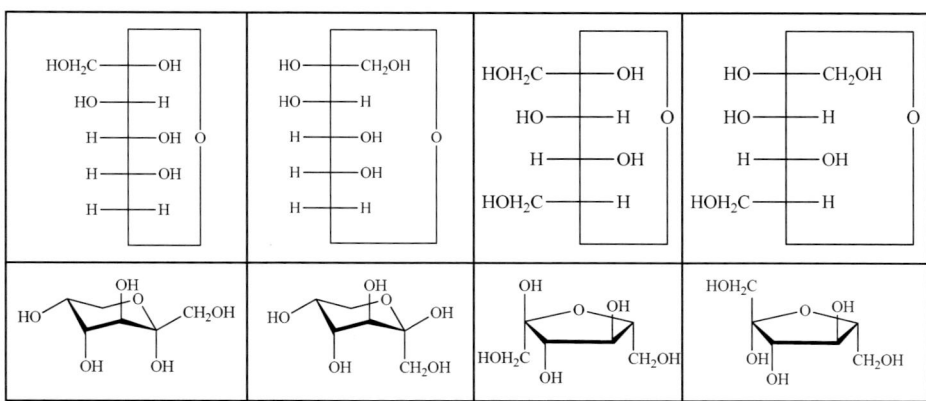

7. a)

b)

8. a)

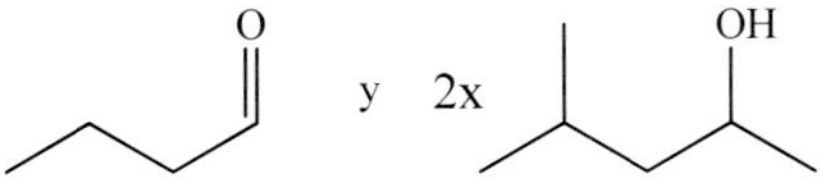

y 2x

b)

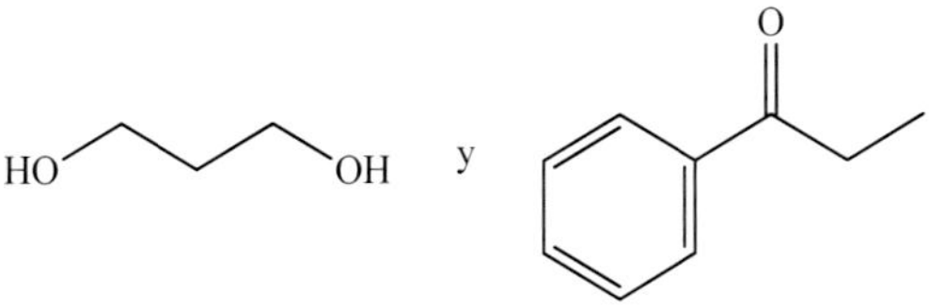

y

c)

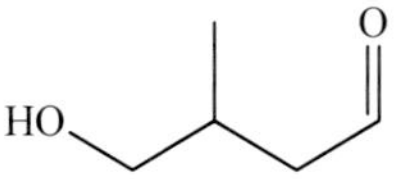

d)

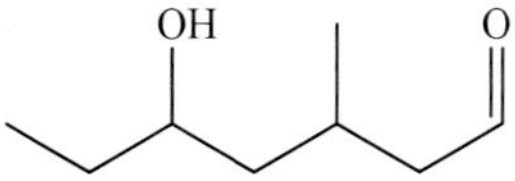

e)

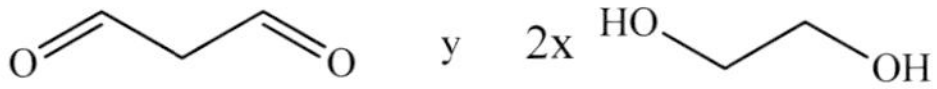

y 2x

f)

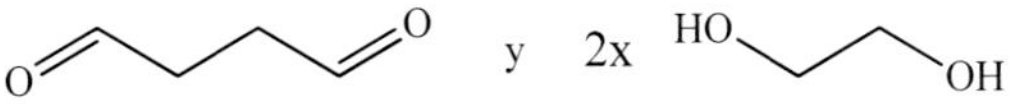

y 2x

9.

a)	b)	c)	d)
CHO	CH$_2$OH	CH$_2$OH	CHO
HO——H	═O	═O	HO——H
H——OH	H——OH	HO——H	H——OH
H——OH	HO——H	H——OH	HO——H
H——OH	HO——H	HO——H	H——OH
CH$_2$OH	CH$_2$OH	CH$_2$OH	CH$_2$OH
D, natural	L, no natural	L, no natural	D, natural

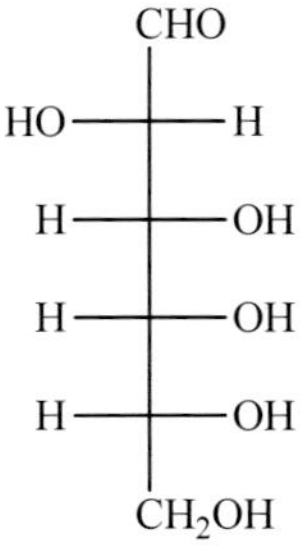

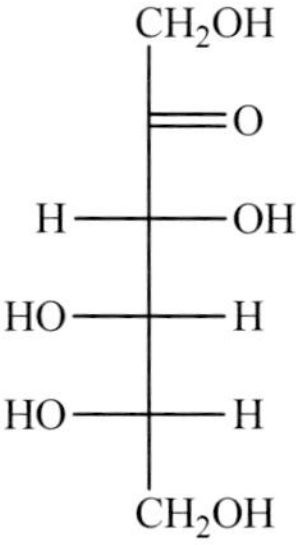

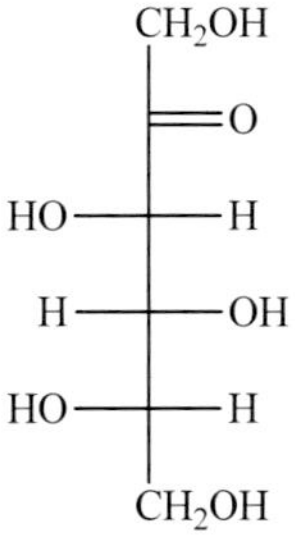

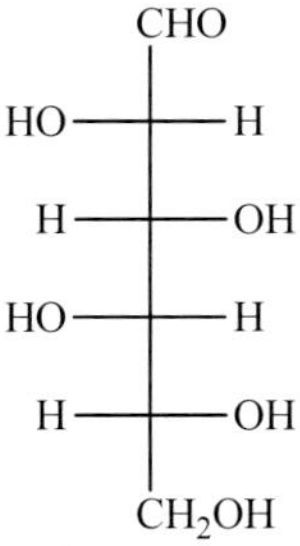

10.

a)	b)	c)	d)

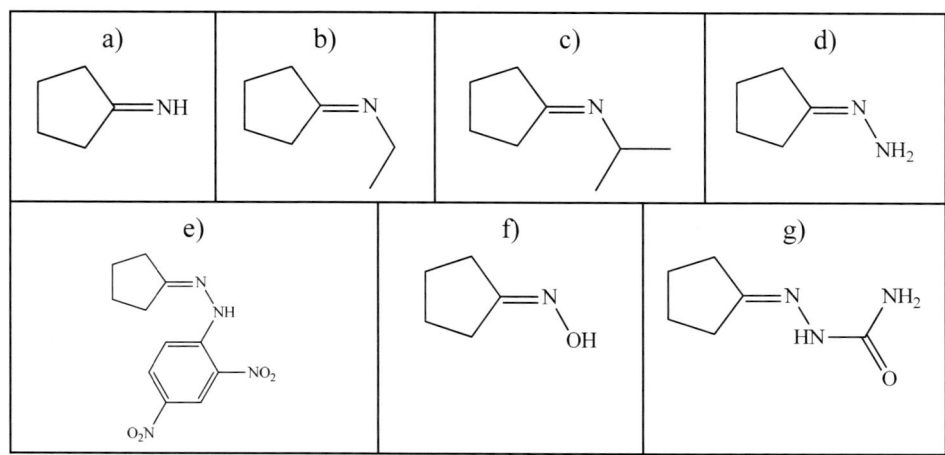

11.

a)	b)	c)	d)

12. Para la acetona

Para el hexanodial, condensación intermolecular

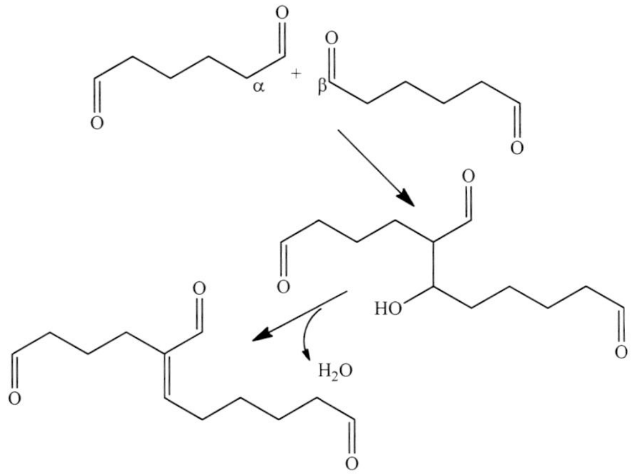

Para el hexanodial, condensación intramolecular

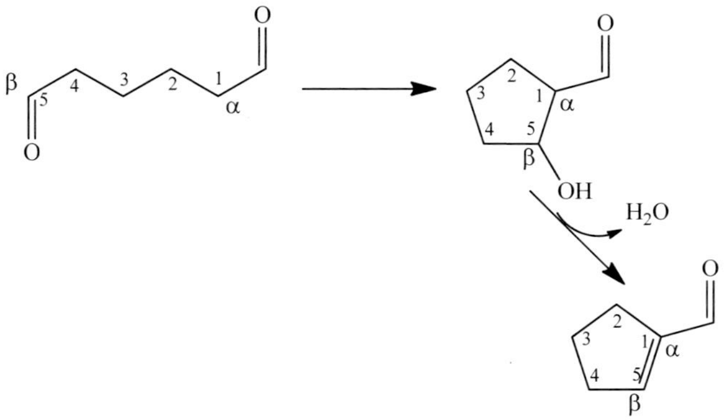

13. a)   4-hidroxibutanona y 4-metil-4-hidroxi-2-pentanona

b)   4-metil-4-hidroxi-2-pentanona, 3-hidroxibutanal, 4-hidroxipentanona y 3-metil-3-hidroxibutanal.

c)   3-hidroxibutanal y 3-fenil-3-hidroxipropanal

d)   La mezcla de formaldehído y benzofenona no da lugar a ningún producto de adición aldólica, ya que ninguno de los dos compuestos tiene hidrógenos en posición α. No obstante, en medio alcalino el formaldehído reacciona consigo mismo según la reacción de Cannizaro: $2\ HCHO \rightarrow CH_3OH + HCOOH$

e) Se formaría un producto de adición intermolecular (izquierda) y otro intramolecular (derecha):

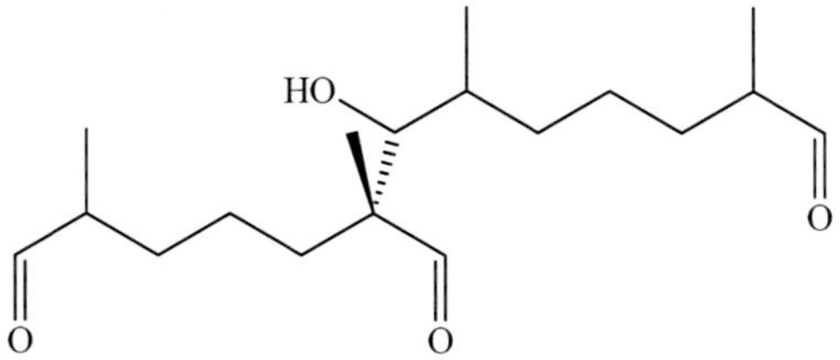

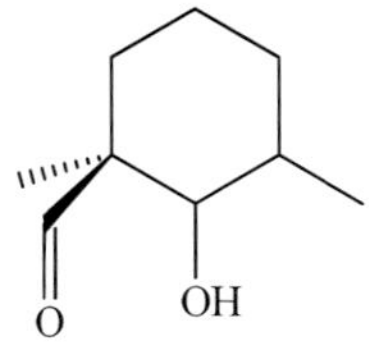

f) El producto de la adición intramolecular es el siguiente:

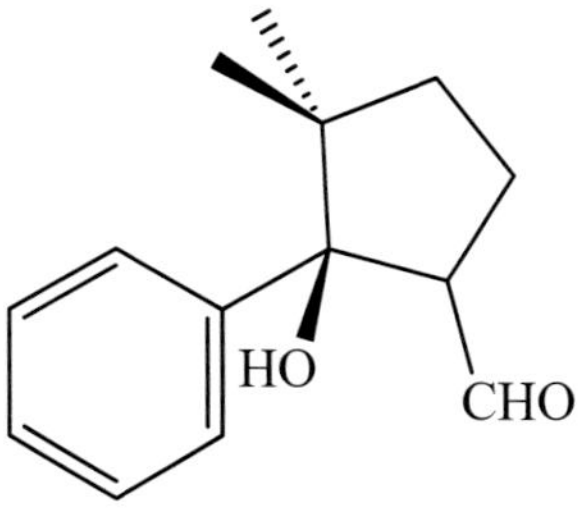

14. a)   3-butenona y 4-metil-3-penten-2-ona

   b)   4-metil-3-penten-2-ona, 2-butenal, 3-penten-2-ona y 3-metil-2-butenal

   c)   2-butenal y 3-fenil-2-propenal (aldehído cinámico)

   d)   Ningún producto

   e) Ninguno de los dos aldoles que se obtienen a partir del 2,6-dimetilheptanodial se puede deshidratar, ya que el carbono en α al carbonilo del aldol no posee un hidrógeno adicional, necesario para la deshidratación.

   f)

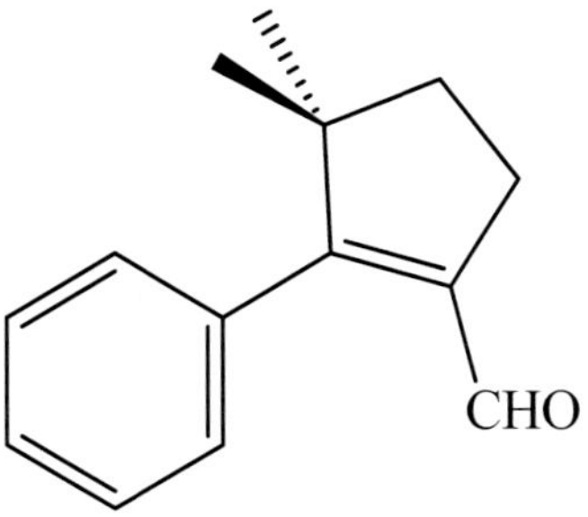

15.

a)	b)
Acetona y acetaldehído	2-metil-2-hidroxipropanal y acetofenona
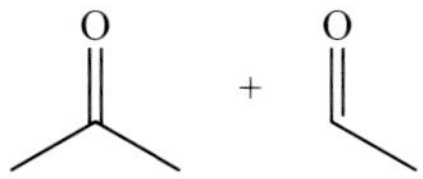	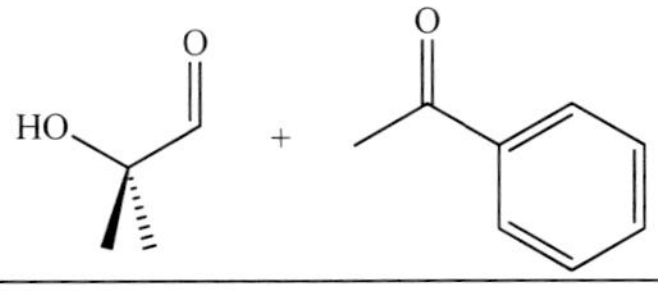

16.

a)	b)
Ciclohexanona y acetaldehído	

17.

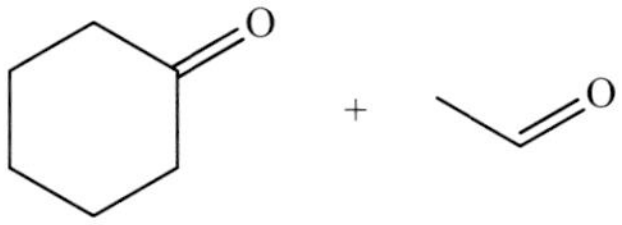

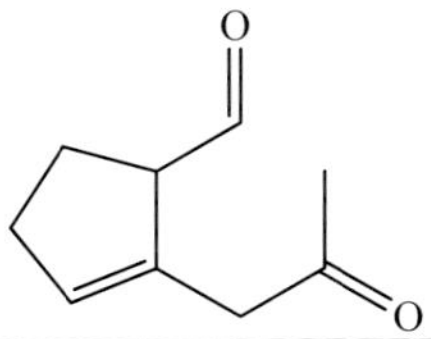

a)	b)
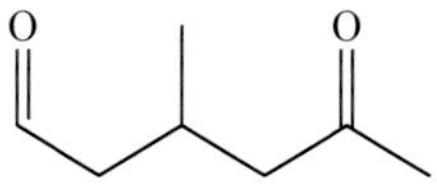	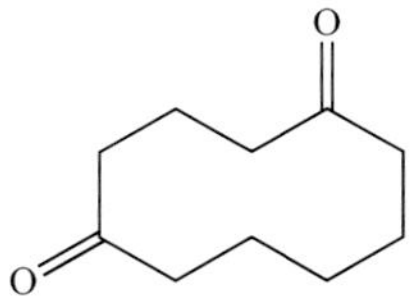
c)	d)
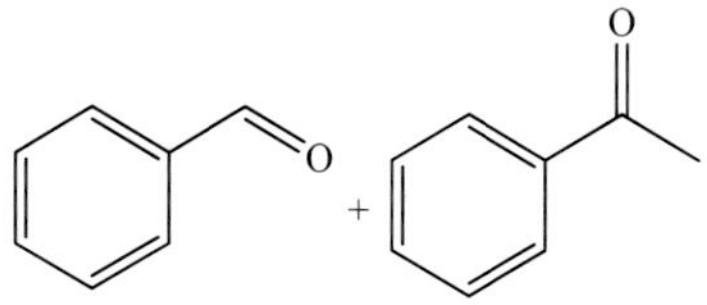	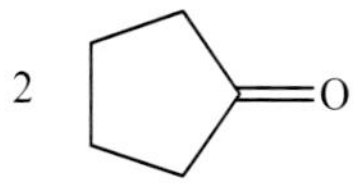 2

e)

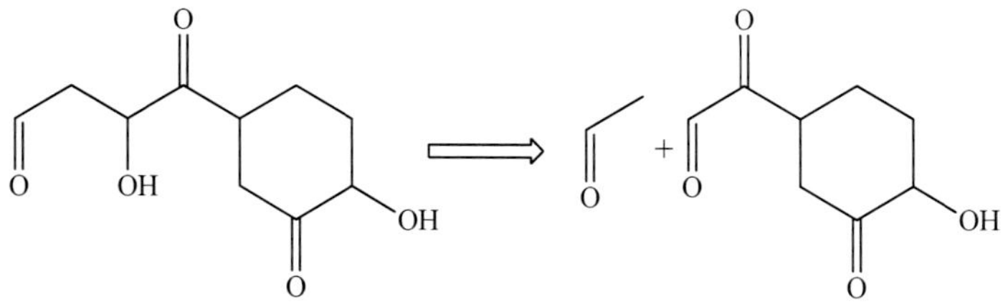

f)

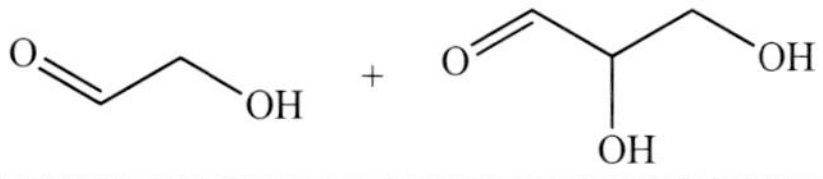

g)

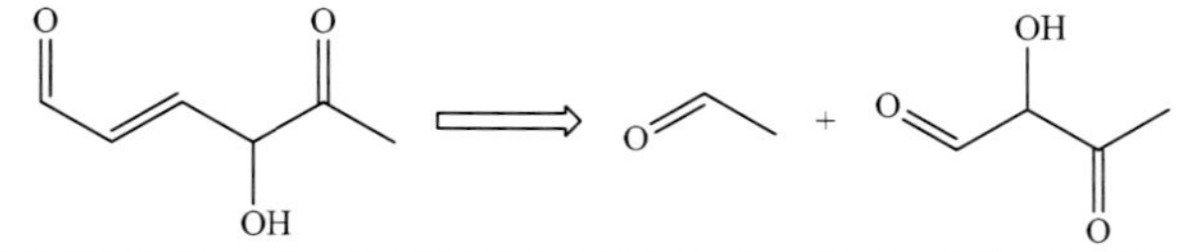

h)

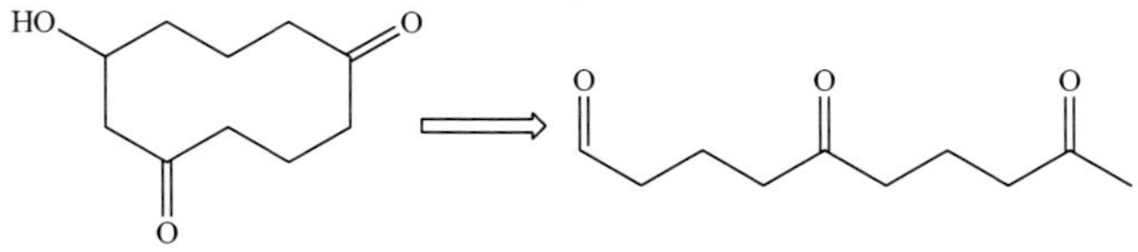

18. a) Con las dos moléculas propuestas, se obtiene un total de 15 moléculas posibles, ya que cada acoplamiento de dos moléculas da lugar a cuatro estereoisómeros – intervienen dos carbonos asimétricos– y hay una forma *meso*.

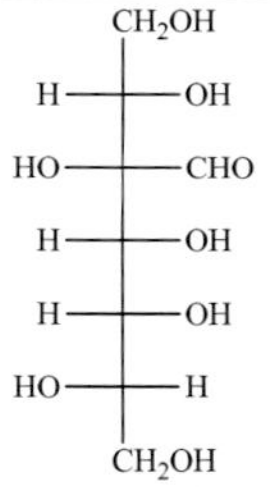 CH₂OH H—OH HO—CHO H—OH H—OH HO—H CH₂OH	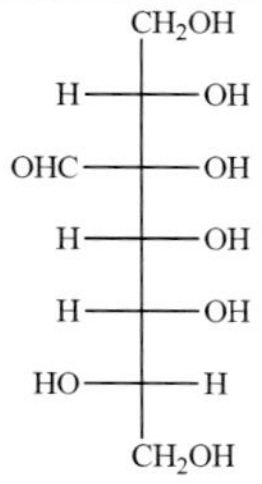 CH₂OH H—OH OHC—OH H—OH H—OH HO—H CH₂OH	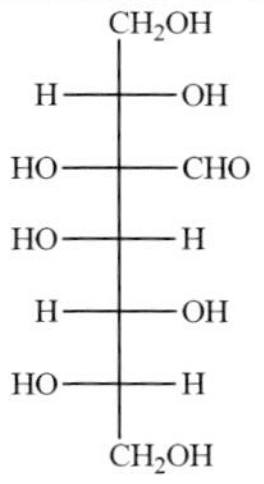 CH₂OH H—OH HO—CHO HO—H H—OH HO—H CH₂OH	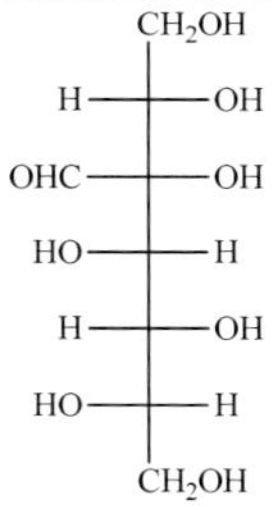 CH₂OH H—OH OHC—OH HO—H H—OH HO—H CH₂OH
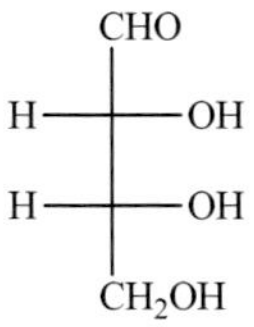 CHO H—OH H—OH CH₂OH	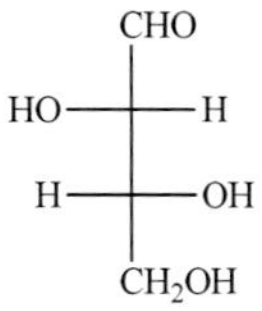 CHO HO—H H—OH CH₂OH	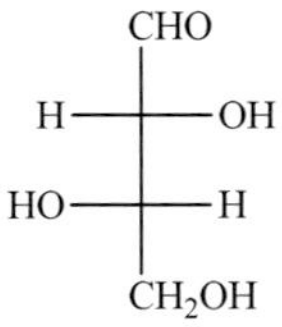 CHO H—OH HO—H CH₂OH	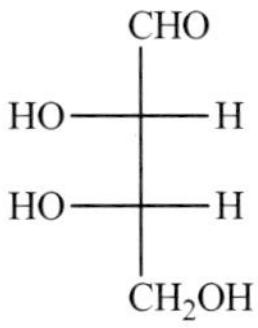 CHO HO—H HO—H CH₂OH
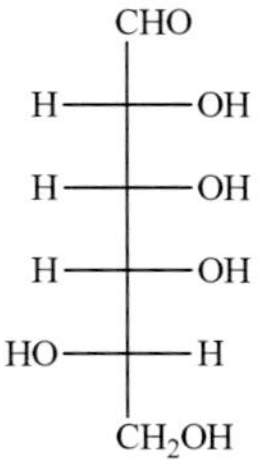 CHO H—OH H—OH H—OH HO—H CH₂OH	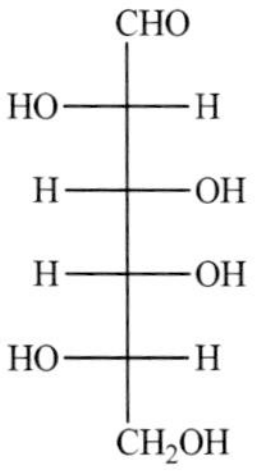 CHO HO—H H—OH H—OH HO—H CH₂OH	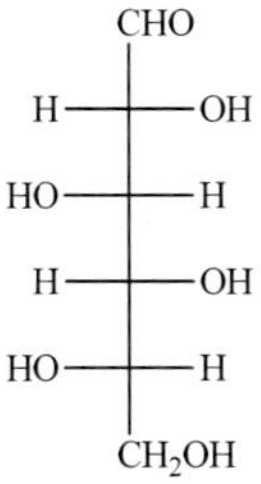 CHO H—OH HO—H H—OH HO—H CH₂OH	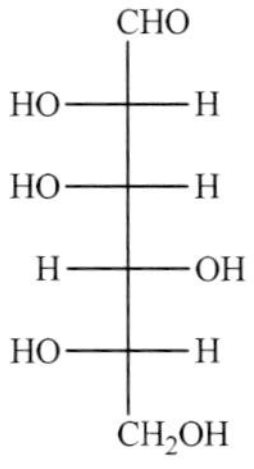 CHO HO—H HO—H H—OH HO—H CH₂OH
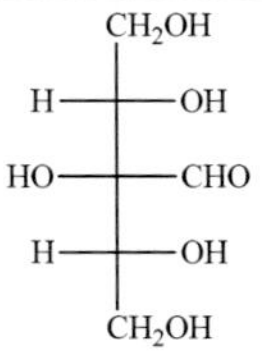 CH₂OH H—OH HO—CHO H—OH CH₂OH	La molécula anterior es la forma *meso*	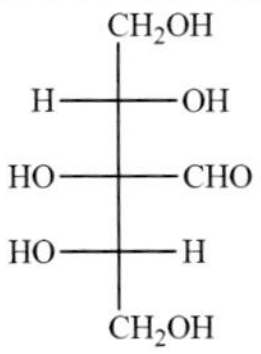 CH₂OH H—OH HO—CHO HO—H CH₂OH	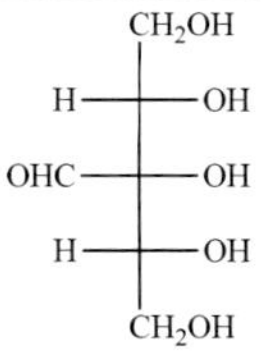 CH₂OH H—OH OHC—OH H—OH CH₂OH

179

b) En este caso, la cetosa tiene dos tipos distintos de H en posición α, por lo que hay que tener en cuenta que la cetosa se adiciona sobre sí misma o sobre la aldosa de dos formas diferentes. Y cada combinación genera cuatro estereoisómeros. Por lo tanto, tenemos un total de 24 combinaciones diferentes:

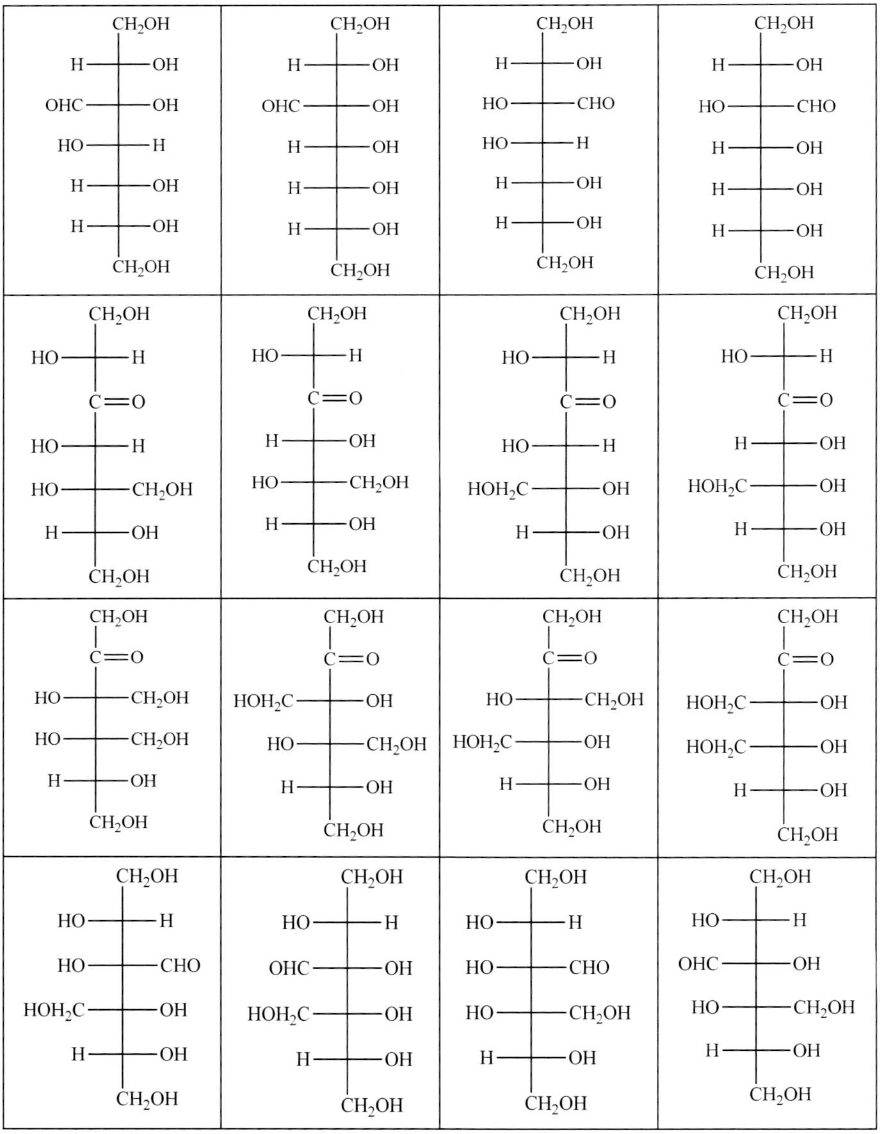

CH₂OH H——OH OHC——OH HO——H H——OH H——OH CH₂OH	CH₂OH H——OH OHC——OH H——OH H——OH H——OH CH₂OH	CH₂OH H——OH HO——CHO HO——H H——OH H——OH CH₂OH	CH₂OH H——OH HO——CHO H——OH H——OH H——OH CH₂OH
CH₂OH HO——H C=O HO——H HO——CH₂OH H——OH CH₂OH	CH₂OH HO——H C=O H——OH HO——CH₂OH H——OH CH₂OH	CH₂OH HO——H C=O HO——H HOH₂C——OH H——OH CH₂OH	CH₂OH HO——H C=O H——OH HOH₂C——OH H——OH CH₂OH
CH₂OH C=O HO——CH₂OH HO——CH₂OH H——OH CH₂OH	CH₂OH C=O HOH₂C——OH HO——CH₂OH H——OH CH₂OH	CH₂OH C=O HO——CH₂OH HOH₂C——OH H——OH CH₂OH	CH₂OH C=O HOH₂C——OH HOH₂C——OH H——OH CH₂OH
CH₂OH HO——H HO——CHO HOH₂C——OH H——OH CH₂OH	CH₂OH HO——H OHC——OH HOH₂C——OH H——OH CH₂OH	CH₂OH HO——H HO——CHO HO——CH₂OH H——OH CH₂OH	CH₂OH HO——H OHC——OH HO——CH₂OH H——OH CH₂OH

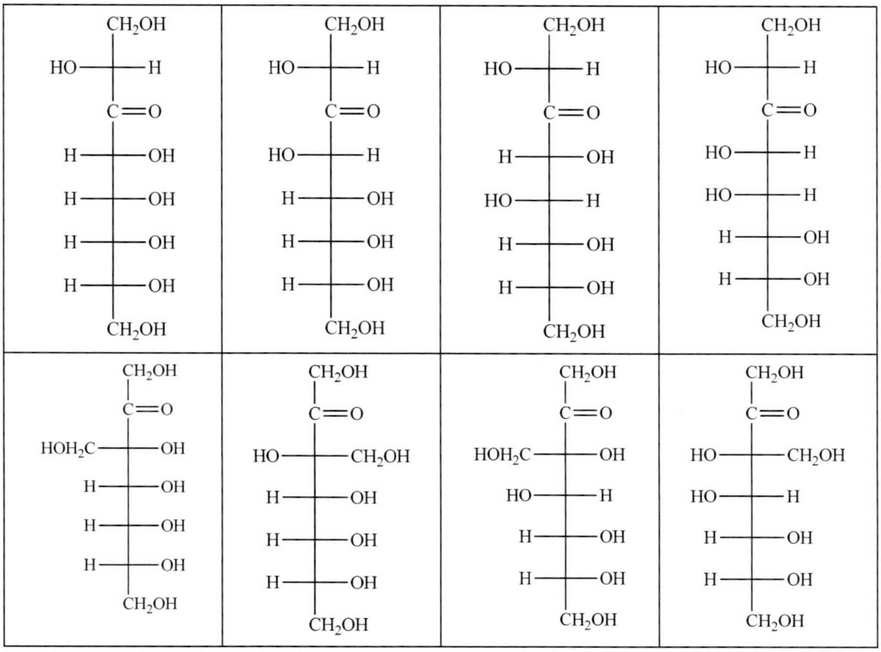

CH₂OH HO——H C=O H——OH H——OH H——OH H——OH CH₂OH	CH₂OH HO——H C=O HO——H H——OH H——OH H——OH CH₂OH	CH₂OH HO——H C=O H——OH HO——H H——OH H——OH CH₂OH	CH₂OH HO——H C=O HO——H HO——H H——OH H——OH CH₂OH
CH₂OH C=O HOH₂C——OH H——OH H——OH H——OH CH₂OH	CH₂OH C=O HO——CH₂OH H——OH H——OH H——OH CH₂OH	CH₂OH C=O HOH₂C——OH HO——H H——OH H——OH CH₂OH	CH₂OH C=O HO——CH₂OH HO——H H——OH H——OH CH₂OH

19.

a) 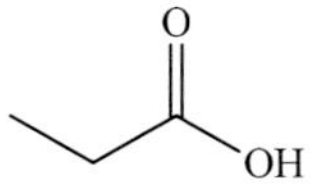	b) 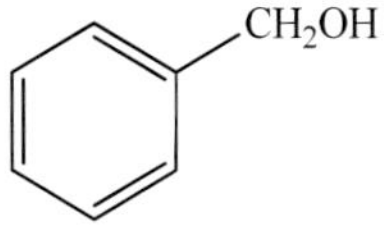
	CH₂OH
c) 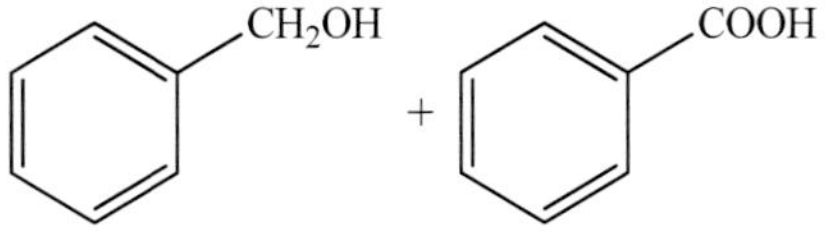	**d)** 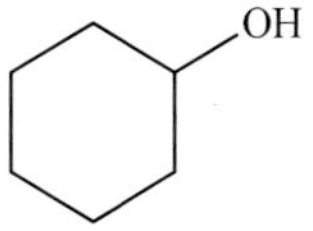
CH₂OH + COOH	OH
e)	**f)**
LiAlH₄ o NaBH₄	No reacciona
g) 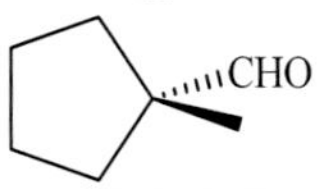	**h)** 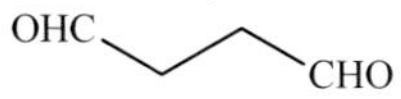
ɯCHO	OHC CHO
i) 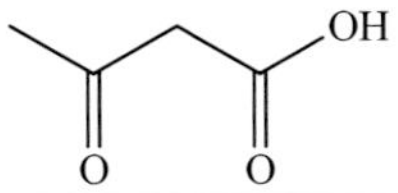	**j)** 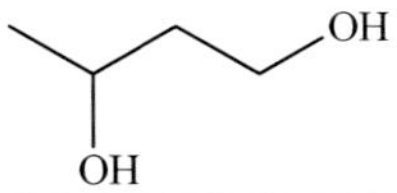
OH	OH

181

20. El compuesto problema es 3-pentanona H_3C-CH_2-CO-CH_2-CH_3

21. a)   2-butenal

   b)   2,2-propanodiol

   c)   1-ciano-1-propanol

   d) $(CH_3)_3C$-CH=CH-CO-CH_3 + H_3C-CO-CH=$C(CH_3)_2$

   e)   ácido acético + NH_3 + Ag↓

   f)   ácido benzoico + CHI_3

   g)   acetonoxima $(CH_3)_2C$=N-OH

   h)

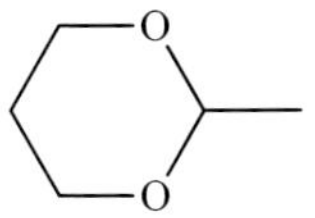

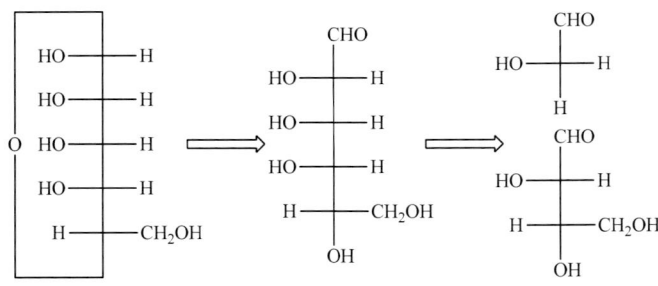

   i)

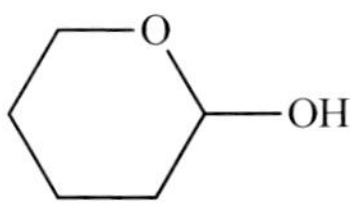

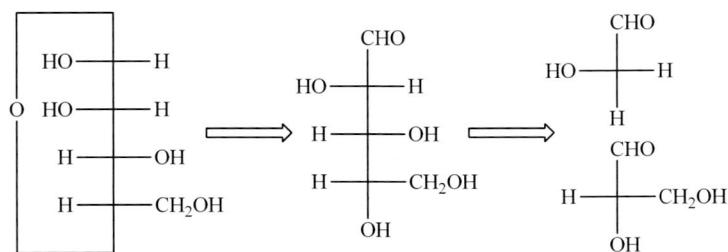

   j)   2,2-dimetilpropanol y ácido 2,2-dimetilpropanoico

22. Figura (a)

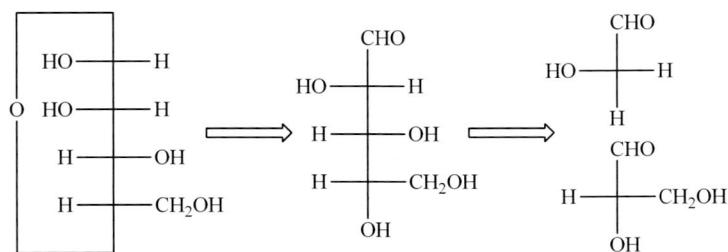

Figura (b)

23.

a) acetona y 3,3-dimetilbutanona	b) propanal y ciclohexilmetilcetona
c) 5-oxohexanal 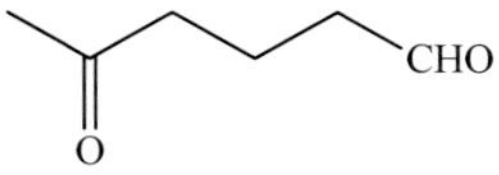	d) el siguiente compuesto 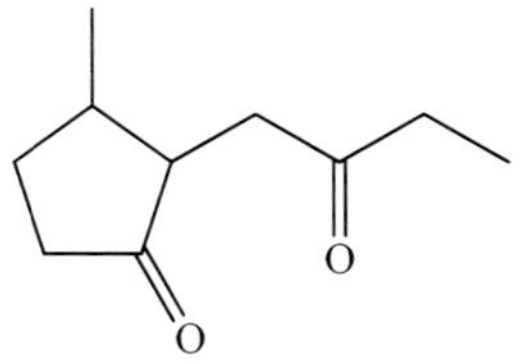

24.

A 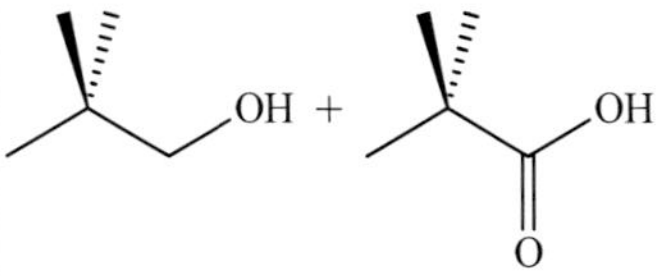	B 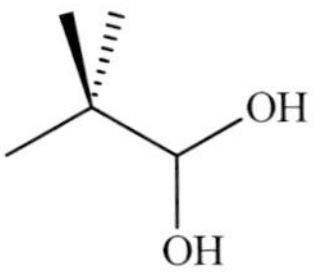	C 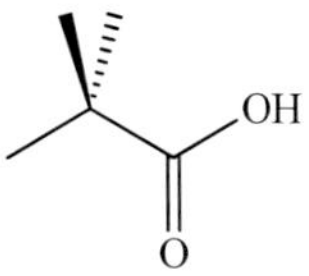
D 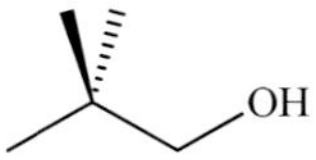	E 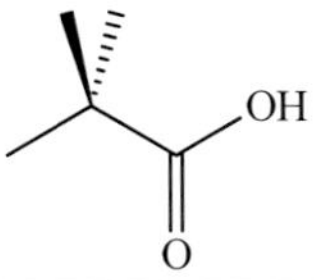 + HCl_3↓	F 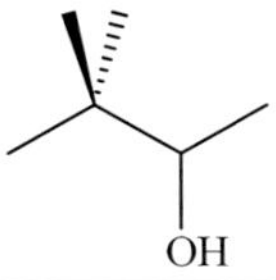
G 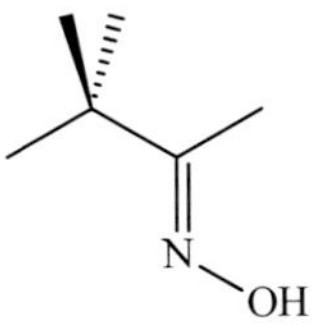	H 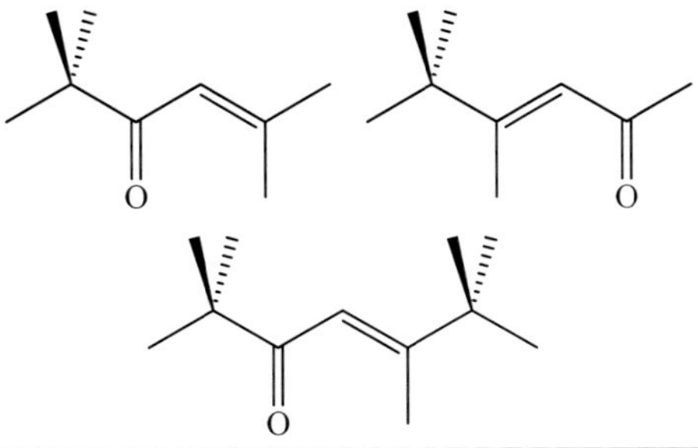	
I No reacciona	J 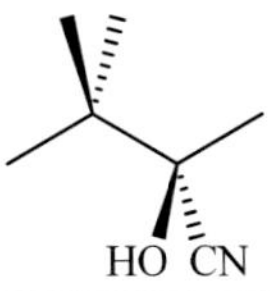	K 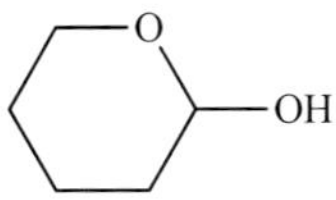

25.

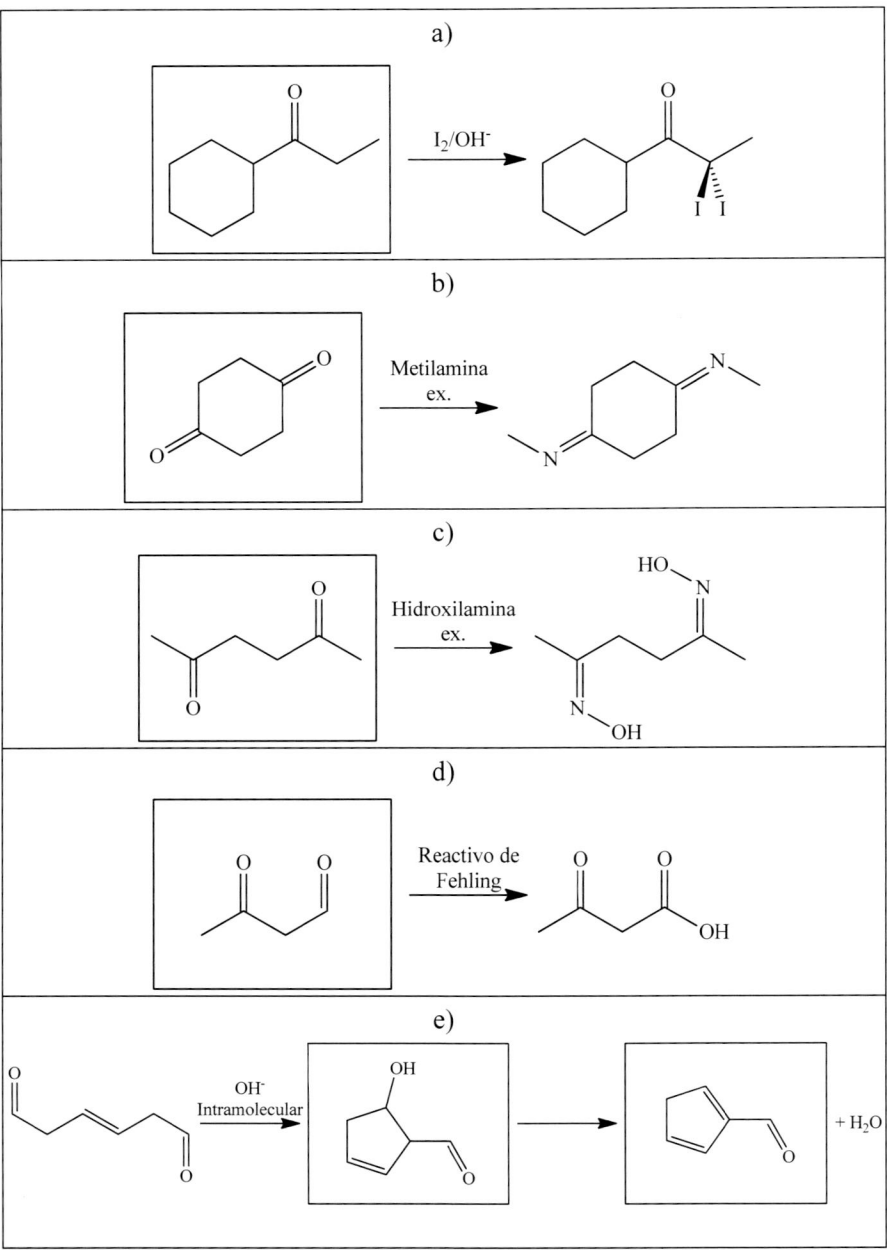

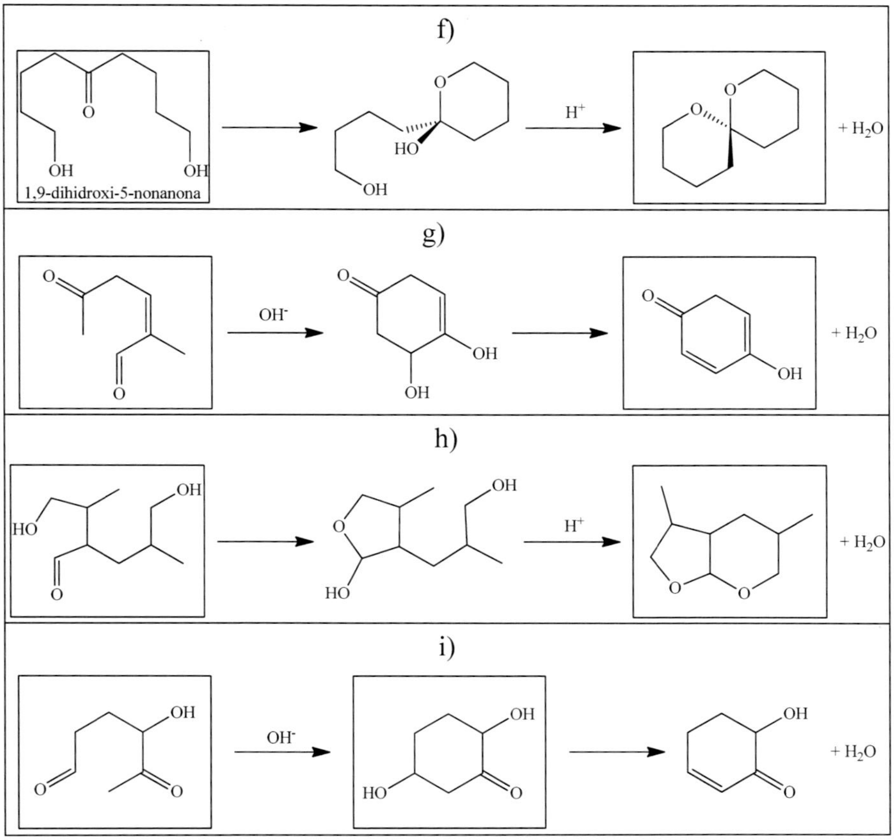

f)
1,9-dihidroxi-5-nonanona
H⁺
+ H₂O
g)
OH⁻
+ H₂O
h)
H⁺
+ H₂O
i)
OH⁻
+ H₂O

26. a)

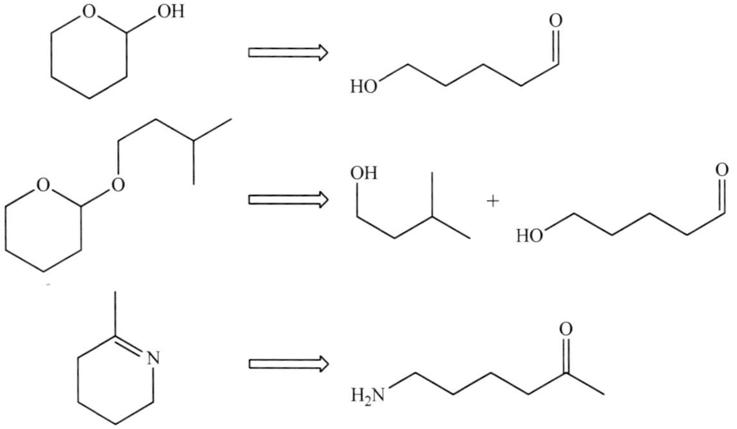

b) El único carbonilo que reacciona con el reactivo de Tollens es el aldehído de partida en los dos primeros apartados. El producto es el correspondiente ácido carboxílico (ácido 5-hidroxipentanoico).

c) El compuesto de partida puede dar lugar a dos productos de condensación aldólica intramolecular, uno con un anillo de 6 átomos y el otro con un anillo de 4 (ver figura). El mayoritario es el de 6, debido a la menor tensión angular.

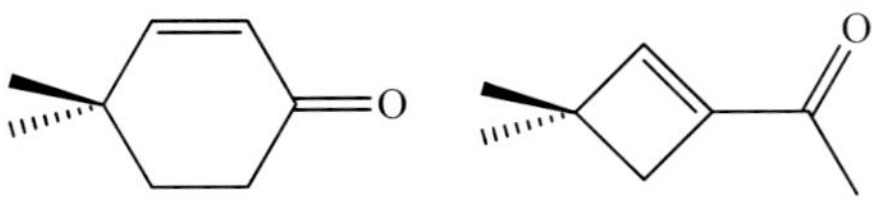

d) En este caso, el producto es el aldol, y en la reacción intermolecular, se obtienen un total de cuatro combinaciones posibles:

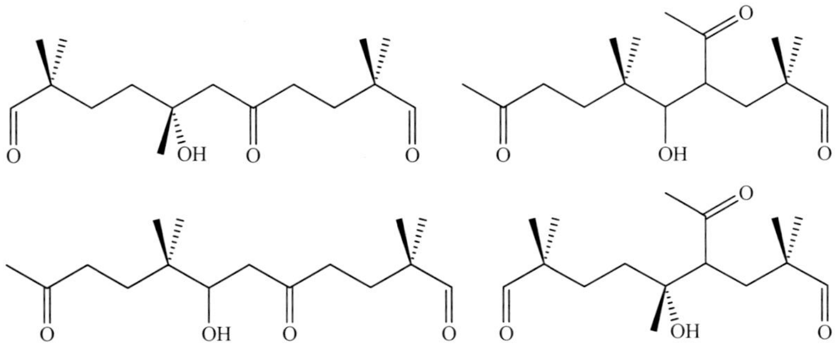

27.

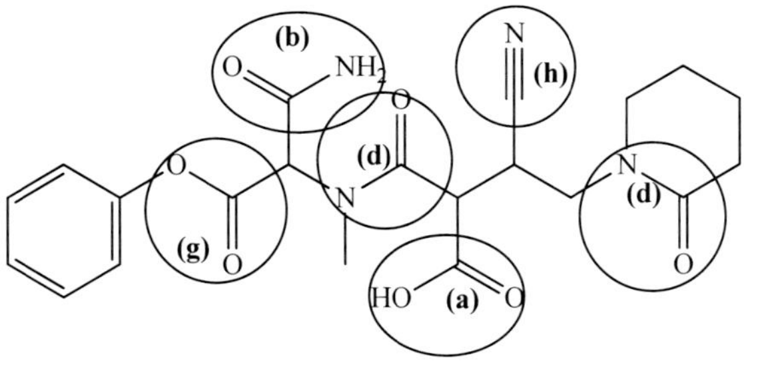

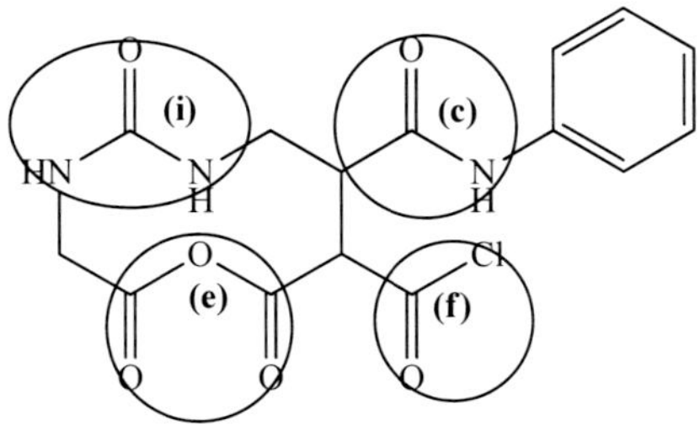

28. a) ácido acético

b) ácido 2-cloropropanoico

c) ácido benzoico

29. a) ácido butanoico   b) ácido 2-cloropropanoico

c) ácido tricloroacético   d) ácido *m*-nitrobenzoico

e) ácido benzoico   f) ácido *o*-hidroxibenzoico (salicílico)

30.

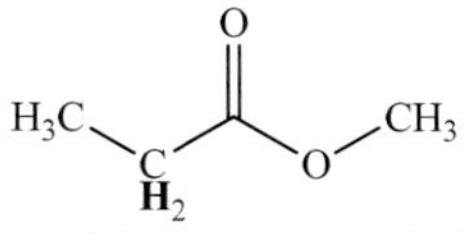

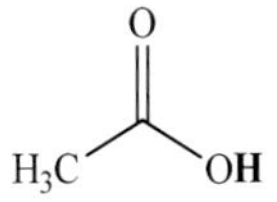

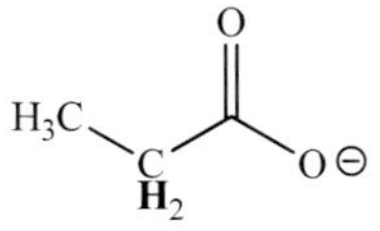

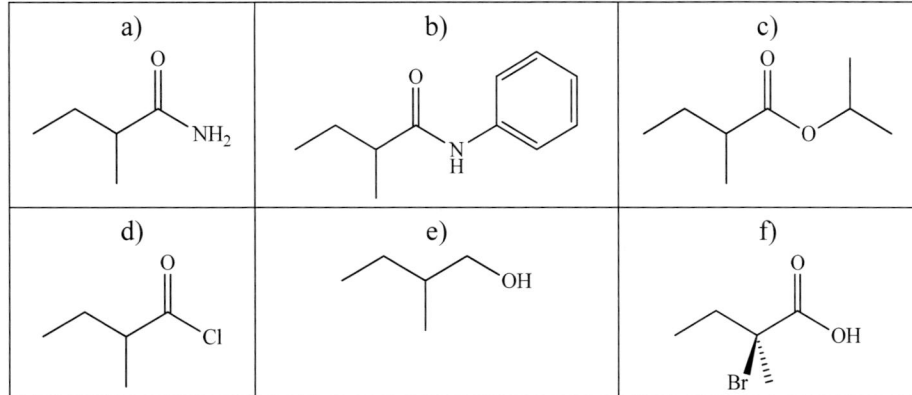

31. a)   propanoico   2-cloropropanoico   3-cloropropanoico
$K_a = 1,38 \cdot 10^{-5}$ $pK_a = 2,8$ $pK_a = 4,10$

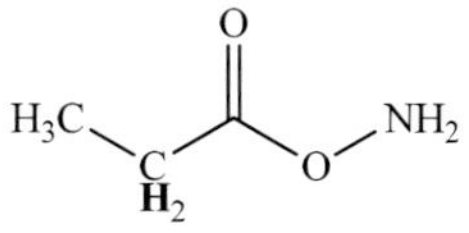

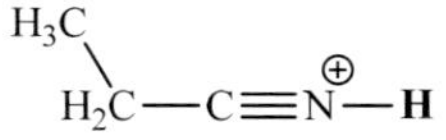

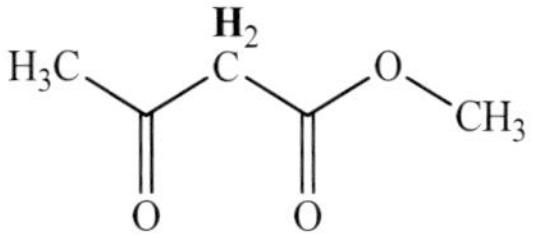

b)   3-fluoropropanoico   3-bromopropanoico   3-cloropropanoico
$pK_a = 4,02$ $pK_a = 4,36$ $K_a = 7,94 \cdot 10^{-5}$

c)   benzoico   *orto*-clorobenzoico   *para*-clorobenzoico
$K_a = 6,31 \cdot 10^{-5}$ $pK_a = 2,92$ $K_a = 1,07 \cdot 10^{-4}$

d)   benzoico   *para*-metilbenzoico   *meta*-nitrobenzoico
$pK_a = 4,20$ $K_a = 4,17 \cdot 10^{-5}$ $K_a = 3,23 \cdot 10^{-4}$

32.

33. (c) > (a) > (b) > (d) > (e) > (f)

34.

a) El haluro	b) El éster	c) El ácido	d) El 2°	e) El 1°
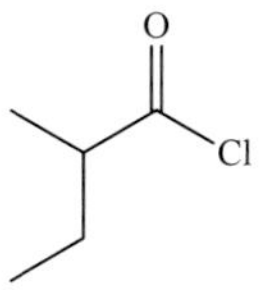	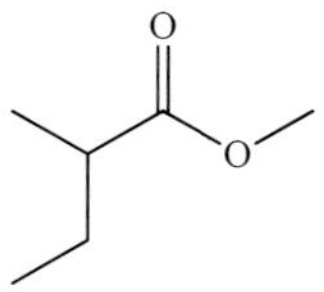	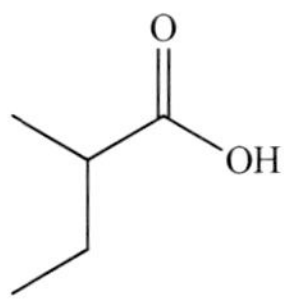	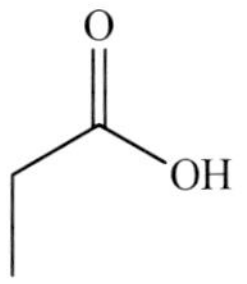	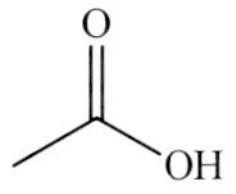

35. a) fenol   b) H_2O/H^+ c) dietilamina

     d) Reductor $LiAlH_4$ e) 1 H_2O/H^+; 2 Br_2/P f) 1 $LiAlH_4$; 2 HBr

36. a)

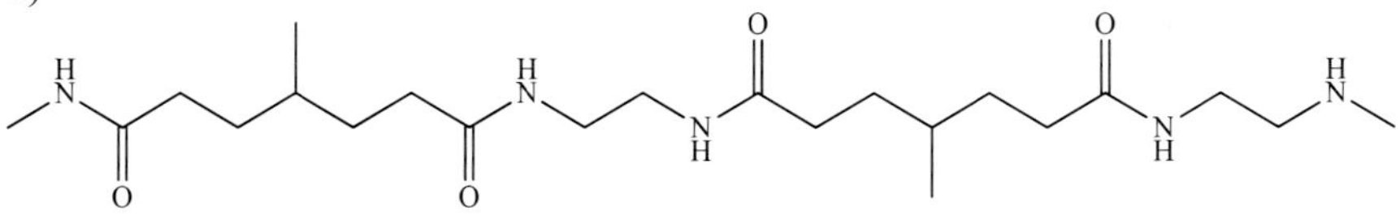

b)

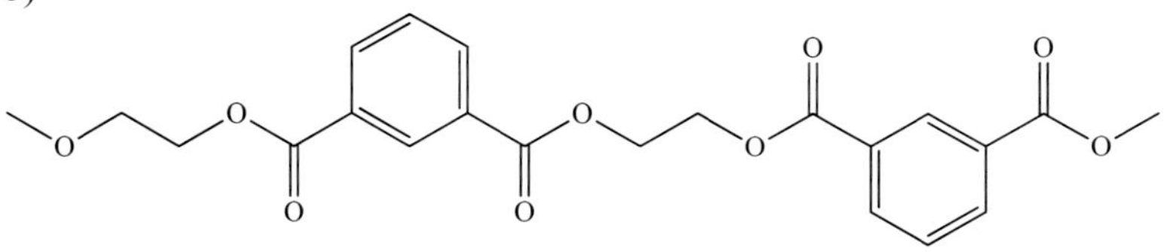

c) Nylon 6,6

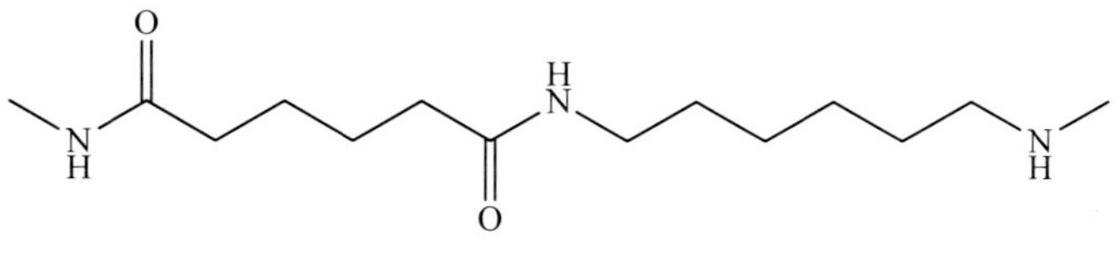

d) polietilenterftalato (PET)

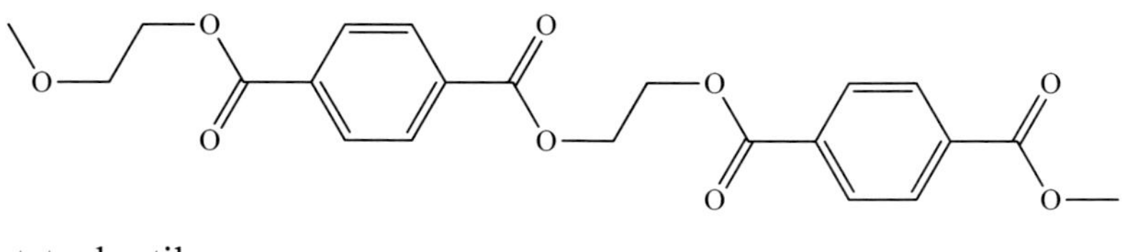

37. a)   acetato de etilo

     b)   cloruro de acetilo + $SO_2\uparrow$ + HCl

     c)   benzoato de etilo (transesterificación)

     d)   2-buten-1-ol $CH_3-CH=CH-CH_2OH$

     e)   1-butanol $CH_3-CH_2-CH_2-CH_2OH$

f) ácido 2-cloro-2-metilpropanoico

g) ácido 2,2-dicloropropanoico (herbicida dalapón)

h) poliéster: -O-CH₂-CH₂-CH₂-O-CO-CH₂-CH₂-CO-O-CH₂-CH₂-CH₂-O-CO-CH₂-CH₂-CO-O-

i) poliamida: -NH-CH₂-CH₂-NH-CO-CH₂-CH₂-CH₂-CO-NH-CH₂-CH₂-NH-CO-CH₂-CH₂-CH₂-CO-

38. a)

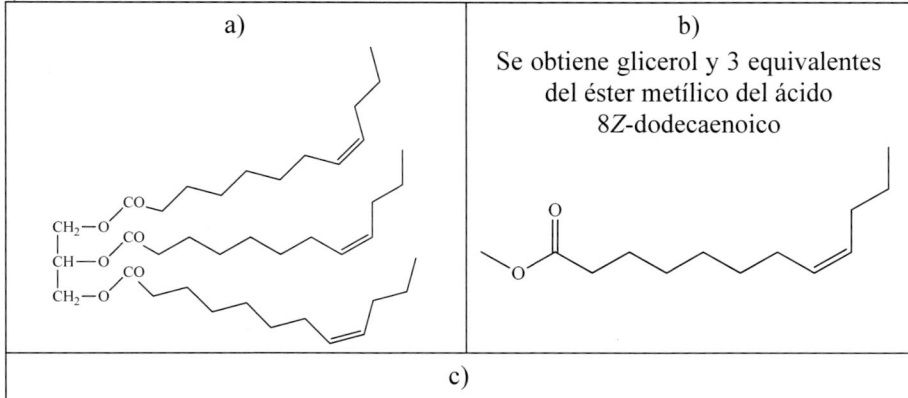

b) Las amidas no se comportan como bases de Lewis porque el par de electrones no enlazantes del átomo de N no está disponible para ceder, sino que se encuentra deslocalizado por todo el grupo funcional, tal como se puede apreciar en las formas resonantes. Los pares de electrones del átomo de O no muestran tampoco tendencia a su cesión a un ácido de Lewis.

c) El enlace C-N no tiene permitido el libre giro porque no se trata de un enlace sencillo, sino que tiene cierto carácter de enlace doble, tal como se aprecia.

39. a)

a)	b)
	Se obtiene glicerol y 3 equivalentes del éster metílico del ácido 8Z-dodecaenoico

c)

Se fundirá antes la grasa que contiene el ácido 8Z-dodecaenoico, ya que es un ácido graso insaturado con configuración Z en el doble enlace, de modo que la cadena está doblada, mientras que en el ácido graso saturado las cadenas son rectilíneas (ver figura), de modo que la temperatura de fusión de la grasa saturada es mayor que la de la grasa insaturada.

40.

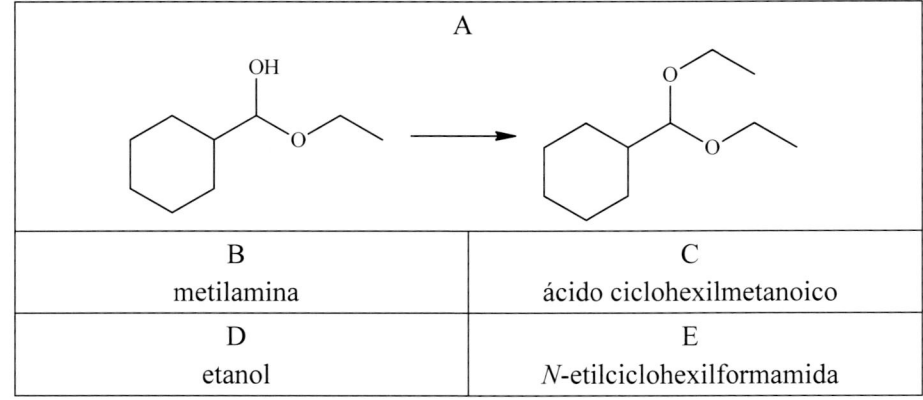

B	C
metilamina	ácido ciclohexilmetanoico
D	E
etanol	*N*-etilciclohexilformamida

41. a)

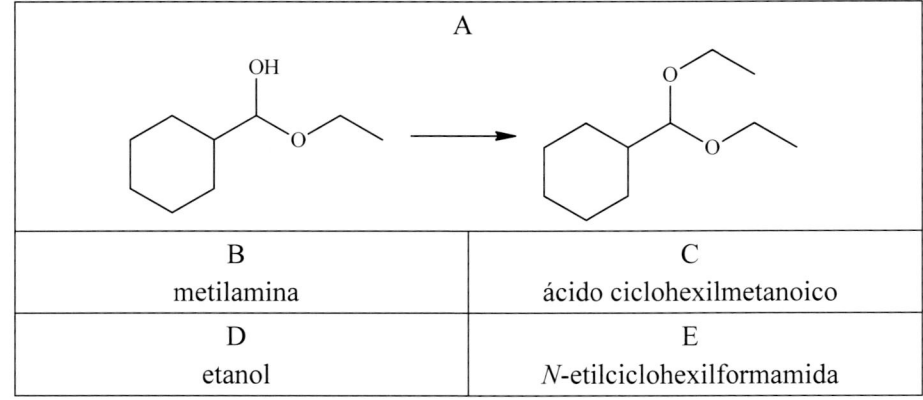

b)

c)

42. a)

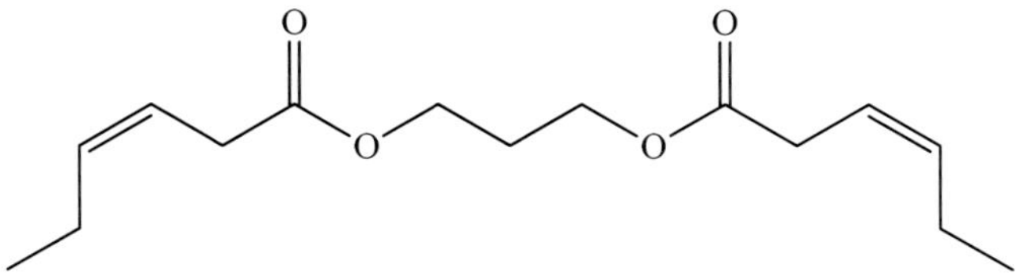

b) 1,3-propanodiol y dos equivalentes de 3*Z*-hexenoato de isopropilo

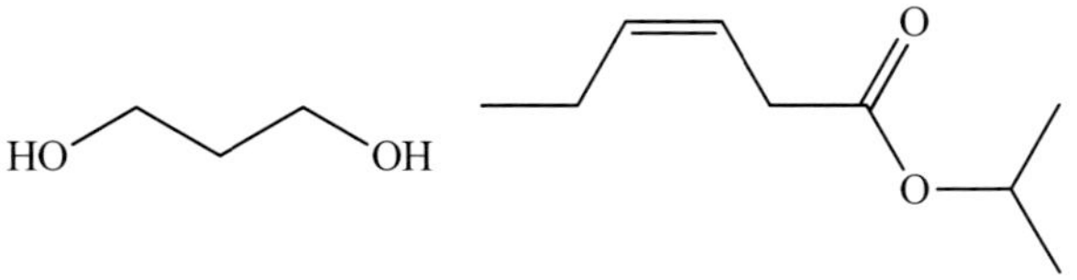

c) El polímero en cuestión se trata de una poliamida. A continuación se detalla la fórmula de esqueleto de un monómero completo. El polímero consiste en la repetición muchas veces de dicho monómero.

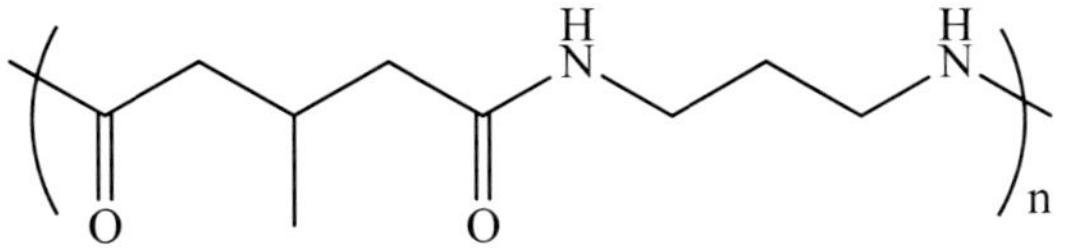

Para que la polimerización se lleve a cabo en condiciones más suaves, se parte de un derivado de ácido más reactivo que el ácido carboxílico, por ejemplo, el haluro de acilo (dicloruro de 3-metilpentanodioilo).

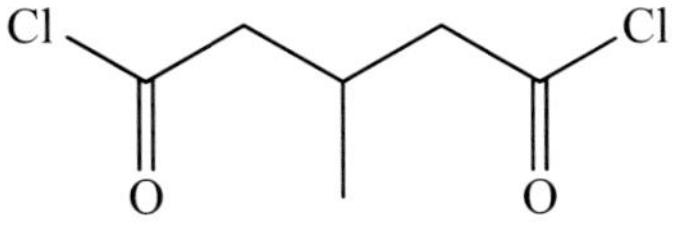

6
Ejercicios y actividades de autoevaluación

Introducción

El último capítulo de la presente obra consiste en una colección de ejercicios y cuestiones que abarcan todas las temáticas de los capítulos anteriores, y que sirven al estudiante para afianzar todo lo aprendido y establecer una autoevaluación. Los ejercicios no están agrupados por diferentes temáticas, si bien el orden de aparición de los mismos es el mismo que en el resto del libro. En general, cada ejercicio corresponde a los conceptos tratados en un único capítulo, si bien en muchos casos se han de interrelacionar ideas tratadas en varios capítulos, sobre todo en ejercicios de los temas de descriptiva que emplean conceptos de los dos primeros temas.

Los objetivos de aprendizaje son, por un lado, afianzar todo lo que se ha asimilado en los capítulos anteriores, y por otro, establecer una autoevaluación que permita al estudiante estimar qué grado de aprendizaje ha alcanzado, así como detectar qué conceptos requieren una dedicación adicional.

Ejercicios y cuestiones

1. Dibujar la estructura de Lewis de la molécula de ácido fórmico o metanoico HCOOH, indicando:

   a) Los enlaces entre los átomos y los pares electrónicos no enlazantes.

   b) La hibridación de los átomos de O y de C.

   c) La estructura tridimensional aproximada de la molécula.

   Datos: Los números atómicos son: $H = 1$, $C = 6$, $O = 8$

2. Describir brevemente la relación entre la estructura molecular (enlaces químicos, geometría molecular, fuerzas intermoleculares, etc.) de una sustancia y la solubilidad de la misma en agua y en otros disolventes.

3. El metanol H_3COH es un ácido mucho más débil que el ácido fórmico HCOOH, si bien en ambos casos la acidez supone la ruptura de un enlace O-H. Explicar brevemente la razón de esta diferencia en comportamiento químico de ambas moléculas.

4. Dibujar la estructura de Lewis de la molécula del acetato de metilo (etanoato de metilo $H_3C\text{-}CO\text{-}O\text{-}CH_3$), indicando:

   a) Los enlaces entre los átomos y los pares electrónicos no enlazantes.

   b) La hibridación de los átomos de O y de C.

   c) La forma aproximada (ángulos enlace, etc.) de la molécula.

   Datos: Los números atómicos son: $H = 1$, $C = 6$, $O = 8$

5. El amoníaco NH_3, la amina alifática primaria metilamina $H_3C\text{-}NH_2$ y la amina aromática primaria anilina $C_6H_5\text{-}NH_2$ son bases de Brønsted, ya que aceptan un protón que se une al átomo de nitrógeno a través del par de electrones no compartido de éste. Los valores de pK_b para los tres compuestos son:

   NH_3: 4,74 $H_3C\text{-}NH_2$: 3,35 $C_6H_5\text{-}NH_2$: 9,38

   Explicar brevemente, en base al efecto inductivo y/o la resonancia:

   a) La razón de la diferencia entre el amoníaco y la amina primaria alifática.

   b) La razón de la diferencia entre la amina alifática y la aromática.

6. Sean las moléculas de etanol $H_3C\text{-}CH_2OH$, acetaldehído $H_3C\text{-}CHO$ y ácido acético $H_3C\text{-}COOH$.

   a) ¿Cuál de las tres tiene menor punto de ebullición?

   b) ¿Y cuál mayor?

   c) ¿Por qué el ácido acético es un ácido mucho más fuerte que el etanol?

   Justificar las respuestas.

7. Responder, justificando brevemente la respuesta, a las siguientes cuestiones sobre propiedades físicas de los compuestos orgánicos que se citan:

    a) etanol y 1-pentanol. ¿Cuál de los dos compuestos tiene mayor temperatura de ebullición?

    b) *cis*-2-buteno y *trans*-2-buteno. ¿Cuál de los dos compuestos tiene mayor temperatura de fusión?

    c) etanol y éter etílico. ¿Cuál de los dos compuestos es más soluble en agua?

    d) etanol y acetaldehído ¿Cuál de los dos compuestos tiene mayor temperatura de ebullición?

    e) diclorometano y butanona ¿Cuál de los dos compuestos es más soluble en agua?

8. Colocar los siguientes carbocationes en orden descendiente de estabilidad. Justificar la respuesta.

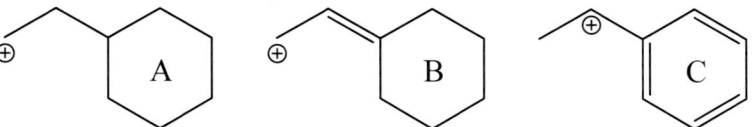

9. a) Ordenar los siguientes compuestos de acuerdo con su solubilidad en agua. Justificar brevemente la respuesta.

    etano   metanol   clorometano

    b) Ordenar los siguientes compuestos de acuerdo con su temperatura de ebullición. Justificar brevemente la respuesta.

    2-metil-butano   n-pentano   2,2-dimetil-propano

10. Para la siguiente especie química, escribir una estructura de resonancia adicional indicando cuál de las dos contribuye más al híbrido de resonancia.

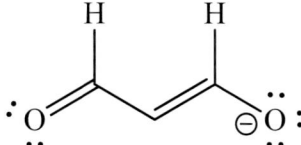

11. En las siguientes cuestiones, señalar la opción más correcta de entre las cuatro posibilidades:

    a) ¿Qué fuerzas intermoleculares predominan en la molécula de propanona?

        1) Los puentes de hidrógeno.

        2) Las fuerzas de dispersión de London.

        3) Las interacciones dipolo-dipolo.

        4) El enlace covalente.

b) El orden de estabilidad de los carbocationes es el siguiente:

1) Primario > Secundario > Terciario.

2) Terciario > Secundario > Primario.

3) Bencílico > Terciario > Secundario > Primario.

4) Terciario > Secundario > Primario > Bencílico.

c) ¿Cuál de estas afirmaciones es incorrecta?

1) Una reacción concertada ocurre en una sola etapa.

2) El mecanismo de sustitución nucleofílica SN_1 es un ejemplo de reacción por etapas.

3) Algunos intermedios de reacción se pueden aislar y caracterizar.

4) En una reacción por etapas la etapa limitante de la velocidad es la que tiene menor energía de activación.

d) El efecto inductivo de tipo +I

1) Retira densidad electrónica a través de los enlaces.

2) Aumenta con la distancia.

3) Tiene efecto estabilizador sobre los carbocationes terciarios por efectos de resonancia.

4) Cede densidad electrónica a través de los enlaces de tipo sigma y lo presentan agrupaciones como los grupos alquilo.

12. a) Mostrar el movimiento de electrones que convierte A en B y B en C

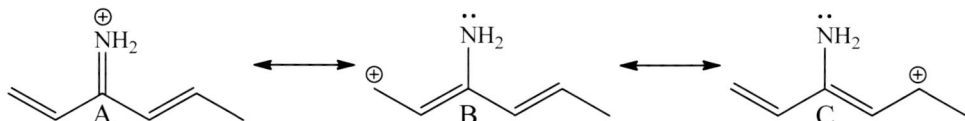

b) Escoger la estructura de resonancia que más contribuye al híbrido. Justificar la respuesta.

13. Dado el siguiente mecanismo de reacción indicar si son verdaderas o falsas las siguientes afirmaciones.

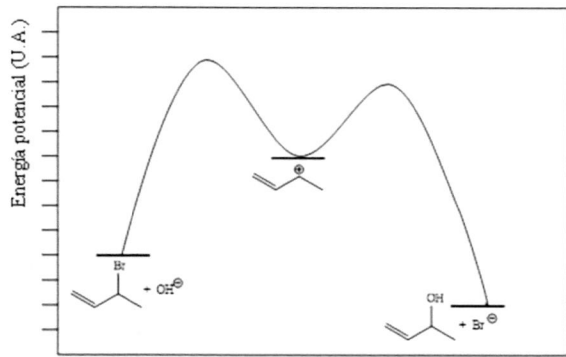

a) El mecanismo de reacción es concertado.

b) El estado de transición es un carbocatión.

c) El grupo hidroxilo actúa como nucleófilo.

d) La etapa limitante de la velocidad es la segunda.

e) El intermedio de reacción está estabilizado por efectos inductivos.

f) El intermedio de reacción está estabilizado por fenómenos de resonancia.

g) El intermedio de la reacción inversa es un carbanión.

h) La reacción es exotérmica.

i) El intermedio de reacción es un electrófilo.

j) El camino de reacción pasa por dos intermedios de reacción y un estado de transición.

14. En las dos formas canónicas A y B de la figura, indicar con flechas el movimiento de electrones que transforman la forma A en la B. Dibujar asimismo otras tres formas canónicas de la molécula, en las que solamente haya una carga positiva.

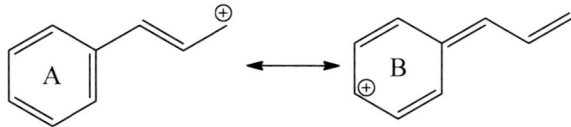

15. Ordenar de menor a mayor la estabilidad de los siguientes carbocationes. Justificar la respuesta:

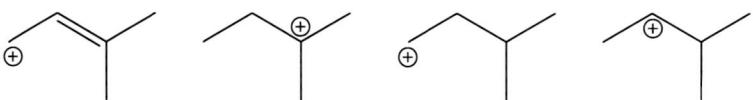

16. Dibujar tres formas resonantes para la siguiente estructura. Indicar con flechas el movimiento de electrones que ha transformado una en otra. Ordenar las cuatro formas canónicas A, B, C y D por orden creciente de contribución a la situación real.

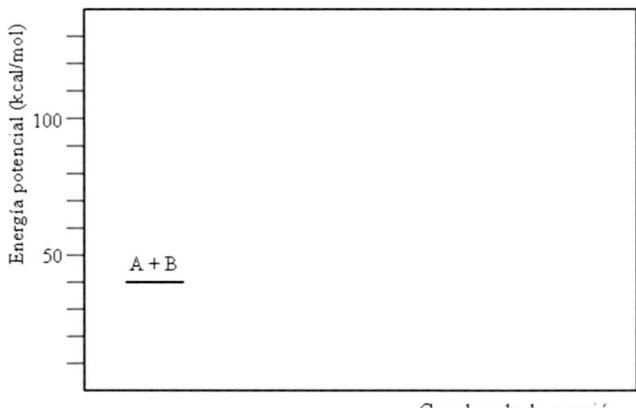

17. Ordenar las cuatro moléculas en orden creciente de acidez. Justificar la respuesta.

$$\underset{A}{\text{O}} \qquad \underset{B}{\qquad} \qquad \underset{C}{\qquad} \qquad \underset{D}{\text{Cl}}$$

18. Completar el siguiente diagrama de energía potencial vs. coordenada de reacción, a partir de los siguientes datos:

- La reacción química se lleva a cabo en dos etapas:
- Etapa 1) A + B → C   Etapa 2) C → D + E
- La energía de activación de la 1ª etapa es de 80 kcal/mol, y la de la 2ª de 30 kcal/mol
- El proceso elemental C → A + B tiene una energía de activación de 40 kcal/mol.
- La entalpía de la reacción es de –20 kcal/mol

19. En las siguientes moléculas, asignar la configuración E-Z a los compuestos con isomería geométrica y R-S a los centros quirales

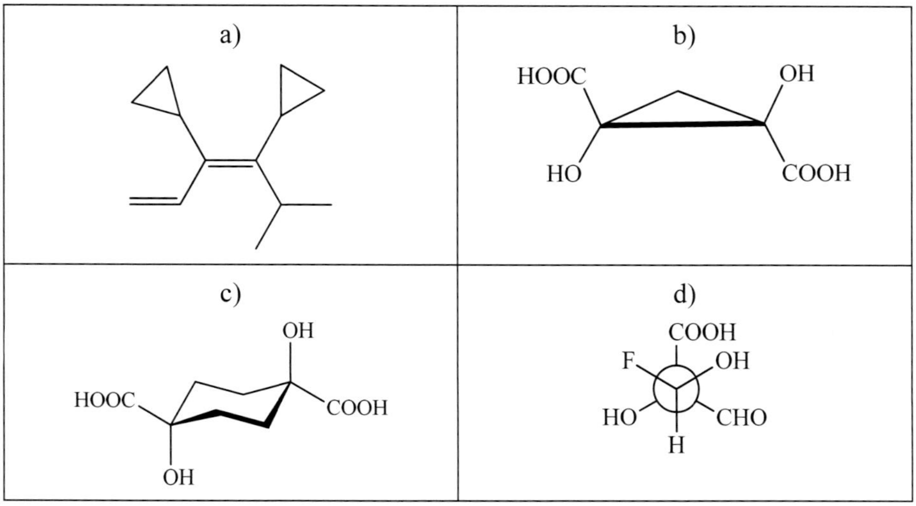

20. En los siguientes pares de confórmeros, indicar cuál de ellos es más estable. Justificar la respuesta.

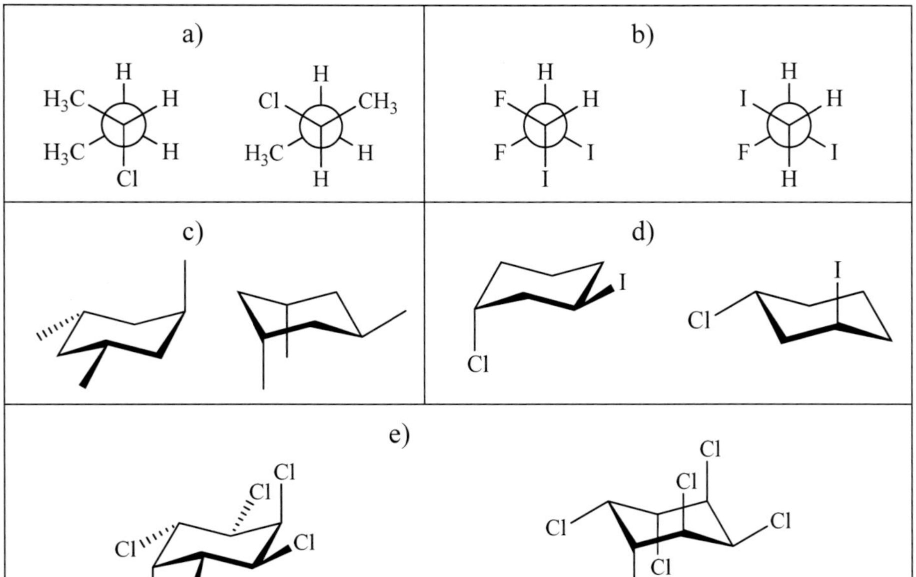

21. Asignar configuración R o S a los carbonos asimétricos de las siguientes moléculas (hay que recordar que muchos átomos de H no se representan para simplificar). ¿Cuáles de estas moléculas tienen actividad óptica y cuáles no?

a) 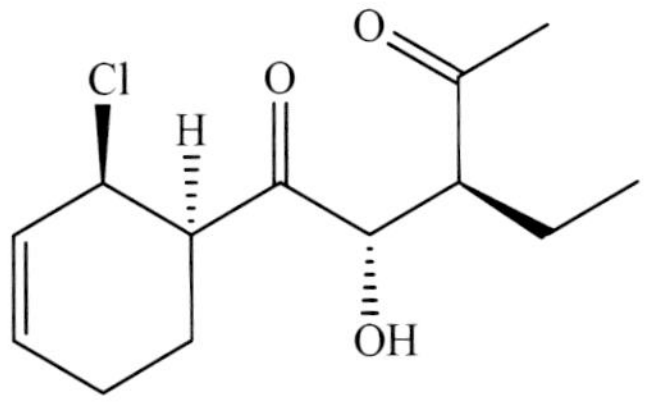	b) 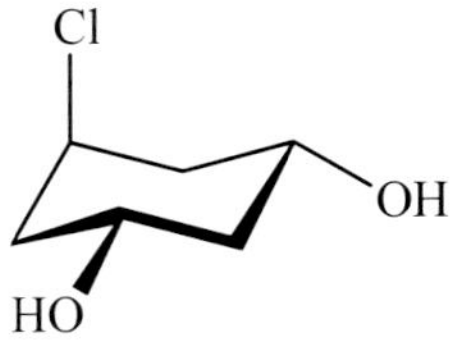
c) 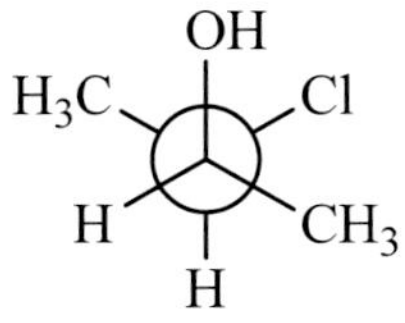	d) 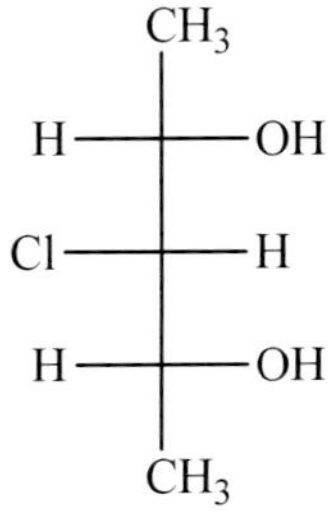

22. Dibujar las siguientes moléculas en proyección de Fischer, de modo que la cadena carbonada se sitúe en la dirección vertical de la proyección (recordar que muchos átomos de H no se representan para simplificar).

a) 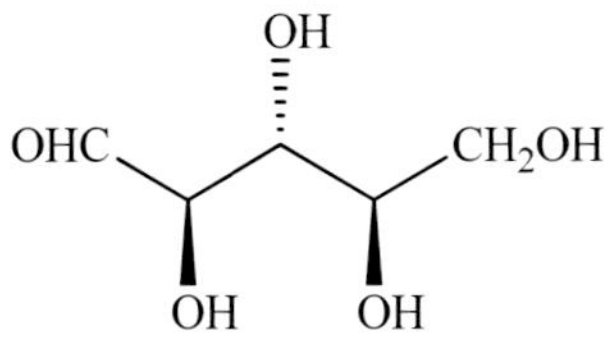	b) 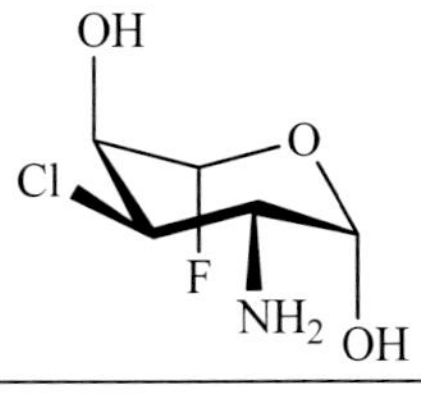
c) 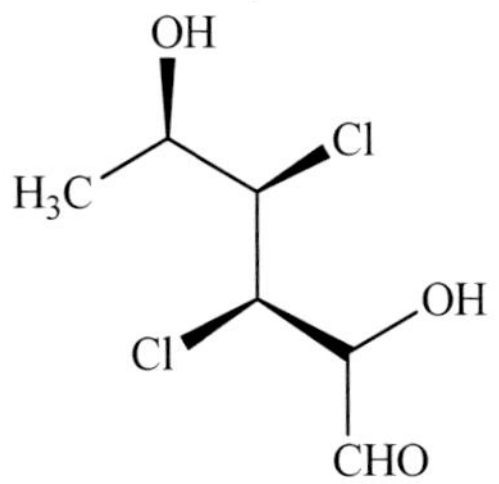	d) 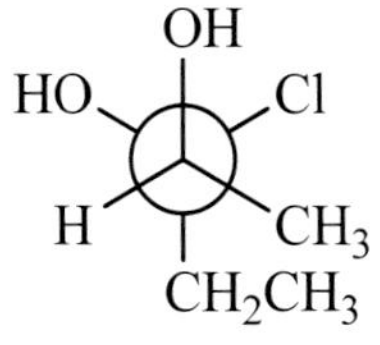

23. En la siguiente molécula, asignar configuración R o S a los carbonos asimétricos (recordar que muchos átomos de H no se dibujan para simplificar):

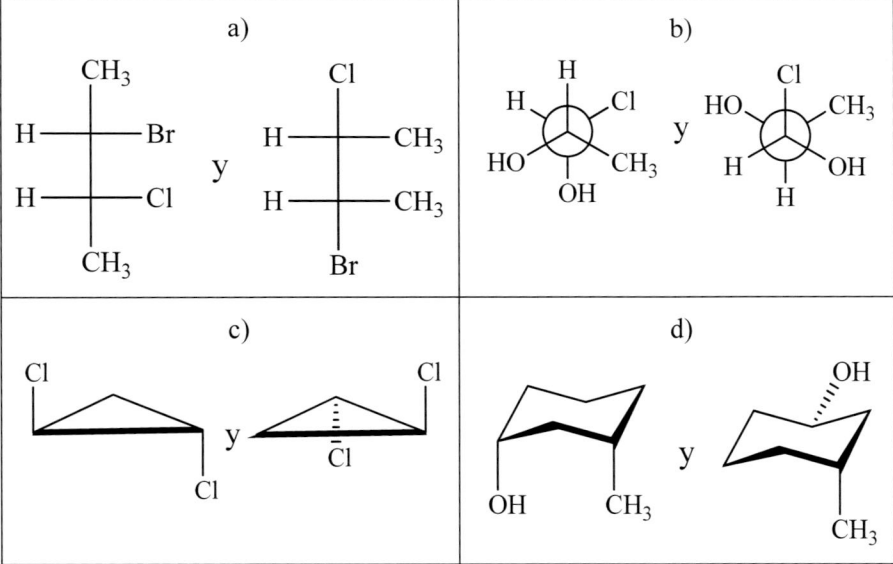

24. Identificar la relación entre los pares de moléculas representadas a continuación como enantiómeros, diastereoisómeros, isómeros geométricos, isómeros estructurales o idéntica molécula:

25. En las siguientes moléculas, asignar la configuración E-Z a los compuestos con isomería geométrica y R-S a los centros quirales. Indicar para cada molécula si tiene o no actividad óptica.

a)	b)	c)
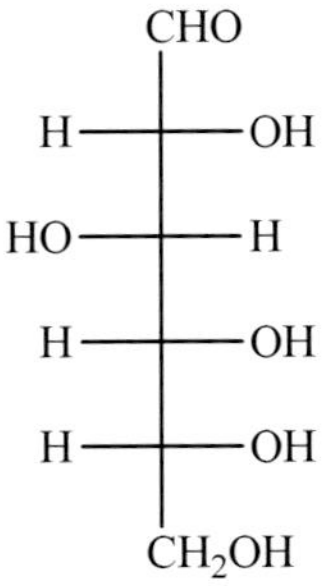	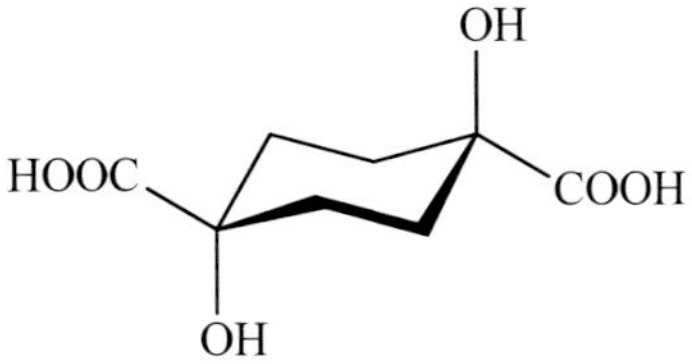	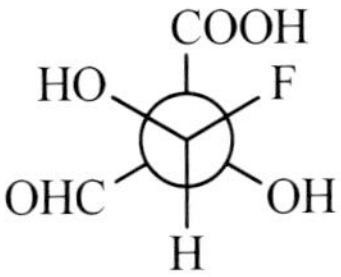
d)	e)	f)
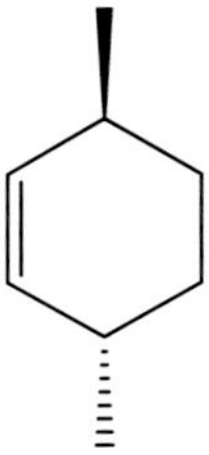	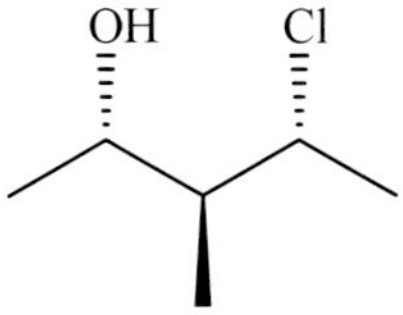	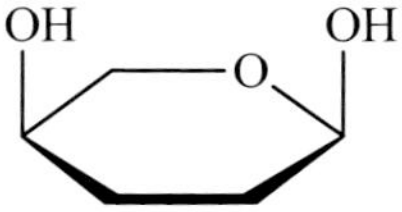

26. Indicar el nombre y la estereoquímica en las siguientes moléculas.

a)	b)
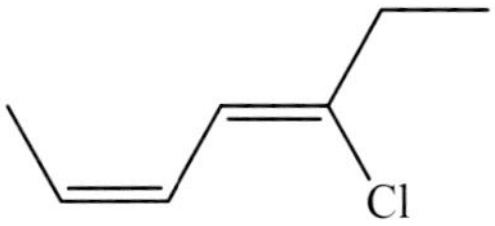	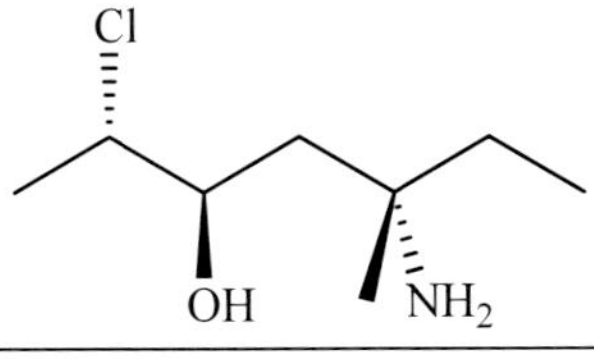
c)	d)
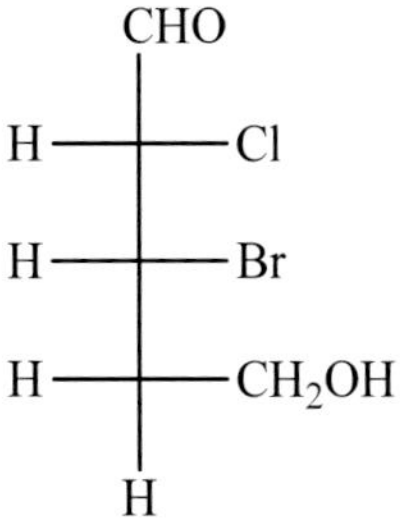	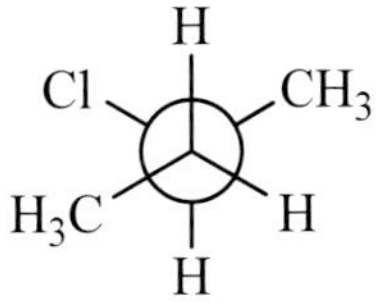

27. Indicar qué relación existe entre las siguientes moléculas (enantiómeros, diasteró-meros, isómeros geométricos, la misma molécula):

a)	b)
c)	d)

28. Dibujar la proyección de Newman del confórmero más estable del 2S 1-iodo-2-metil butano, sobre el enlace C_1-C_2 y poniendo el C_1 en la parte anterior. Dibujar asimismo el confórmero más inestable.

29. Dibujar la configuración silla (siempre en su conformación más estable) de todos los isómeros geométricos y ópticos de la molécula de 1,3-diclorociclohexano. Indicar cuáles de las estructuras dibujadas poseen actividad óptica y cuáles no. Hacer lo mismo con la molécula de 1,4-diclorociclohexano.

30. Dibujar los confórmeros de los dos isómeros geométricos del 1-iodo-3-metilci-clohexano y elegir el más estable, justificando la respuesta.

31. Completar el dibujo de manera que se obtenga la conformación más estable de silla del 1,2,3-trimetilciclohexano, con los tres sustituyentes metilo en posición relativa *cis-Z*. Realizar el mismo ejercicio, a partir del mismo dibujo, para el 1,2,4 trimetil-ciclohexano, también con los tres sustituyentes en posición relativa *cis-Z*.

32. Completar el dibujo de la silla de manera que se obtenga la conformación de silla más estable de la siguiente molécula:

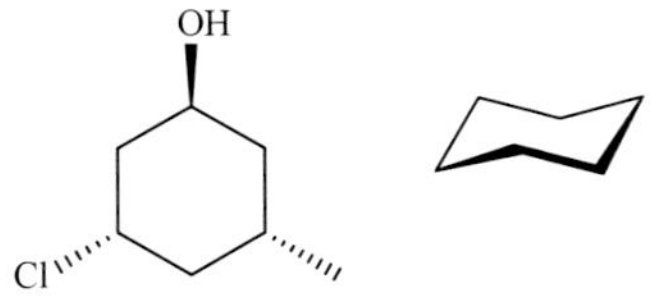

33. Para el siguiente ciclohexano trisustituído, dibujar las dos conformaciones de silla, indicando cuál será la más estable.

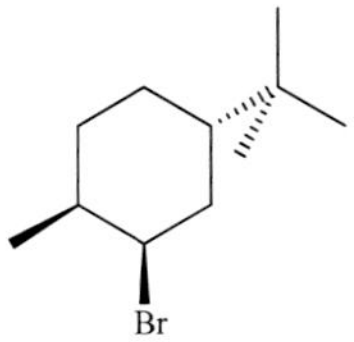

34. En base al mecanismo de la reacción, justificar por qué la adición de HCl al 1-buteno produce 2-clorobutano como producto mayoritario, obteniéndose muy poca cantidad de 1-clorobutano.

35. Indicar cuáles son las moléculas A-E en las siguientes transformaciones, detallando la estereoquímica cuando sea necesario.

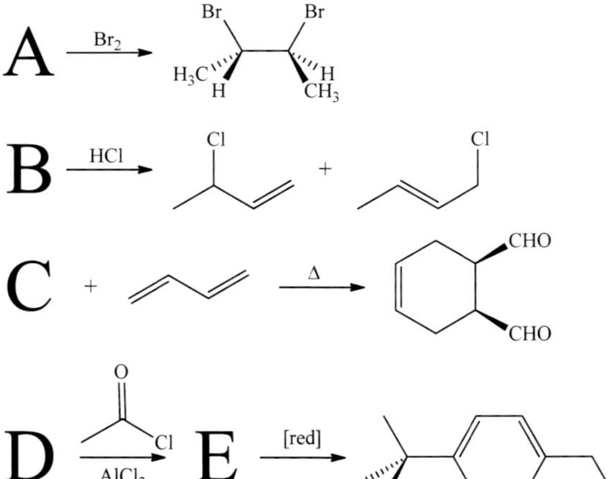

36. Para las diferentes reacciones de adición al doble enlace C=C (hidrogenación catalítica, dihalogenación, adición de haluro de hidrógeno y adición de agua en medio ácido), indicar cuáles de ellas son estereoespecíficas y/o regioselectivas, detallando de qué tipo de estereoespecificidad se trata en cada caso. Indicar el producto mayoritario que se obtiene, incluyendo estereoquímica, al llevar a cabo la bromación y la adición de agua en medio ácido sobre la molécula E-3-metil-3-hexeno.

37. Indicar qué producto principal se obtendrá en las siguientes reacciones químicas, detallando la estereoquímica cuando sea necesario:

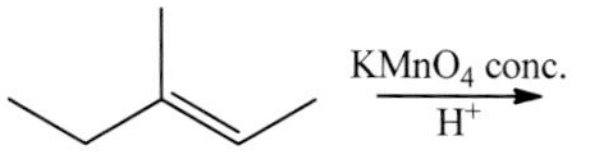

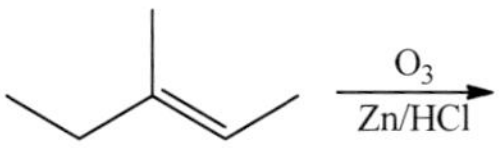

38. Se somete el *cis* 3,4-dimetil-3-hexeno a hidrogenación catalítica y a adición de Br_2.

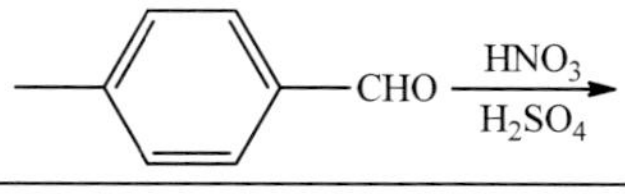

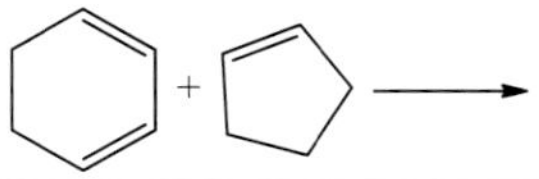

a) Clasificar cada una de las dos reacciones como *syn*, *anti* o no estereoespecífica.

b) Dibujar todos los productos de cada una de las dos reacciones, indicando su estructura tridimensional mediante la notación de líneas gruesas y líneas a trazos.

c) Indicar, para cada reacción, si en la mezcla final se obtiene uno de los enantiómeros, una forma meso o una mezcla racémica.

39. Indicar los productos A-E de las siguientes transformaciones, detallando la estereoquímica cuando sea necesario.

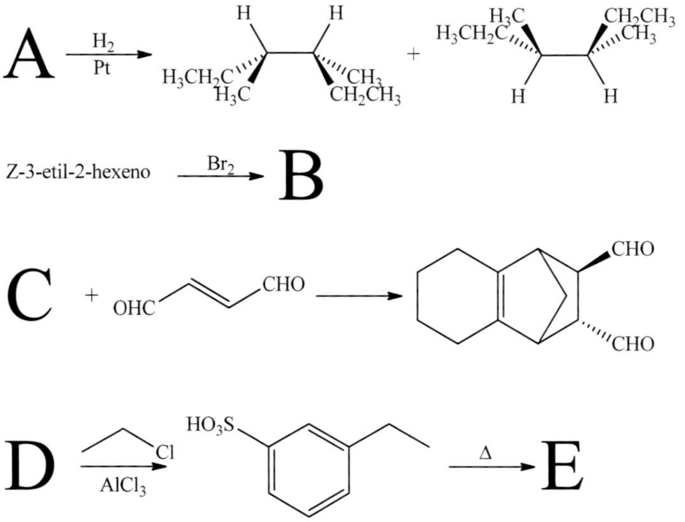

40. Indicar cuáles son los productos de partida de las siguientes reacciones:

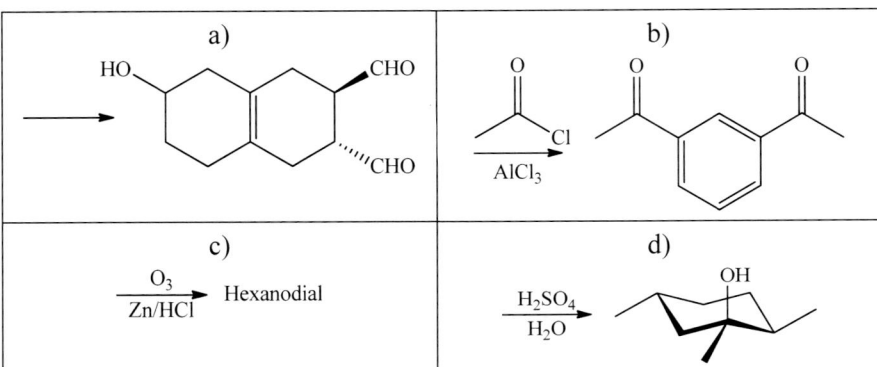

En la reacción (d), además del producto indicado, se forma otro en igual proporción. ¿Cuál es?

41. Dibujar la estructura de todos los estereoisómeros que se obtendrán al hacer reaccionar el Z-2-penteno con:

a) Br_2

b) H_2/Pt

42. El limoneno es un terpeno cuya estructura se muestra en la siguiente figura:

a)   El limoneno se puede obtener mediante la reacción de Diels-Alder. Indicar qué reactivos serían necesarios.

b)   Sabiendo que el R limoneno se encuentra en el aceite esencial de la corteza de los limones y el isómero S en el de las naranjas, deducir el aroma que tiene la molécula de limoneno dibujada.

c)   ¿Qué producto mayoritario se obtendrá al reaccionar el limoneno con HBr?

d)   Un terpeno de estructura similar al limoneno es el llamado γ-terpineno, cuyo nombre sistemático es 1-isopropil-4-metil-1,4-ciclohexadieno. Indicar cuál de las dos moléculas representadas es el γ-terpineno. Indicar asimismo las diferencias en cuanto a geometría molecular y reactividad química entre las dos moléculas:

e)   Indicar la estructura de todos los productos obtenidos en la ozonólisis del γ-terpineno.

43. La siguiente molécula se extrae del coral del género *Nephthea.* Deducir si se trata o no de un terpeno, y dibujar todos los productos que se obtienen por ozonólisis de la misma.

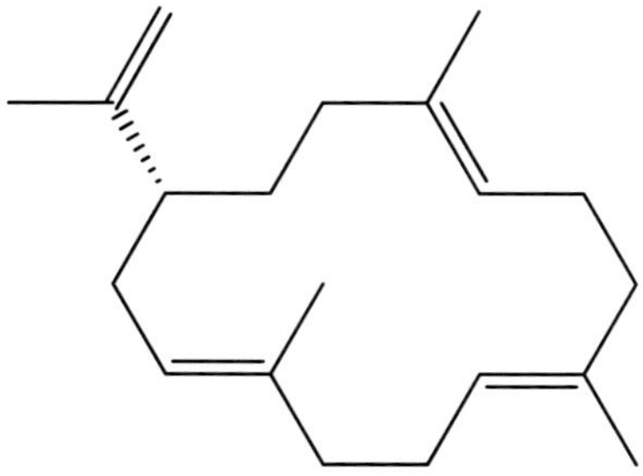

44. Indicar qué especies químicas son A, B y C en el siguiente esquema:

45. Un mol del compuesto **A** (C_6H_{10}) absorbe un mol de hidrógeno al tratarlo con H_2/Pd y se transforma en **B** (C_6H_{12}). Si **A** se trata con ozono y posteriormente con cinc en medio ácido diluido se obtiene el 5-oxohexanal. Determinar las estructuras de **A** y **B.**

46. Indicar qué reactivos han de reaccionar (reacción de Diels-Alder) para obtener la siguiente molécula. Si hay dos posibles soluciones, elegir la que da lugar a una reacción más favorecida.

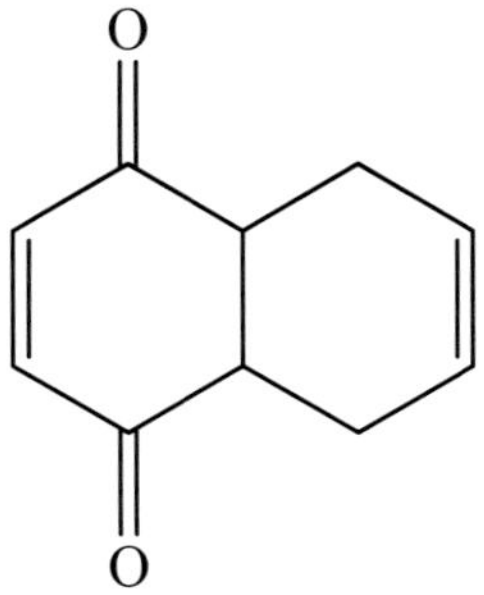

47. Completar el siguiente esquema de reacciones.

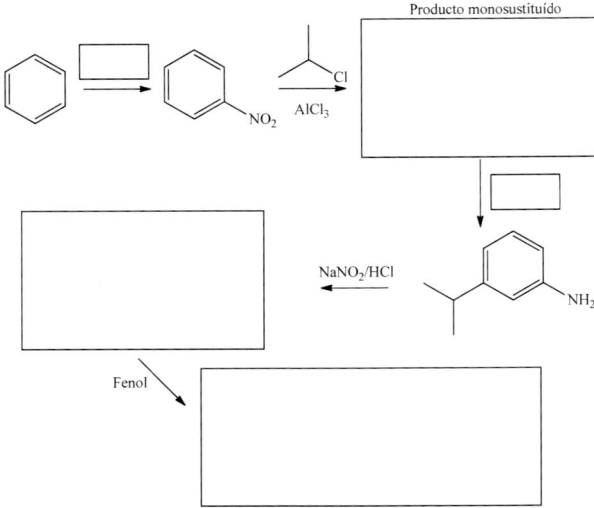

48. El propilbenceno se trata con mezcla sulfonítrica (HNO_3/H_2SO_4) obteniéndose un producto mayoritario A, que se transforma en el producto B por tratamiento con Cl_2 en presencia de $AlCl_3$. Finalmente, el producto B se somete a reducción empleando Zn en medio HCl, dando lugar a un producto C. Indicar las estructuras de los productos A, B y C.

49. Cada una de las siguientes reacciones se ha llevado a cabo bajo condiciones tales que ocurrieron disustitución o trisustitución. Identificar el producto orgánico principal en cada caso:

a) Nitración de ácido *p*-clorobenzoico (dinitración).

b) Bromación de anilina (tribromación).

c) Sulfonación de fenol (disulfonación).

50. Completar las siguientes reacciones:

51. La pirimidina es un heterociclo hexagonal de fórmula molecular $C_4H_4N_2$, y el imidazol es un heterociclo pentagonal de fórmula molecular $C_3H_4N_2$ (en ambos casos, los dos átomos de nitrógeno tienen posiciones 1,3).

    a)   En ambas moléculas ¿alguno de los átomos de nitrógeno tiene comportamiento de base de Lewis? Señalarlos.

    b)   ¿Cuál de los dos compuestos tendrá mayor carácter de anillo aromático? Justificar la respuesta.

    c)   ¿Por qué, desde el punto de vista de la bioquímica, la pirimidina resulta mucho más importante que el imidazol?

52. Los dos compuestos heterocíclicos de mayor importancia bioquímica son un heterociclo hexagonal de fórmula molecular $C_4H_4N_2$ y un heterociclo de dos anillos condensados de fórmula molecular $C_5H_4N_4$.

    a)   Dibujar su estructura y nombrarlos.

    b)   Indicar, en las dos moléculas, qué pares de electrones no compartidos forman parte del sistema π aromático, y qué pares de electrones no compartidos están disponibles para su cesión a un ácido de Lewis.

53. En la siguiente molécula, señalar los átomos de nitrógeno que se pueden protonar.

54. El 1*e*-bromo-2*e*,5*e*-dimetilciclohexano reacciona con metóxido sódico, dando lugar a un único producto de eliminación bimolecular A. No obstante, el isómero 1*e*-bromo-2*a*,5*e*-dimetilciclohexano da lugar a dos productos A' (diasterómero de A) y B. En base a dibujar las conformaciones silla de ambos reactivos, indicar cuáles son los productos A, A' y B, y cuál de los dos productos se obtiene mayoritariamente a partir del reactivo 1*e*-bromo-2*a*,5*e*-dimetilciclohexano.

55. Dibujar, detallando la estereoquímica en los casos en que sea necesario, el producto mayoritario que se obtendrá en cada una de las siguientes reacciones químicas.

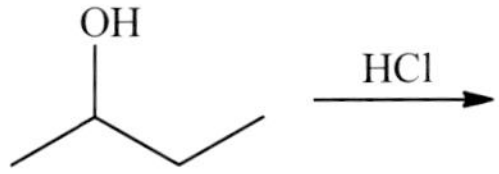

56. El R-2-clorobutano reacciona lentamente con agua en un disolvente adecuado, generándose un alcohol. Cuando la reacción ha terminado, se observa que el producto resultante no tiene actividad óptica.

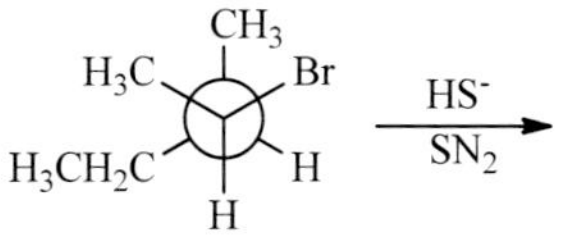

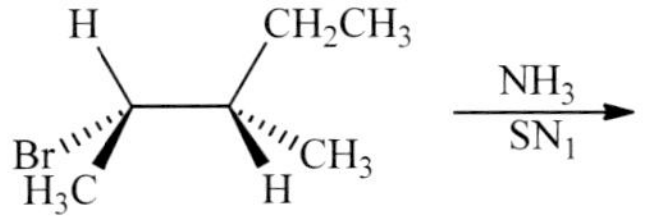

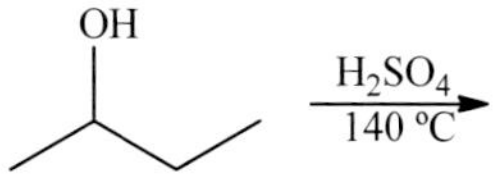

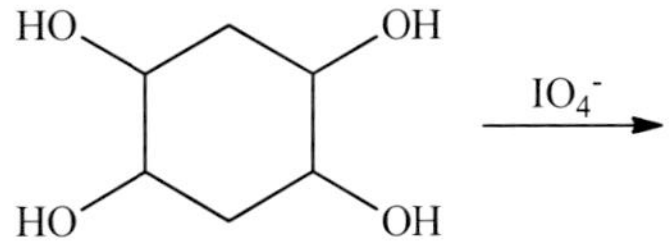

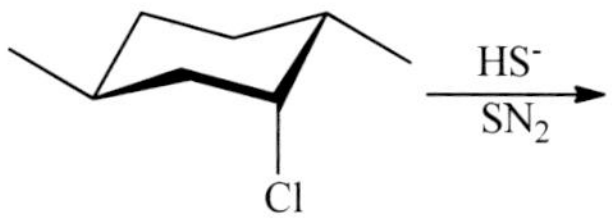

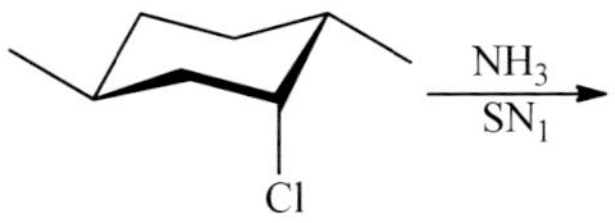

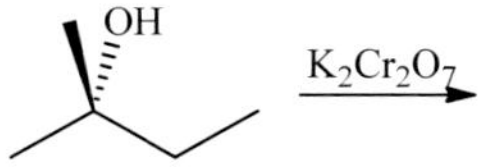

a) ¿Qué tipo de reacción, típica de los haluros de alquilo, ha tenido lugar? Justificar la respuesta en base a los datos del enunciado, y dibujar la estructura del producto obtenido.

b) Si la reacción se lleva a cabo en presencia de amoníaco, se obtiene, además del alcohol, otro producto. Indicar de qué producto se trata.

c) Si la reacción se lleva a cabo en medio alcalino (NaOH), se obtienen, además del alcohol señalado, otros productos que no son alcoholes. Indicar la estructura y estereoquímica del subproducto que se obtiene en mayor proporción.

57. Dibujar el producto de sustitución nucleofílica que se obtendrá en la reacción del S-3-bromohexano con sulfuro de hidrógeno, indicando el tipo de mecanismo y la estereoquímica.

58. a) Indicar qué producto se obtendrá, incluyendo estereoquímica, al reaccionar el S-2-bromo-4-metilpentano con el ion hidróxido, considerando que se trata de una sustitución nucleofílica bimolecular. ¿Y si se tratara de una sustitución nucleofílica monomolecular?

b) Dibujar el producto que se obtiene a partir de la molécula siguiente por eliminación bimolecular.

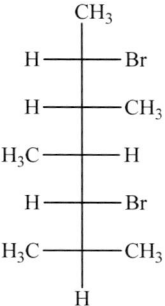

c) ¿Qué producto se obtiene por deshidratación intramolecular del R-2-pentanol, mediante calentamiento con ácido sulfúrico?

d) ¿Qué producto o productos se obtienen al hacer reaccionar con exceso de dicromato potásico el 3-metil-1,3,5-hexanotriol?

e) ¿Qué producto o productos se obtienen al hacer reaccionar con exceso de permanganato potásico el 3-metil-2,3,4-hexanotriol?

59. Completar las siguientes reacciones, indicando la estereoquímica cuando sea necesario, y dibujando en los derivados del ciclohexano el confórmero más estable.

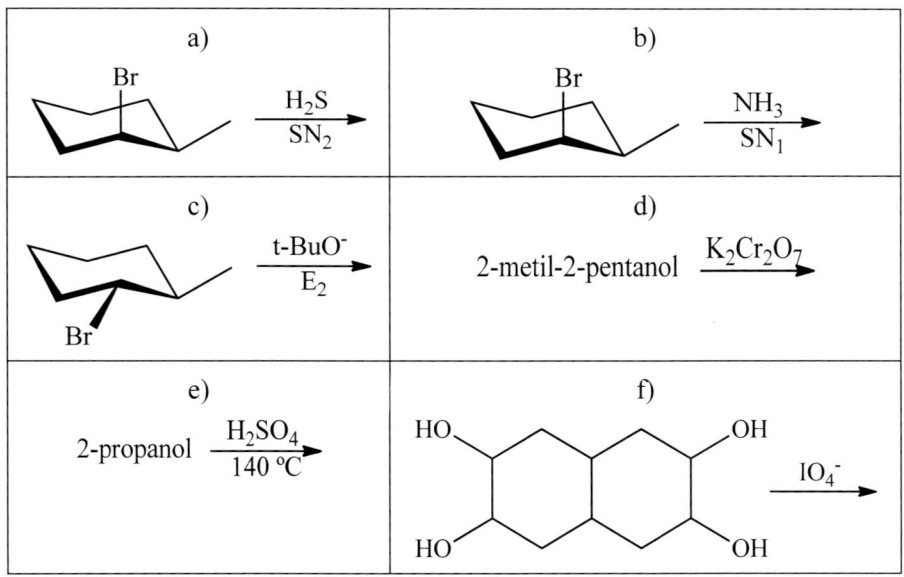

60. Dibujar, detallando la estereoquímica en los casos en que sea necesario, el producto mayoritario que se obtendrá en cada una de las siguientes reacciones químicas.

a) 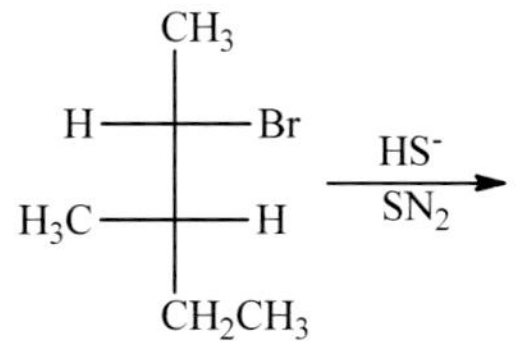	b) 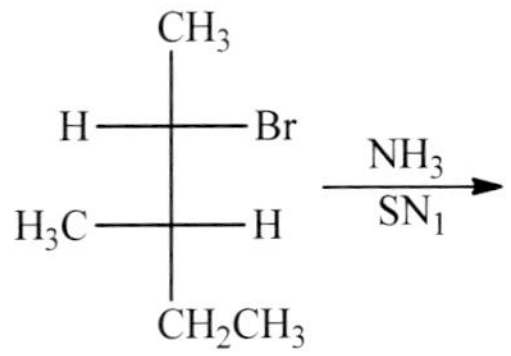
c) 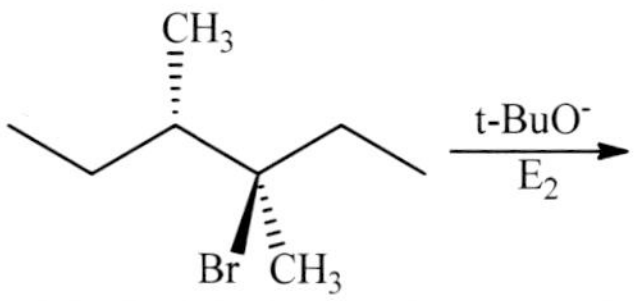	d) 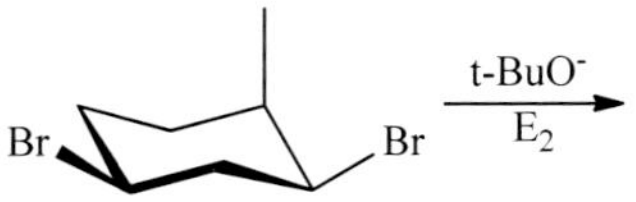
e) 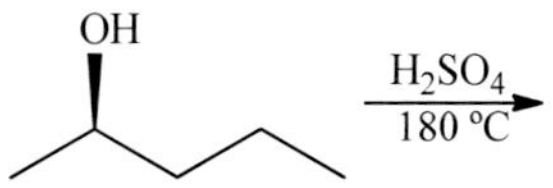	f) 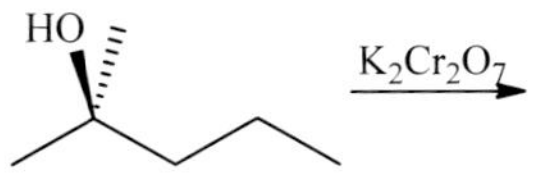
g) 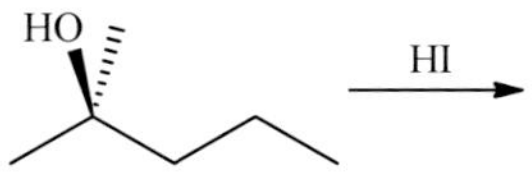	h) 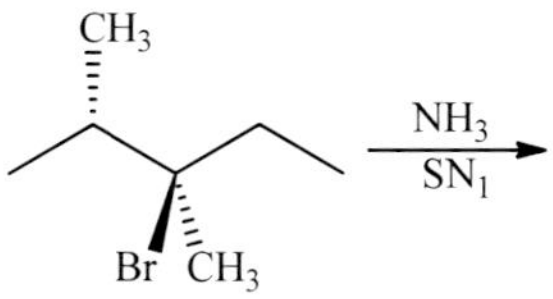
i) 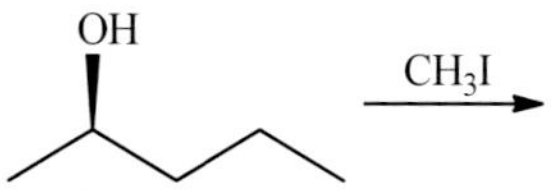	j) 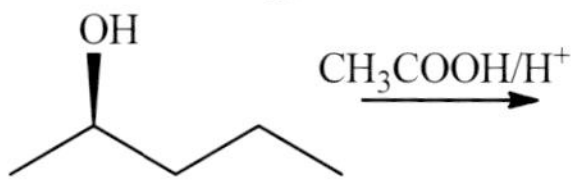

61. Indicar si los siguientes reactivos darán lugar a una sustitución nucleofílica de tipo SN_1 o SN_2. Dibujar el producto que se obtendrá.

a) 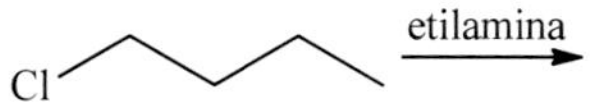	b) 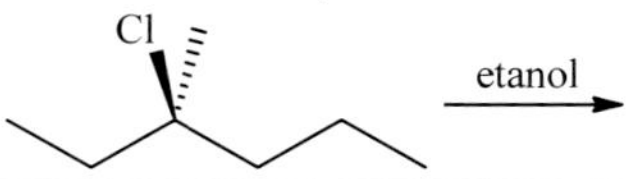
c) 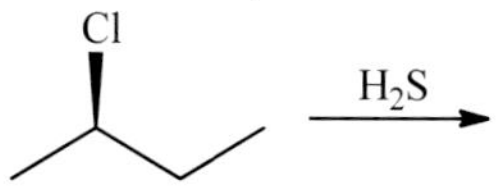	d) 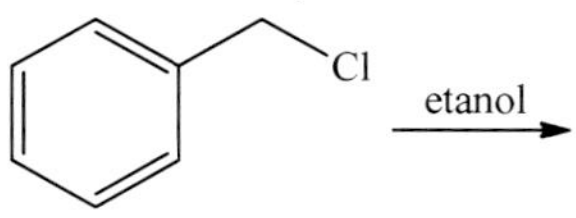

62. Dibujar el producto principal de eliminación E_2 que se obtendrá para el siguiente ciclohexano:

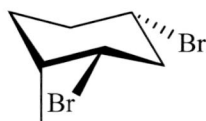

63. Completar

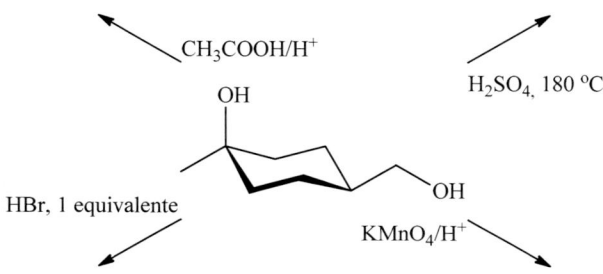

64. Indicar la estructura del producto, incluyendo estereoquímica, que se obtendrá al llevar a cabo las siguientes reacciones con el haluro que se muestra:

a) SN_2 con OH^-.

b) SN_1 con NH_3.

c) E_2 con terbutóxido sódico.

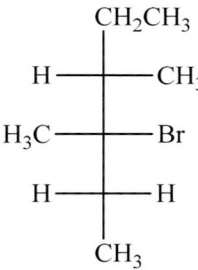

65. Indicar la estructura del producto que se obtiene al hacer reaccionar el 4-metil-1, 4-pentanodiol con:

a) $K_2Cr_2O_7$

b) $HCl/ZnCl_2$ (reactivo de Lucas)

c) H_2SO_4 conc./180 °C

d) CH_3I exc.

66. Indicar qué productos mayoritarios son A, B, C y D. Todos los reactivos están en exceso

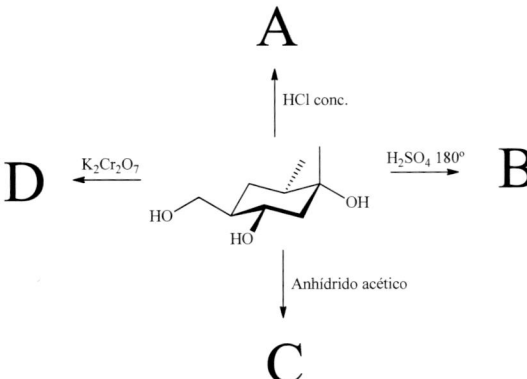

67. Indicar qué reactivos son necesarios para llevar a cabo la eliminación de Hoffmann y cuál será el producto mayoritario que se obtiene en dicha reacción a partir de las siguientes aminas. Realizar todos los ciclos posibles de eliminación en los casos en que sean posibles varios.

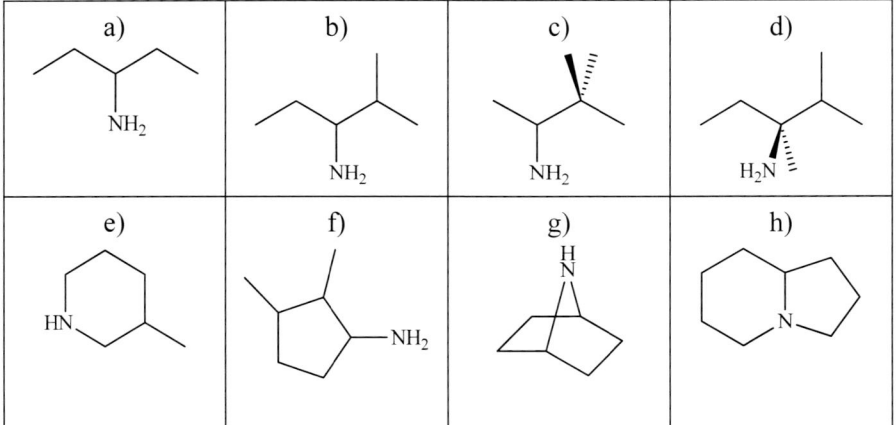

68. Se prepara mezcla de $NaNO_2$ y HCl y se añade sobre las siguientes aminas: dietilamina, trietilamina y *p*-metilanilina. Indicar qué producto se obtendrá en cada caso. Indicar asimismo qué producto se obtendrá si a la mezcla que contiene la *p*-metilanilina se le añade tolueno.

69. Completar el siguiente esquema de reacciones

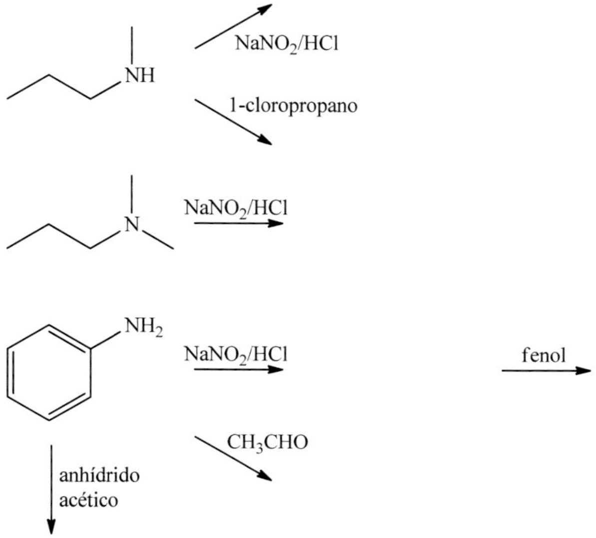

70. A continuación se dan varios grupos de tres compuestos. Ordenar los compuestos por orden de acidez creciente.

fenol	*p*-nitrofenol	*p*-metilfenol
ácido 4-clorobutanoico	ácido butanoico	ácido pentanoico
3-fluoro-1-pentanol	3-cloro-1-pentanol	4-cloro-1-pentanol
amonio NH_4^+	metilamonio $H_3C\text{-}NH_3^+$	anilinio $C_6H_5\text{-}NH_3^+$
ácido benzoico	ácido *p*-clorobenzoico	ácido *o*-clorobenzoico

71. a) Indicar qué producto se obtiene por reacción del reactivo de Fehling con el 3-oxobutanal. Lo mismo con el reactivo de Tollens y la butanodiona.

b) El siguiente producto se obtiene por reacción de condensación de un compuesto dicarbonílico con un exceso de un compuesto nitrogenado. Indicar de qué dos compuestos se trata.

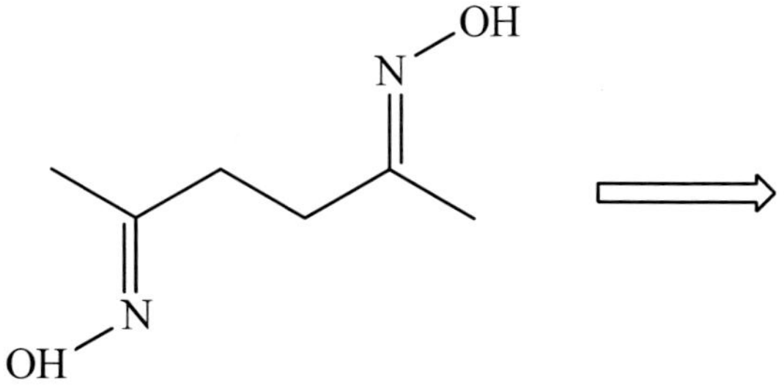

72. Dibujar la estructura del hemiacetal y el acetal que se obtendrá a partir de 1,9-dihidroxi-5-nonanona. Idem de 2,10-dihidroxi-4,8-dimetil-6-undecanona.

73. ¿Qué compuesto/s da/n lugar al siguiente acetal?

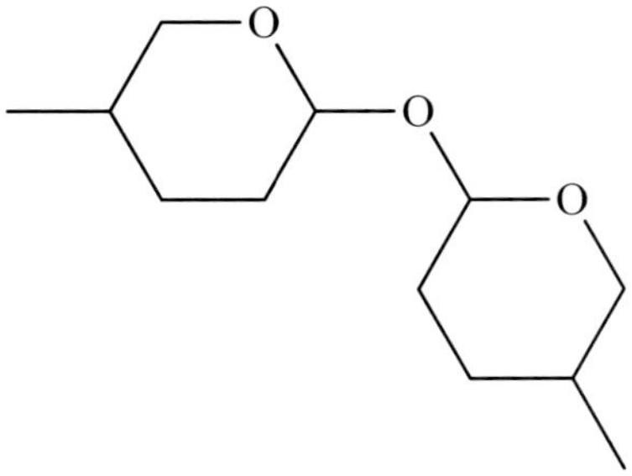

74. Completar el siguiente esquema.

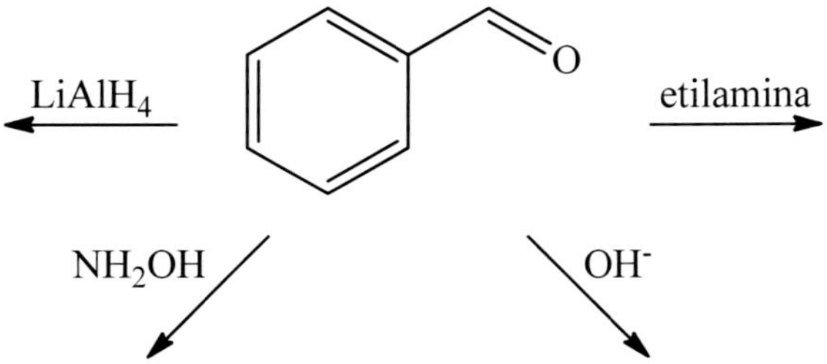

75. Los siguientes compuestos se obtienen mediante la reacción aldólica (adición o condensación). Indicar la estructura de los compuestos carbonílicos de partida.

a)	b)
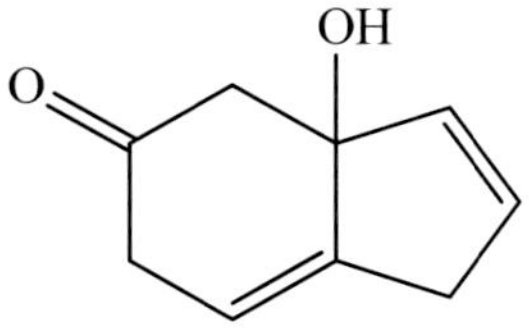	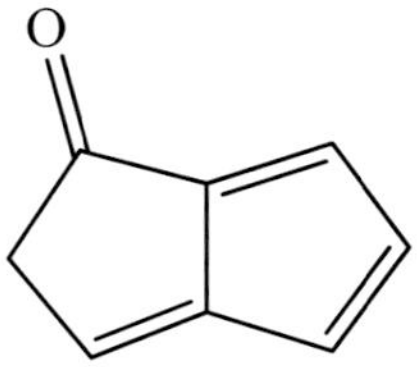

76. a) Una fruta modificada genéticamente produce el monosacárido de 7 átomos de C que se muestra abajo. Dibujar los dos confórmeros de su estructura cíclica hemiacetálica en anillo de seis átomos y elegir el que sea más estable.

b) Indicar qué dos compuestos carbonílicos, incluyendo la configuración de los carbonos asimétricos, han de reaccionar (adición aldólica), para obtener dicho monosacárido.

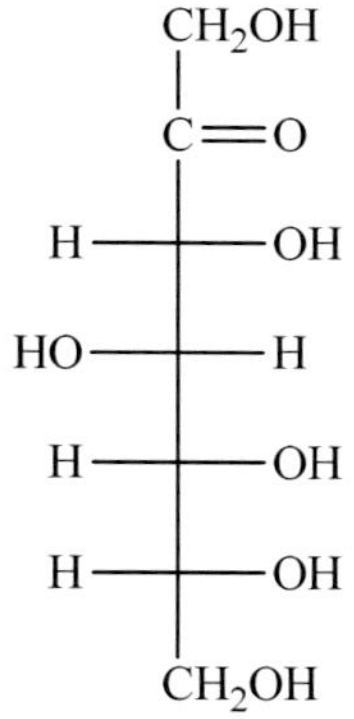
CH2OH
C=O
H OH
HO H
H OH
H OH
CH2OH

77. Dibujar la estructura de todos los productos, incluyendo estereoisómeros, que se obtendrían a partir de la reacción de adición aldólica de estas dos moléculas, sin contar la adición de una molécula consigo misma.

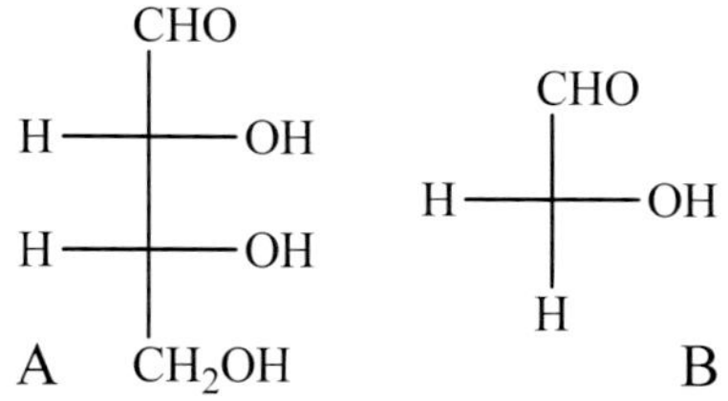
CHO
H OH
H OH
A CH2OH
CHO
H OH
H
B

78. Las siguientes figuras corresponden a dos monosacáridos en forma hemiacetálica cíclica.

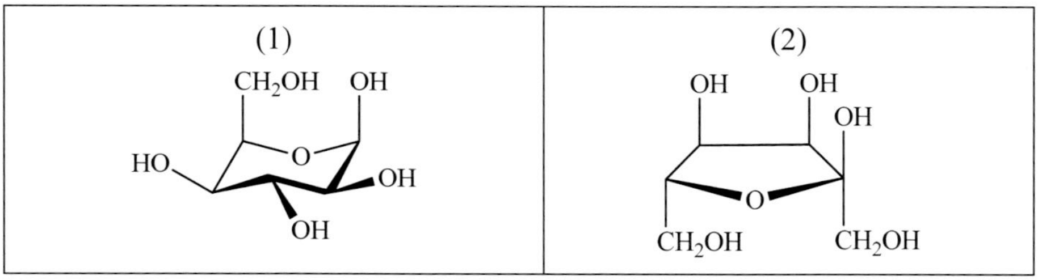
(1)
CH2OH OH
HO
O
OH
OH
(2)
OH OH
OH
O
CH2OH CH2OH

a) Dibujar las dos moléculas en proyección de Fischer y con estructura abierta no hemiacetálica. ¿Son monosacáridos naturales?

b) Algunas reacciones del anabolismo de los hidratos de carbono consisten en una ruptura de la cadena mediante una reacción inversa a la adición aldólica. Indicar la estructura de los productos que se obtendrían en una primera ruptura a partir de los dos hidratos de carbono del apartado anterior.

79. Una variedad de remolacha mutante produce el monosacárido similar a la fructosa con 7 átomos de C que se muestra más abajo.

a) Dibujar el hemiacetal (los dos anómeros) cíclico de 6 miembros, destacando la conformación de silla más estable.

b) Indicar TODOS los productos que se pueden obtener mediante fragmentación de la molécula por la reacción inversa a la adición aldólica.

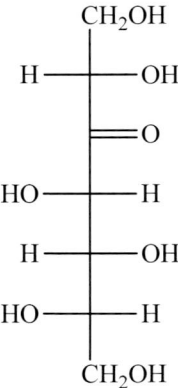

80. Los bóvidos utilizados como bestias de carga en el planeta Tatooine producen leche con una variedad de lactosa formada por los isómeros L (i.e. los enantiómeros) de la glucosa y la galactosa.

a) Dibujar, para ambos monosacáridos, los dos anómeros del anillo hemiacetálico de 6 miembros (L-galactopiranosa y L-glucopiranosa), seleccionando en cada caso el anómero que sea estéricamente más estable.

b) Dibujar la estructura de la lactosa de Tatooine, sabiendo que está constituida por los anómeros seleccionados en el apartado anterior, y que en el enlace glucosídico está implicado el hidroxilo del C4 de la L-glucosa.

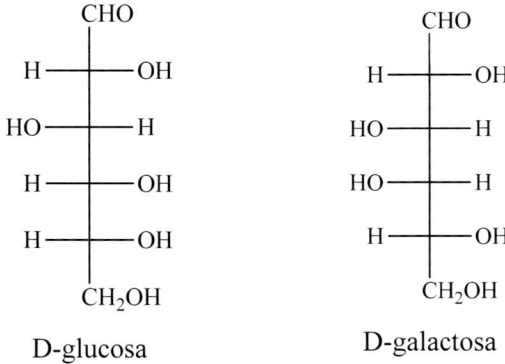

81. A continuación, se dan varios grupos de tres compuestos junto con tres valores de constantes de acidez y basicidad. Emparejar cada compuesto con su dato correspondiente.

a) ácido acético   ácido butanoico   ácido hexanoico
    $K_a = 1{,}513 \cdot 10^{-5}$ $K_a = 1{,}412 \cdot 10^{-5}$ $K_a = 1{,}738 \cdot 10^{-5}$

b) ciclohexanol   ácido fenilmetanoico   fenol
    $pK_a = 4{,}2$ $pK_a = 10$ $pK_a = 18$

c) ácido bromoacético   ácido cloroacético   ácido iodoacético
    $pK_a = 3{,}18$ $pK_a = 2{,}90$ $pK_a = 2{,}86$

d) á. benzoico   á. p-hidroxibenzoico   á. p-nitrobenzoico
    $K_a = 6{,}31 \cdot 10^{-5}$ $pK_a = 4{,}57$ $pK_a = 3{,}42$

e) amonio NH_4^+ metilamonio $H_3C\text{-}NH_3^+$ anilinio $C_6H_5\text{-}NH_3^+$
    $pK_a = 4{,}62$ $pK_a = 9{,}26$ $pK_a = 10{,}65$

82. En las siguientes tríadas de compuestos, ordenarlos en orden creciente de acidez. Justificar brevemente la respuesta.

a) ácido *m*-metilbenzoico, ácido *m*-metoxibenzoico, ácido benzoico

b) ciclohexanol, fenol, 2-clorociclohexanol

c) ácido 2-bromobutanoico, ácido 2-iodobutanoico, ácido 2-clorobutanoico

d) *m*-nitrofenol, 3-metil-5-nitrofenol, *m*-metilfenol

e)

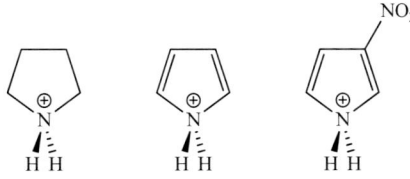

83. Completar:

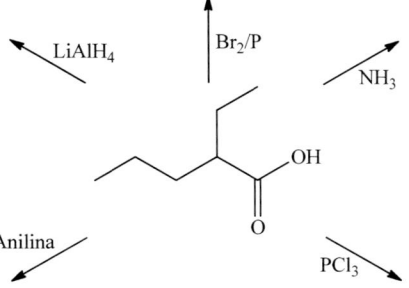

84. Sean los ácidos grasos naturales esteárico (ácido octadecanoico), oleico (ácido 9-octadecaenoico, también llamado omega 9) y linoleico (ácido 9,12 octadecadienoico, también llamado omega 6).

a) Dibujar la estructura de un lípido derivado únicamente del ácido esteárico. Hacer lo mismo con el ácido oleico y el ácido linoleico.

b) Ordenar los tres lípidos en orden decreciente de temperatura de fusión.

c) ¿Qué productos se obtendrán al calentar uno de los tres lípidos (e.g. el insaturado) con disolución de hidróxido sódico?

d) ¿Y si se calienta con exceso de metanol en medio ácido?

85. a) Dibujar, detallando la estereoquímica, la estructura del producto que se obtendrá al reaccionar 1,2-etanodiol con un exceso de ácido Z-4-octaenoico.

b) El producto de la reacción anterior se hace reaccionar con exceso de etanol en medio ácido. Indicar qué dos productos se obtienen en dicha reacción. Nombrar dichos productos.

c) Proponer una estrategia de síntesis de dos pasos que transforme cloruro de 2-metil-butanoilo en ácido 2-bromo-2-metilbutanoico.

86. En los siguientes enunciados, marcar la opción correcta.

1) ¿Cuál es el nombre de la siguiente molécula?

a) δ-hexanolactama   b) γ-hexanolactama
c) δ-hexanolactona   d) γ-hexanolactona

2) ¿Cuál de las siguientes afirmaciones sobre las amidas es verdadera?

a) Las amidas tienen carácter alcalino igual que las aminas.

b) La estructura de las proteínas es idéntica a la de las poliamidas.

c) Las amidas se hidrolizan con gran dificultad.

d) Las amidas secundarias no pueden formar puentes de H entre ellas.

3) ¿Cuál de las siguientes afirmaciones sobre los ésteres es falsa?

a) Los ésteres se hidrolizan lentamente y se requiere catálisis ácida o básica.

b) Las moléculas de los ésteres están unidas entre sí mediante puentes de H.

c) Los ésteres se sintetizan rápidamente a partir de alcoholes y anhídridos de ácido.

d) Algunos ésteres inferiores tienen un olor agradable a frutas.

4) ¿Cuál de las siguientes reacciones no es típica de ácidos carboxílicos?

a) La reducción   b) La sustitución nucleofílica
c) La hidrólisis   d) La reacción de Hell-Volhard-Zelinsky

Soluciones a los ejercicios propuestos

1.

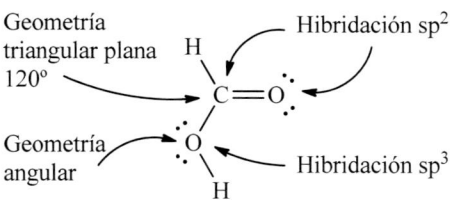

2. Consultar teoría. A grandes rasgos, la polaridad de los enlaces y la geometría de la molécula conducen a que la molécula en su conjunto sea polar o apolar. Las moléculas apolares son solubles preferentemente en disolventes apolares, como hexano, benceno, etc. Las moléculas polares serán preferentemente solubles en disolventes polares, como el diclorometano o acetona. Las sustancias solubles en agua son aquellas que pueden formar puentes de hidrógeno con el agua, i.e. aquellas moléculas que contengan átomos de oxígeno o nitrógeno en su estructura: alcoholes, aminas, etc.

3. La mayor acidez de los ácidos carboxílicos comparados con los alcoholes se debe a la diferente estabilidad de las respectivas bases conjugadas. La base conjugada del alcohol (ion alcóxido) posee una carga negativa sobre el átomo de O, que no se puede deslocalizar. En cambio, la base conjugada del ácido carboxílico (ion carboxilato) tiene una carga negativa que se reparte entre los dos átomos de O por resonancia, de modo que está mucho más estabilizada, resultando así el ácido más fuerte.

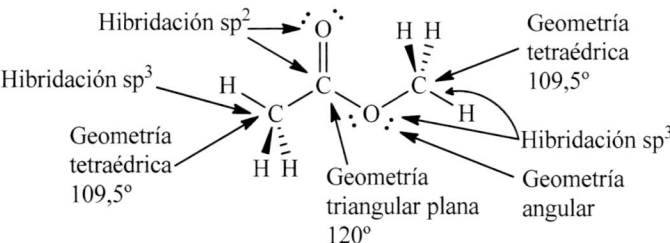

4.

5. a) La metilamina es una base más fuerte que el amoníaco (pK_b mayor) porque el átomo de C ejerce un efecto inductivo (+I) sobre el átomo de N, cediéndole densidad electrónica. Esto provoca que el par electrónico no enlazante del N esté más libre y dispuesto para unirse a un H+ u otro ácido de Lewis.

b) La anilina es una base más débil que la metilamina (pK$_b$ menor) porque el par de electrones no enlazante del N en la anilina no se encuentra sobre el átomo de N, sino que está en parte deslocalizado por todo el anillo aromático, en virtud de la resonancia. Al estar menos disponible para la unión a un protón, la basicidad resulta menor.

6. a) El compuesto con menor punto de ebullición es el acetaldehído, ya que es el único en que las moléculas no están unidas por puentes de hidrógeno.

   b) El compuesto con mayor punto de ebullición es el ácido acético, ya que los puentes de hidrógeno en este son más intensos que en el caso del etanol, debido al efecto electroatrayente del carbonilo C=O sobre el átomo de oxígeno del hidroxilo O-H.

   c) El ácido acético es un ácido más fuerte que el etanol porque su base conjugada, el ion acetato H$_3$C-COO⁻, tiene la carga negativa deslocalizada por todo el grupo funcional carboxilato en virtud de la resonancia, cosa que no ocurre en el caso del ion etóxido H$_3$C-CH$_2$O⁻.

7. a) El 1-pentanol tiene mayor temperatura de ebullición, ya que la molécula es de mayor tamaño, teniendo el mismo grupo funcional.

   b) El *trans*-2-buteno tiene mayor temperatura de fusión, ya que la geometría de la molécula le permite una mayor capacidad de empaquetamiento.

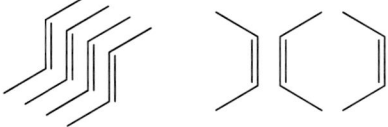

   c) El etanol es más soluble en agua, ya que al tener enlaces O-H, su estructura es más parecida a la del agua, y forma más puentes de hidrógeno con ésta.

   d) El etanol tiene mayor temperatura de ebullición, ya que sus moléculas están unidas entre sí mediante puentes de hidrógeno.

   e) La butanona es más soluble en agua que el diclorometano, ya que puede formar puentes de hidrógeno con el disolvente.

8. C > B > A. El catión A es de tipo primario y no puede deslocalizar la carga por resonancia, de modo que es el más inestable. El B es de tipo alílico, de modo que la carga positiva se reparte entre dos átomos de C por resonancia. El C es de tipo bencílico, repartiéndose la carga por todo el anillo, de modo que es el más estable de los tres.

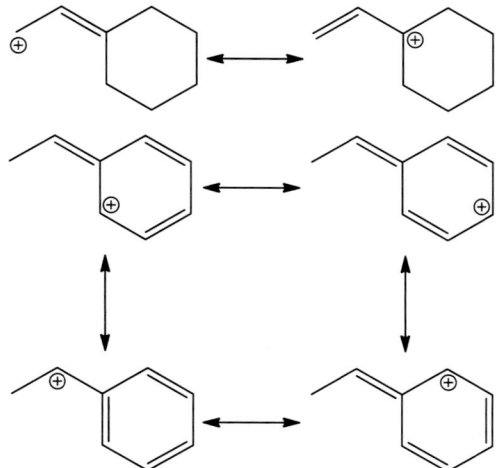

9. a)   etano < clorometano < metanol. Consultar teoría

   b)   2,2-dimetilpropano < metilbutano < n-pentano. Consultar teoría

10.

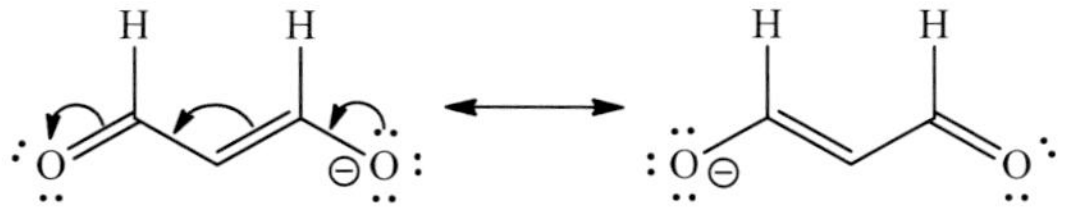

Las dos formas resonantes dibujadas contribuyen por igual.

11. a) 3   b) 3   .

   c) 4   d) 4

12. a)

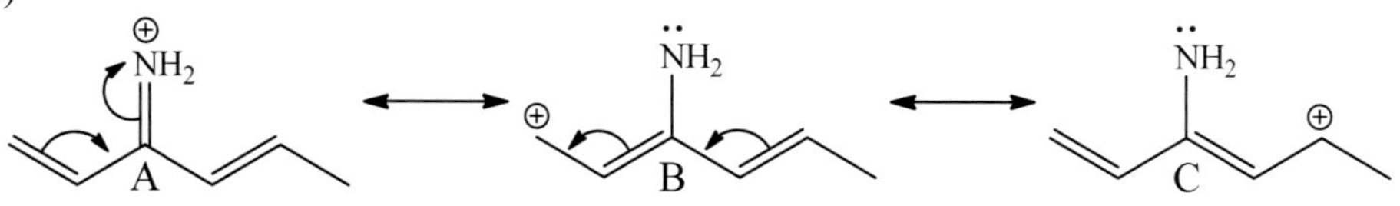

   b)   La forma canónica que más contribuye es la A, pues es la que tiene mayor número de enlaces y de octetos completos.

13. a) F;   b) F;   c) V;

   d) F;   e) F;   f) V;

   g) F;   h) V;   i) V;   j) F

14.

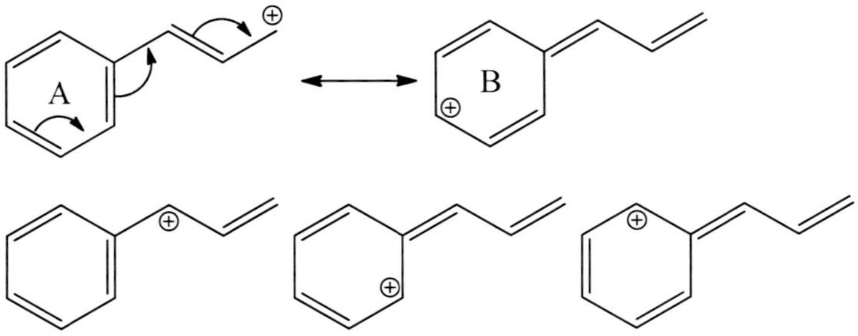

15.

El alílico es el más estable por resonancia. De los no alílicos, el 1° menos estable que el 2° y éste menos que el 3° por efecto inductivo.

16. $D = A < C < B$

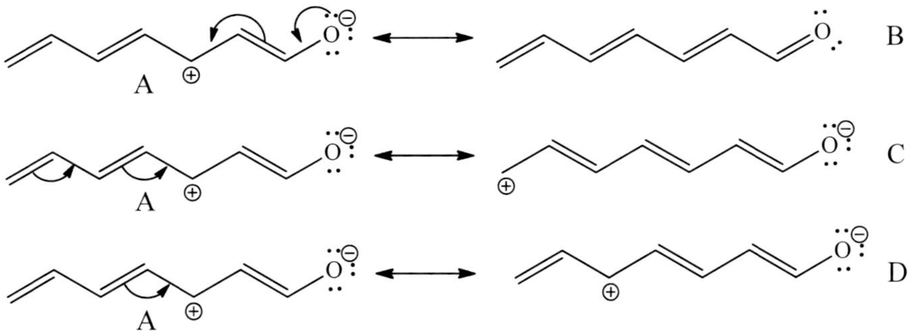

17. $B < C < D < A$. La molécula más ácida es el ácido carboxílico A, ya que el anión carboxilato R-COO⁻ que resulta de su desprotonación tiene la carga negativa repartida igualmente entre los dos oxígenos por resonancia. Las otras tres moléculas son alcoholes, y la estabilidad relativa de sus correspondientes bases conjugadas alcóxidos R-O⁻ viene dada por el efecto inductivo de las cadenas. La molécula D tiene un átomo de Cl electronegativo y por ello electroatrayente (-I), por lo que retira carga electrónica del átomo de O y estabiliza el anión. Las moléculas B y C tienen únicamente átomos de C con efecto inductivo electrodonante (+I) que aporta carga electrónica del átomo de O y desestabiliza el anión, siendo mayor dicho efecto en la molécula B que en la C debido a la proximidad de los átomos de C. Por lo tanto, la molécula más ácida es la A, seguida de la D, a continuación la C, y la menos ácida la B.

18.

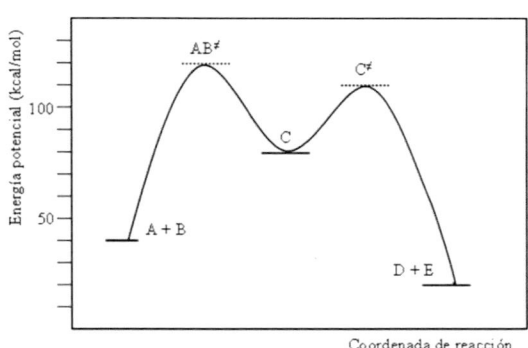

19. a) Isómero geométrico Z

   b) Isómero geométrico E. Los dos C asimétricos tienen configuración "R"

   c) Isómero geométrico E. La molécula no tiene C asimétricos

   d) Los dos C asimétricos tienen configuración "S"

20. a) Derecha

   b) Derecha

   c) Izquierda

   d) Izquierda

   e) Izquierda

21.

a) SI tiene actividad óptica 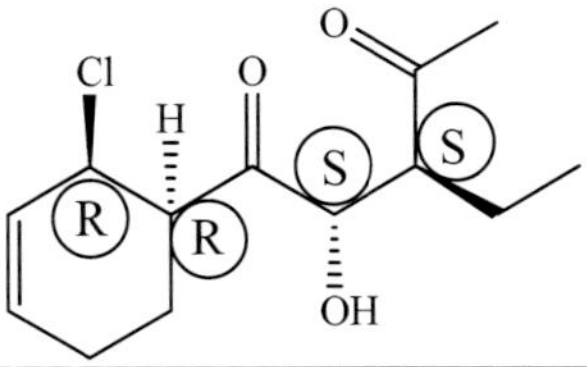	b) NO tiene actividad óptica (compuesto meso) 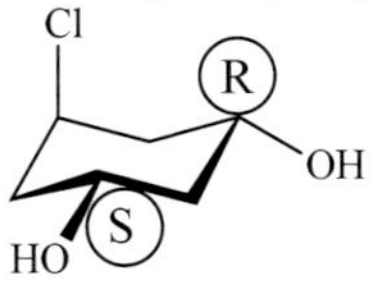
c) SI tiene actividad óptica 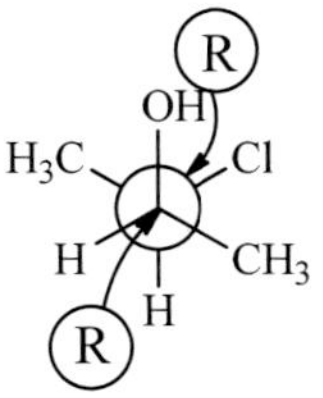	d) NO tiene actividad óptica (compuesto meso) 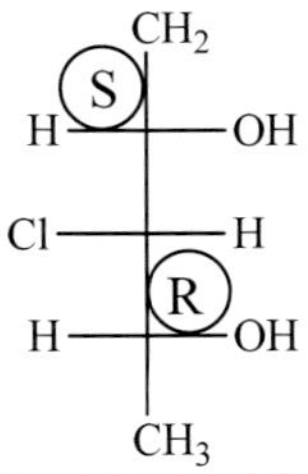

22.

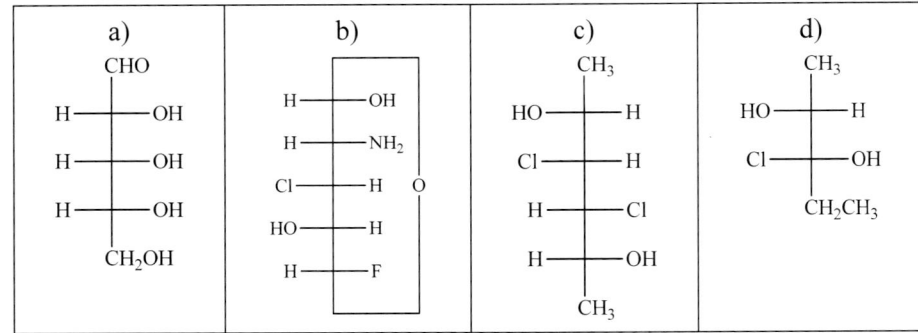

a)	b)	c)	d)

23.

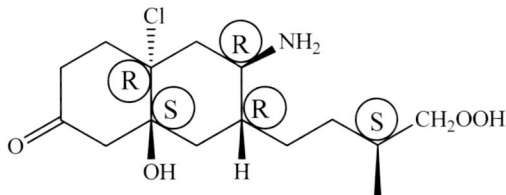

24. a) Idéntica molécula   b) Diasterómeros

     c) Idéntica molécula   d)Isómeros geométricos y diasterómeros

25.

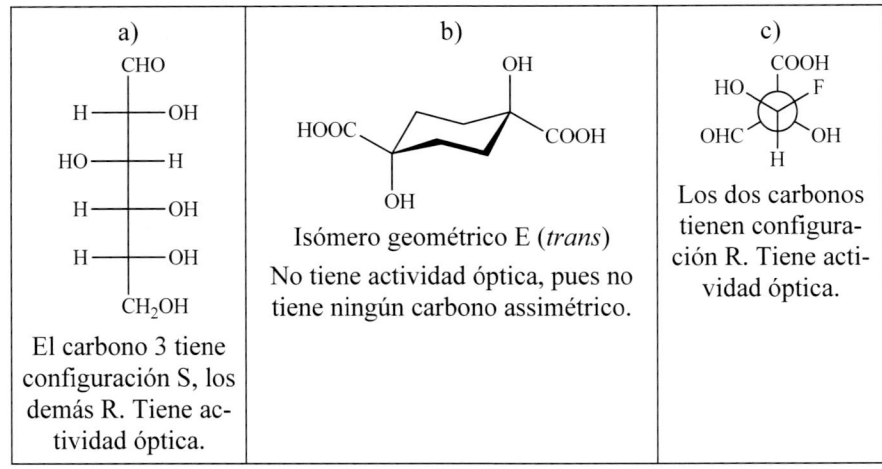

a)	b)	c)
El carbono 3 tiene configuración S, los demás R. Tiene actividad óptica.	Isómero geométrico E (*trans*) No tiene actividad óptica, pues no tiene ningún carbono assimétrico.	Los dos carbonos tienen configuración R. Tiene actividad óptica.

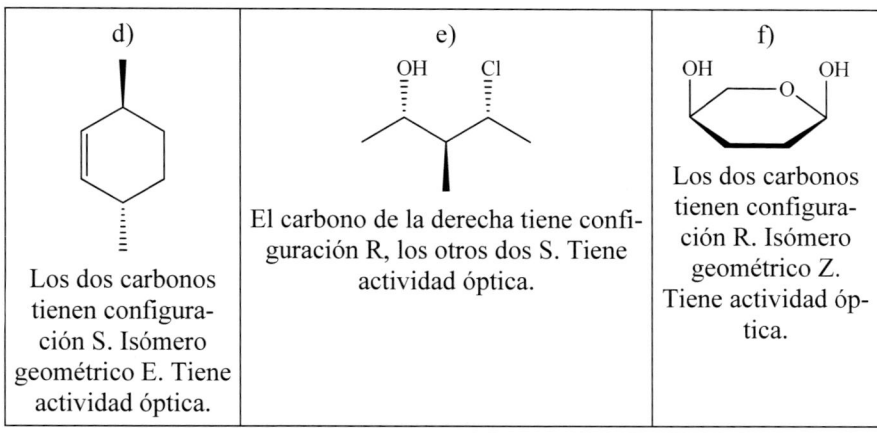

d)	e)	f)
Los dos carbonos tienen configuración S. Isómero geométrico E. Tiene actividad óptica.	El carbono de la derecha tiene configuración R, los otros dos S. Tiene actividad óptica.	Los dos carbonos tienen configuración R. Isómero geométrico Z. Tiene actividad óptica.

26. a) 5-cloro-2Z,4Z-heptadieno

   b) 2S-cloro-5S-amino-3R-heptanol

   c) 3R-bromo-2S-cloro-5-hidroxipentanal

   d) 2S-clorobutano

27. a) Misma molécula   b) Misma molécula

   c) Diasterómeros   d) Isómeros geométricos y diasterómeros

28. El confórmero más estable corresponde la conformación alternada de la izquierda. El más inestable a la eclipsada de la derecha.

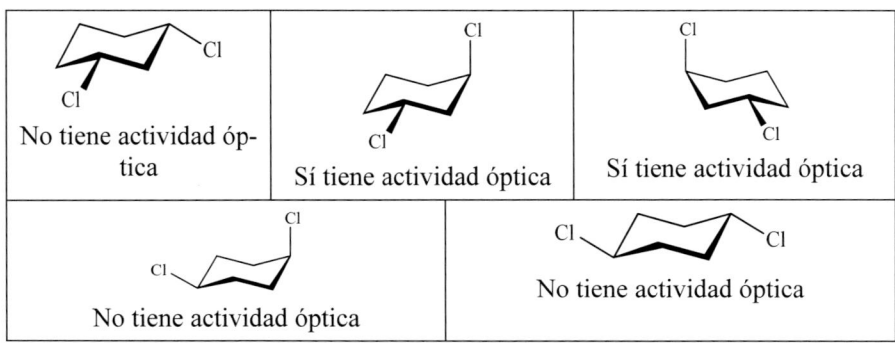

29.

No tiene actividad óptica	Sí tiene actividad óptica	Sí tiene actividad óptica
No tiene actividad óptica		No tiene actividad óptica

227

30.

Isómero *cis*	Isómero *trans*
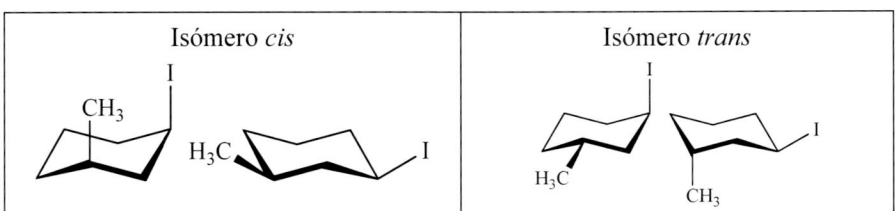	

En ambos casos el confórmero más estable es el de la derecha, ya que es el que tiene el sustituyente más voluminoso (el iodo) en posición ecuatorial

31. Para ambas moléculas existen varias posibilidades. A continuación se muestra un ejemplo de solución para cada molécula.

1,2,3-trimetilciclohexano todo Z	1,2,4-trimetilciclohexano todo Z
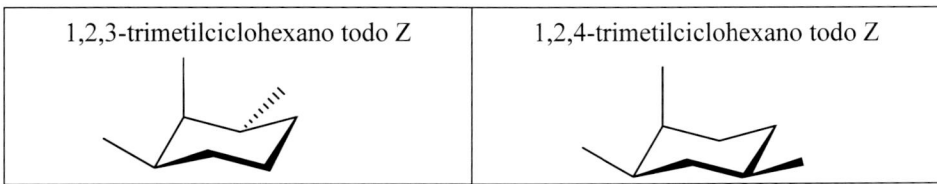	

32.

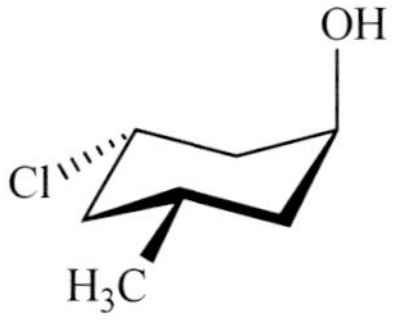

OH

Cl

H_3C

33.

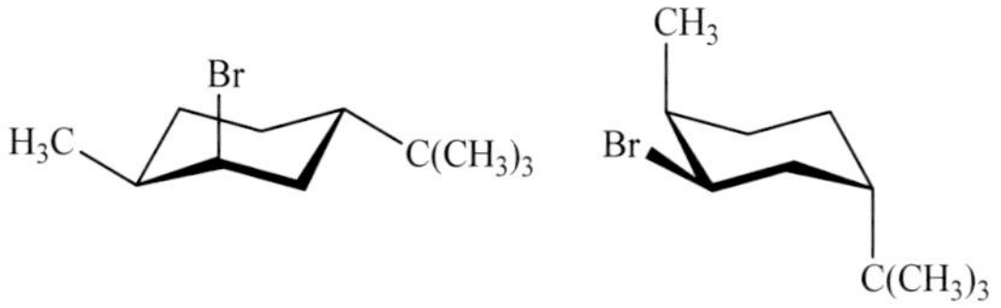

CH₃

Br

H_3C C(CH₃)₃   Br

C(CH₃)₃

Es más estable la conformación de la izquierda, ya que contiene dos sustituyentes en posición ecuatorial, siendo además uno de ellos el más voluminoso (*terc*-butilo).

34. Consultar teoría, mecanismo general de la adición electrofílica al doble enlace C=C. El 2-clorobutano se obtiene a partir de un carbocatión secundario, mientras que el 2-clorobutano a partir de un carbocatión primario. Al ser el secundario más estable, se obtiene preferentemente el 2-clorobutano (regla de Markovnikov).

35.

A (*cis*)	B	C (*cis*)
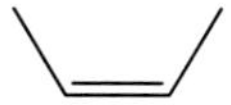		 OHC⠀⠀⠀CHO

D	E

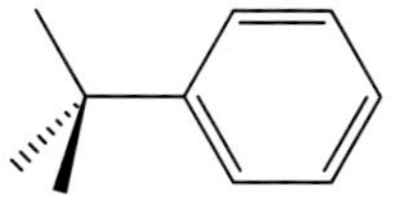

36. La hidrogenación catalítica es estereoespecífica de tipo SYN, la dihalogenación es estereoespecífica de tipo ANTI, mientras que la hidrohalogenación y la hidratación en medio ácido no son estereoespecíficas, pero sí que son regioselectivas, y cumplen la regla de Markovnikov.

El producto de la bromación del E-3-metil-3-hexeno es una mezcla racémica de dos enantiómeros:

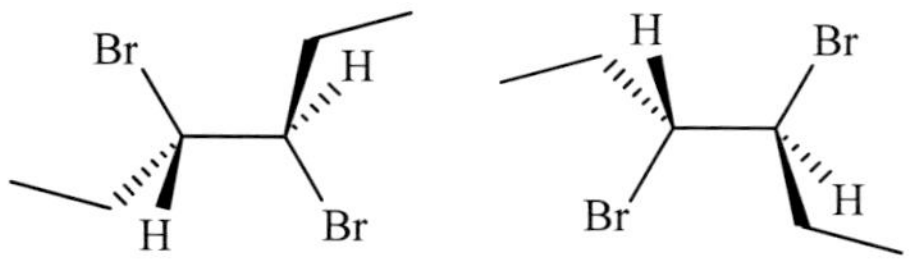

El producto de la hidratación en medio ácido del E-3-metil-3-hexeno es también una mezcla racémica:

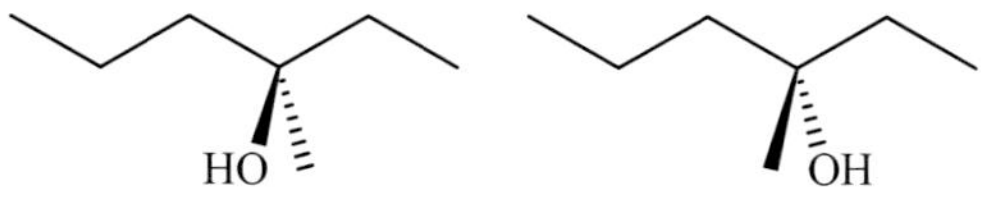

37.

a)	b)	c)
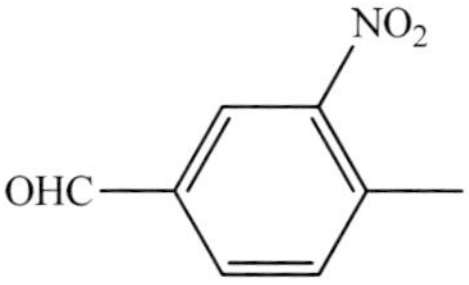	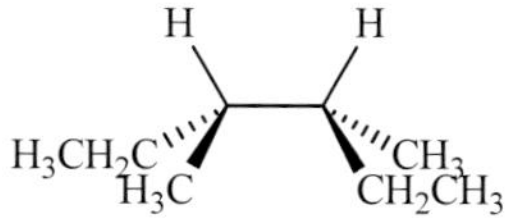 RR y SS	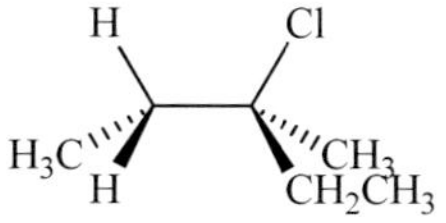 Mezcla racémica

d)	e)	f)
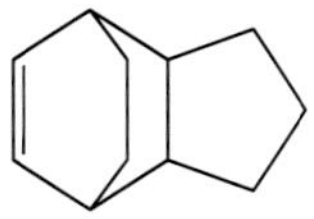	butanona + ácido acético	butanona + etanal

38. a) La hidrogenación es *syn*, y la dihalogenación es *anti*.

b y c) Para la hidrogenación, se obtiene una forma meso.

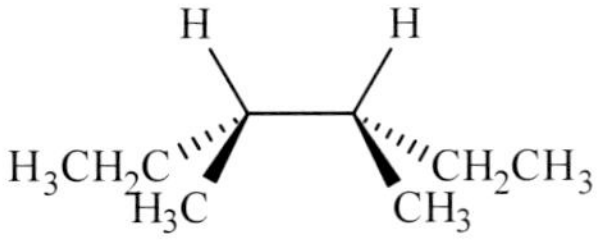

Para la dihalogenación, se obtiene una mezcla racémica

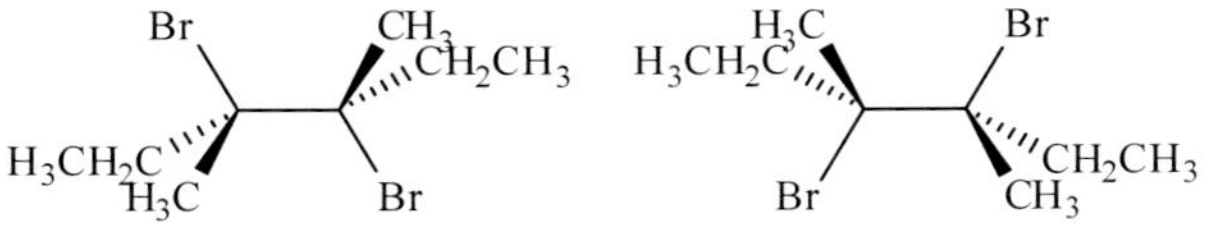

39.

A	B
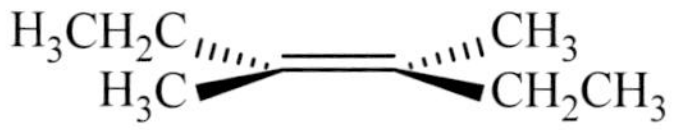	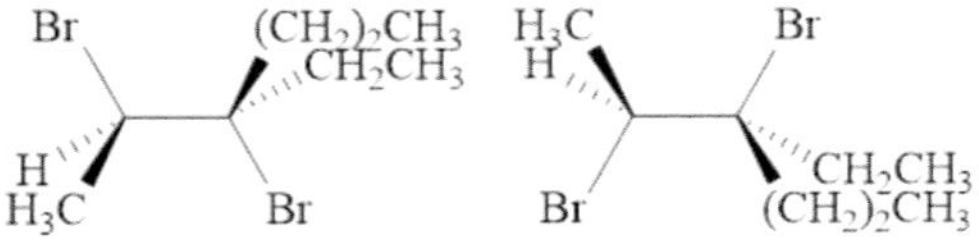 Mezcla racémica

C	D	E
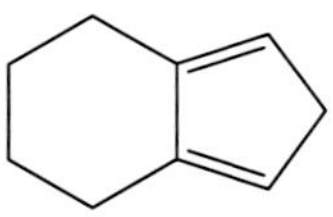	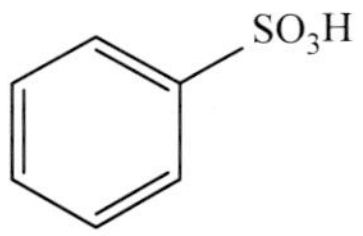	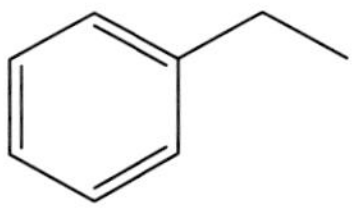

40.

a)	b)
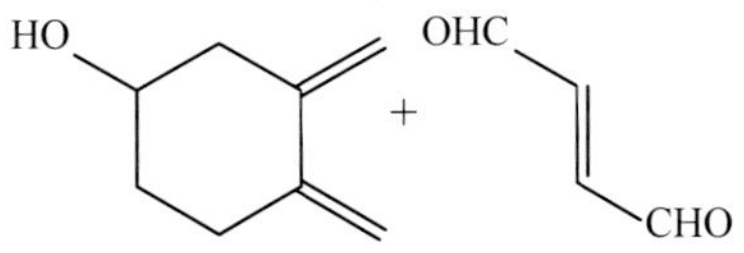	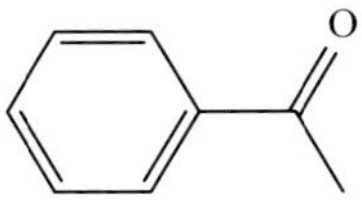

c)	d) 
ciclohexeno	

El otro producto de la reacción (d) es el siguiente:

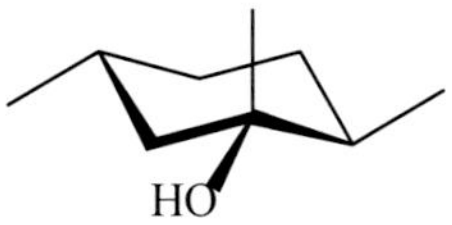

41. a)

$$H_3C_{\prime\prime\prime}\!\!=\!\!{}_{\prime\prime\prime\prime}CH_2CH_3 \xrightarrow{Br_2}$$

b)

$$H_3C_{\prime\prime\prime}\!\!=\!\!{}_{\prime\prime\prime\prime}CH_2CH_3 \xrightarrow{H_2}$$

42. a) Se necesitan dos moléculas de isopreno (2-metil-1,3-butadieno).

b) La molécula dibujada tiene aroma de naranja.

c) El producto es la siguiente molécula.

d) El γ-terpineno es la molécula de la izquierda, y se trata de un dieno aislado cíclico, mientras que la molécula de la derecha es un compuesto aromático (*p*-isopropiltolueno). Por ello, el anillo del γ-terpineno tiene forma de hexágono deformado (diferentes longitudes de enlace) y no es plano, para minimizar la tensión angular, mientras que el anillo del *p*-isopropiltolueno es un hexágono plano regular. Por otro lado, el γ-terpineno dará lugar a las reacciones típicas de los alquenos o polienos aislados: adición al doble enlace C=C, oxidación con permanganato, etc.; mientras que el *p*-isopropiltolueno dará lugar a las reacciones de los compuestos aromáticos: la sustitución electrofílica aromática.

e) Se obtienen las siguientes dos moléculas:

43. La molécula sí es un terpeno, ya que cumple la regla del isopreno (ver figura):

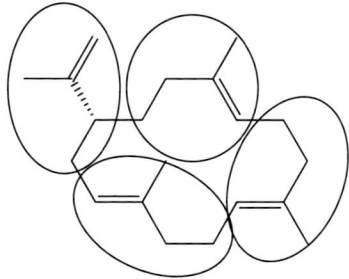

Por ozonólisis, se obtiene un equivalente de metanal, dos equivalentes de 4-oxopentanal (izquierda) y un equivalente de R-3-acetil-6-oxoheptanal (derecha).

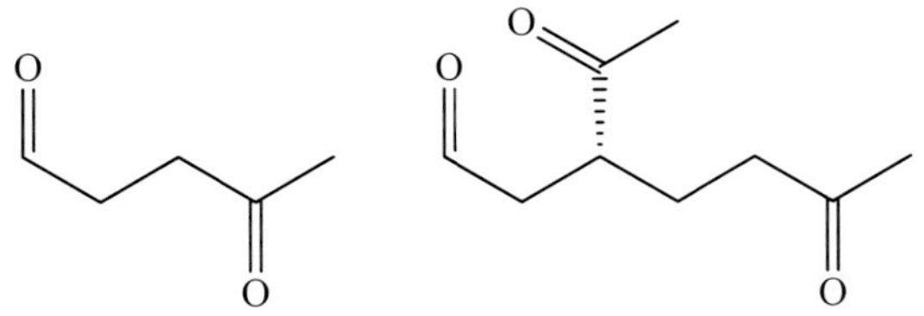

44.

A	B	C
Cl_2 y $FeCl_3$ o $AlCl_3$		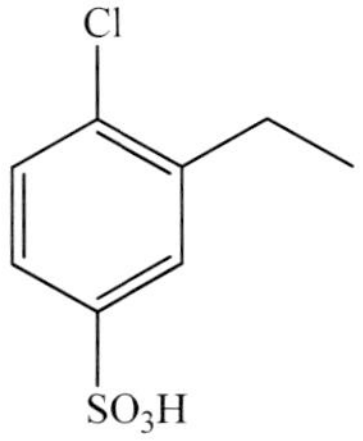

45. **A** es 1-metilciclopenteno, y **B** es metilciclopentano.

46. Hay dos posibilidades, siendo la que aparece en primer lugar (1,3-butadieno más *p*-quinona) la que está más favorecida, porque el dienófilo está activado.

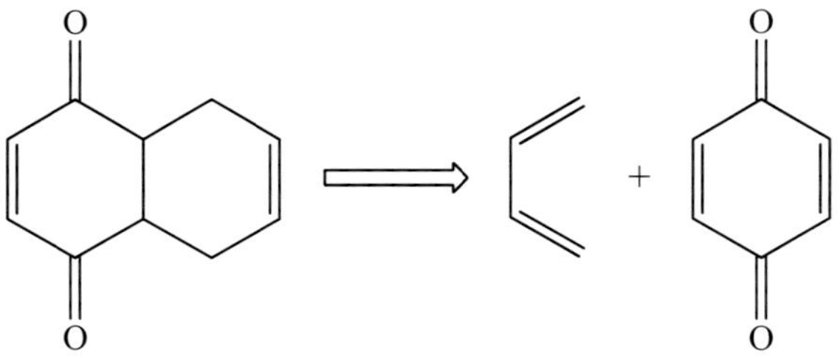

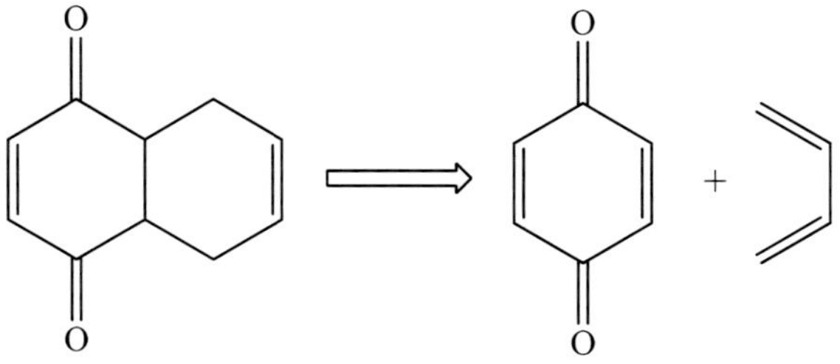

47.

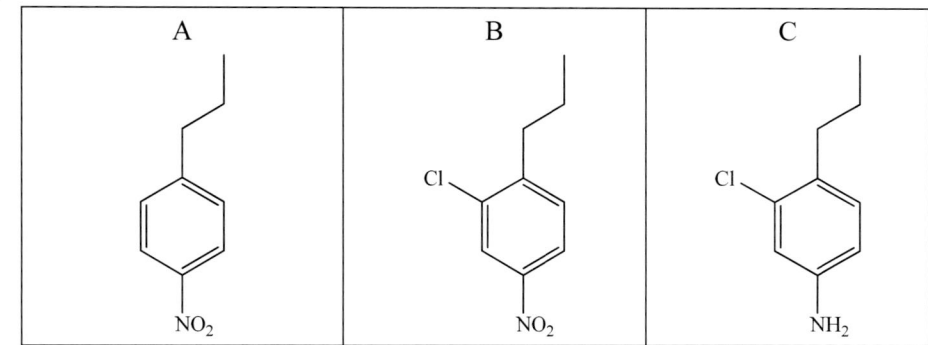

48.

A	B	C

49.

a)	b)	c)

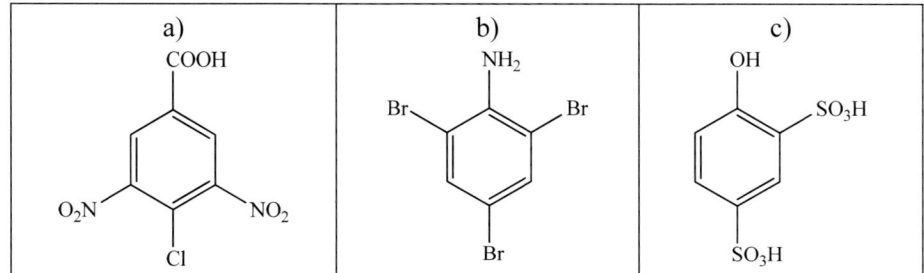

50.

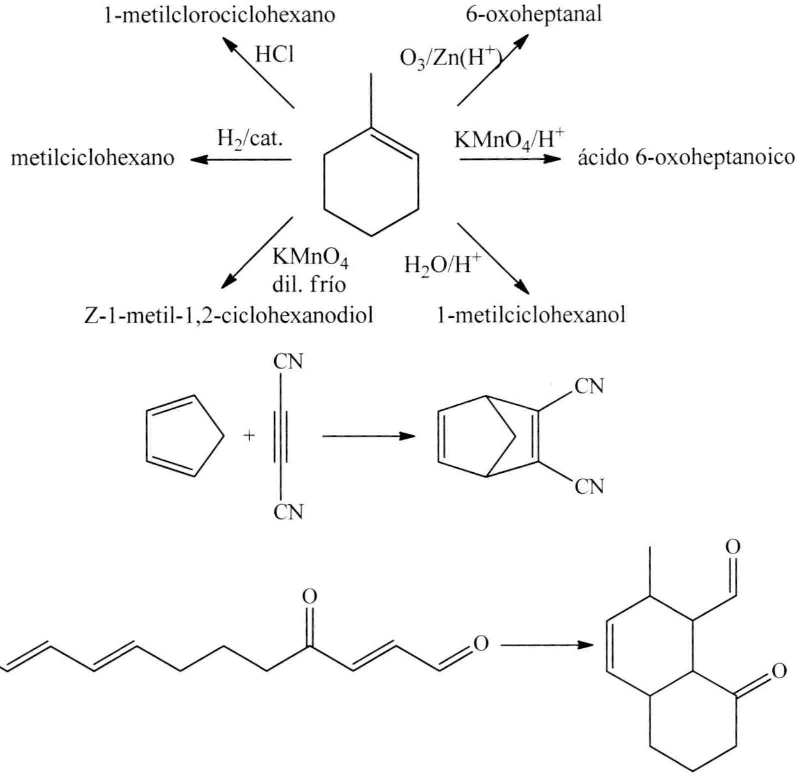

1-metilclorociclohexano

HCl

6-oxoheptanal

O$_3$/Zn(H$^+$)

metilciclohexano ← H$_2$/cat.

KMnO$_4$/H$^+$ → ácido 6-oxoheptanoico

KMnO$_4$ dil. frío

H$_2$O/H$^+$

Z-1-metil-1,2-ciclohexanodiol

1-metilciclohexanol

51. a)

pirimidina	imidazol
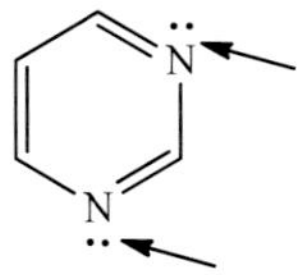	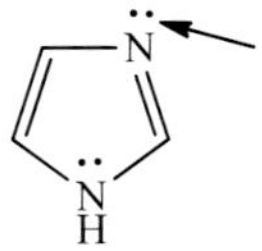

b) Tiene mayor carácter de anillo aromático la pirimidina, ya que ninguno de los 6 electrones de tipo π que dan el carácter aromático a la molécula es un par solitario aportado de modo extraordinario por un átomo de nitrógeno, a diferencia de lo que ocurre en el caso del imidazol.

c) El imidazol es la estructura base de un aminoácido, la histamina, pero la pirimidina es la unidad estructural de las bases nitrogenadas pirimidínicas que constituyen los ácidos nucleicos.

52. Los heterociclos son la purina y la pirimidina. En la figura se señala el par de electrones que forma parte del sistema π aromático, los otros pares de electrones están disponibles para su cesión a ácidos de Lewis.

purina	pirimidina
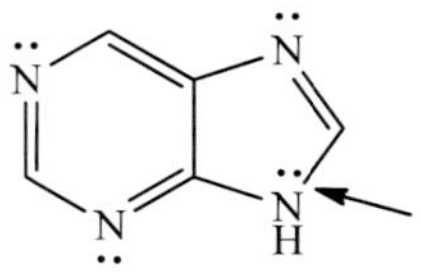	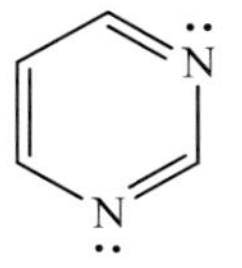

53.

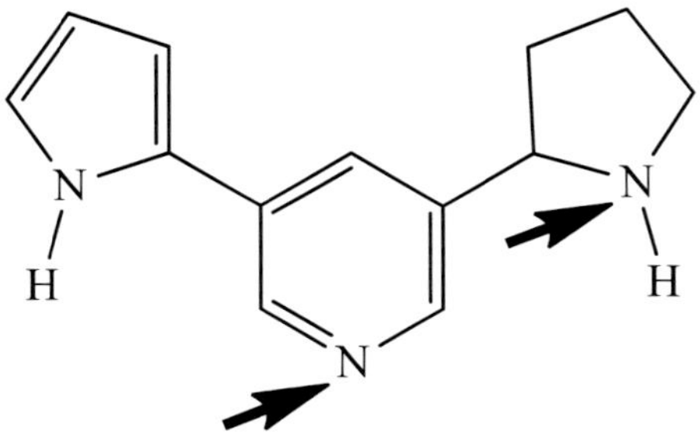

54. Se obtiene preferentemente el isómero B (regla de Saytzeff).

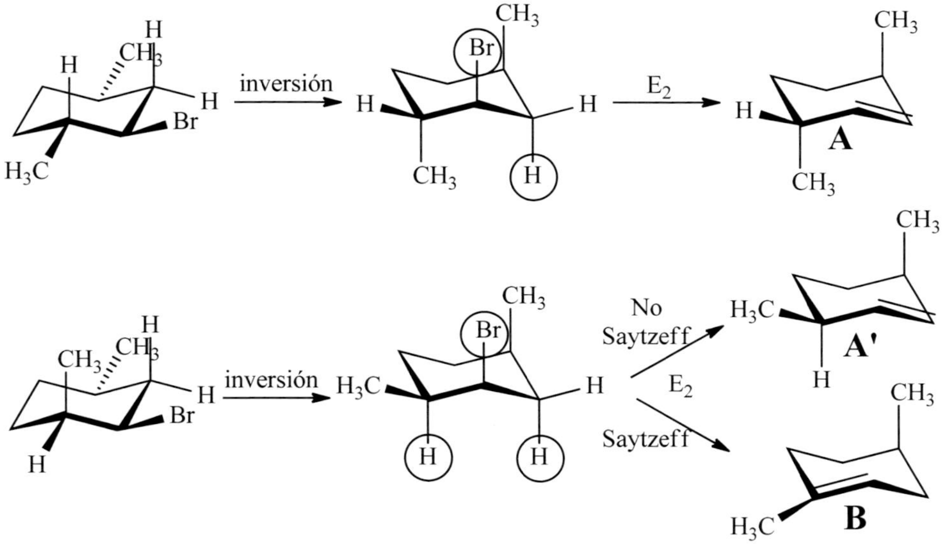

55.

a)	b)
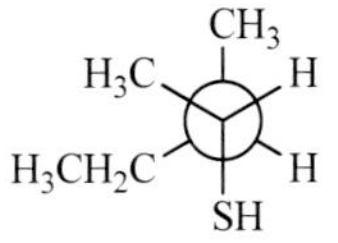	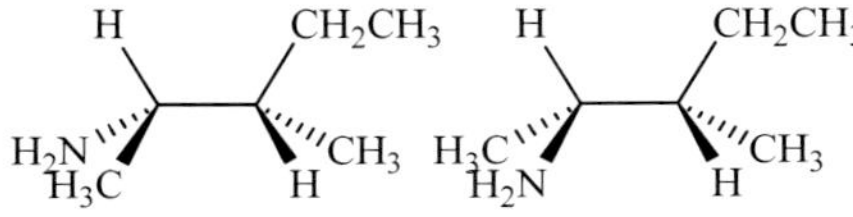 Mezcla equimolecular
c) 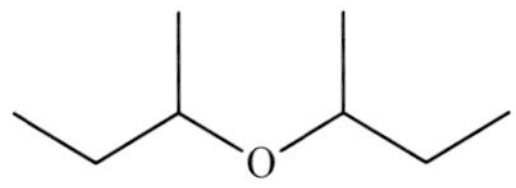	**d)** Dos equivalentes de propanodial
e) 	**f)** 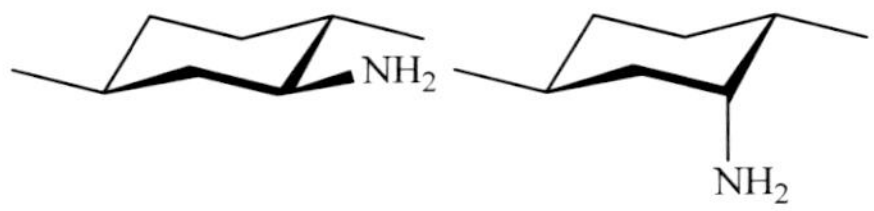 Mezcla equimolecular
g) No se produce reacción	**h)** 2-Clorobutano (mezcla racémica de ambos enantiómeros)

56. a) La reacción que tiene lugar es la sustitución nucleofílica monomolecular SN1, ya que a partir de uno de los enantiómeros se obtiene una mezcla racémica debido a la pérdida de la actividad óptica). El producto que se obtiene es el 2-butanol.

   b) Se trata de la 2-butilamina.

   c) Se obtiene el producto de la eliminación E2, el 2-buteno, mezcla de los dos isómeros *cis* y *trans*.

57.

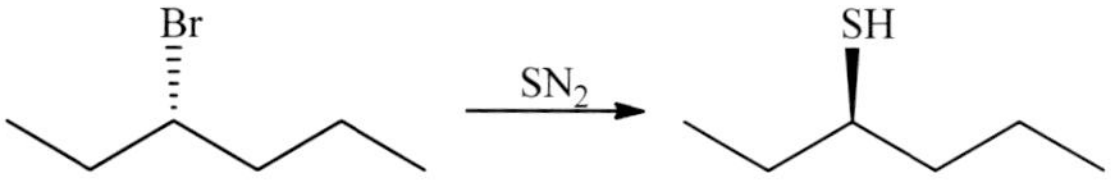

58. a) Por SN$_2$, R-2-pentanol, y por SN$_1$ una mezcla racémica S y R 2-pentanol

   b)

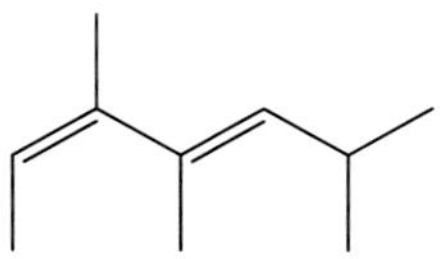

   c) 2-penteno

   d) ácido 5-oxo-3-hidroxi-3-metil hexanoico

   e) 2 equivalentes de ácido acético y 1 equivalente de ácido propanoico

59.

a) 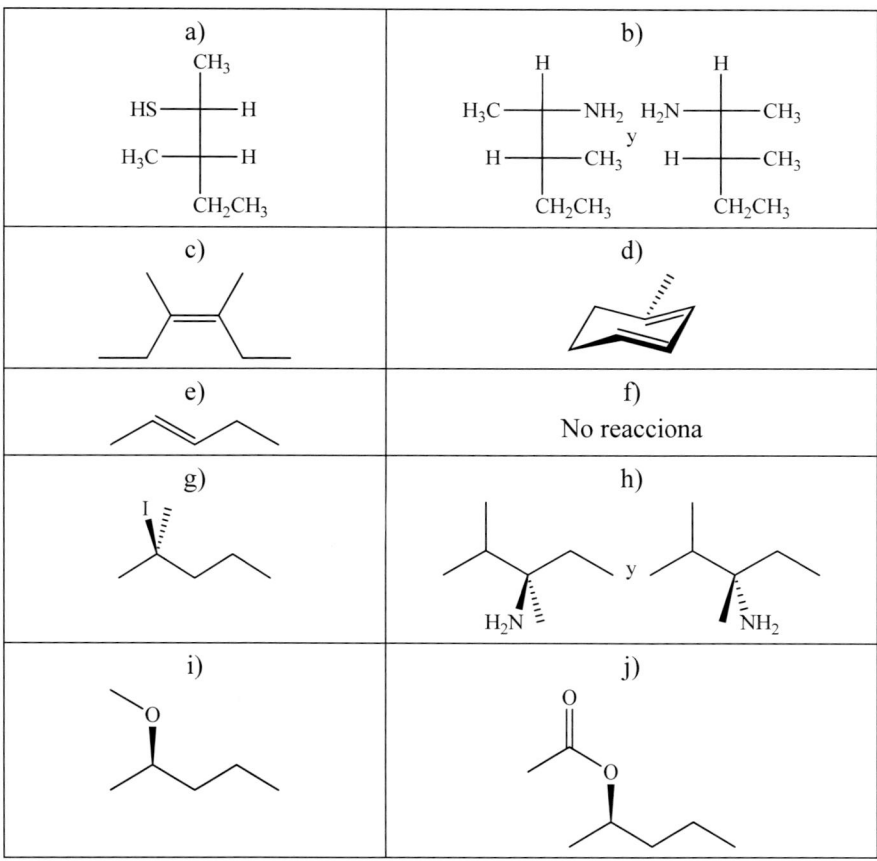	b)
HS	NH₂ H₂N Mezcla equimolecular
c)	d) No reacciona
e) Diisopropil éter	f) OHC ... CHO, OHC ... CHO

60.

a) CH₃ HS—H H₃C—H CH₂CH₃	b) H H H₃C—NH₂ H₂N—CH₃ y H—CH₃ H—CH₃ CH₂CH₃ CH₂CH₃
c)	d)
e)	f) No reacciona
g) I	h) y H₂N NH₂
i) O	j) O O

61.

a) SN$_2$ 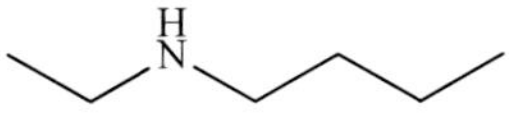	b) SN$_1$, mezcla racémica 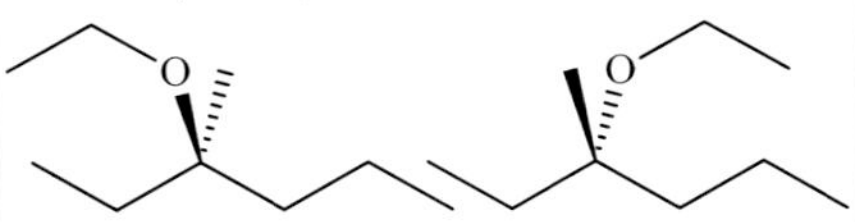
c) SN$_2$ 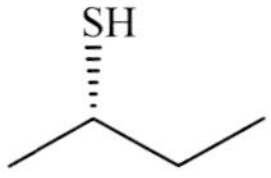	d) SN$_1$ 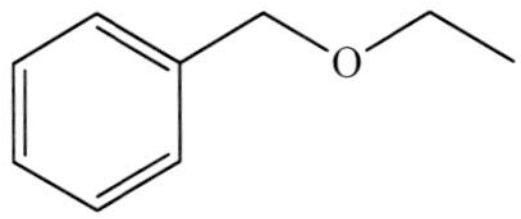

62.

63.

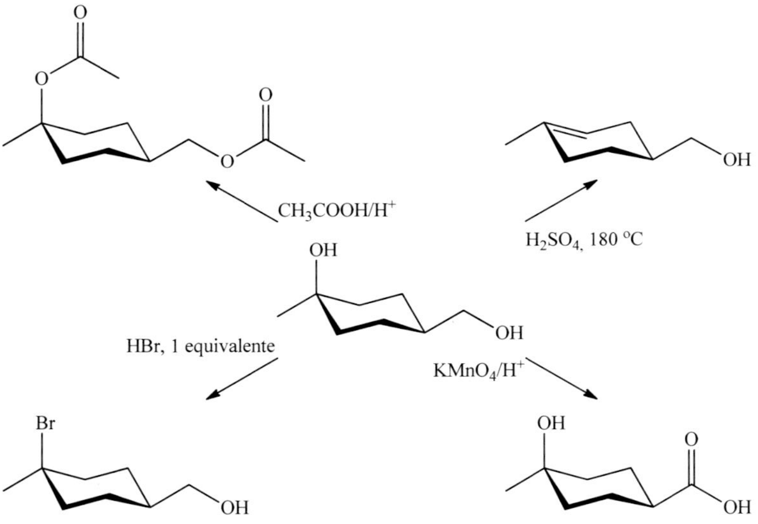

CH$_3$COOH/H$^+$

H$_2$SO$_4$, 180 °C

HBr, 1 equivalente

KMnO$_4$/H$^+$

64.

a)	b) Mezcla equimolecular		c)

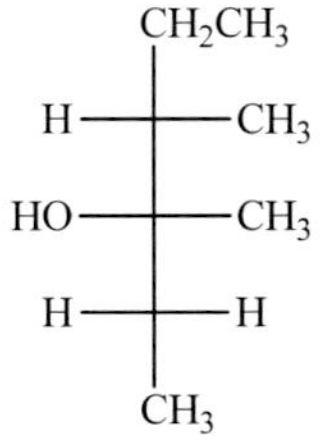

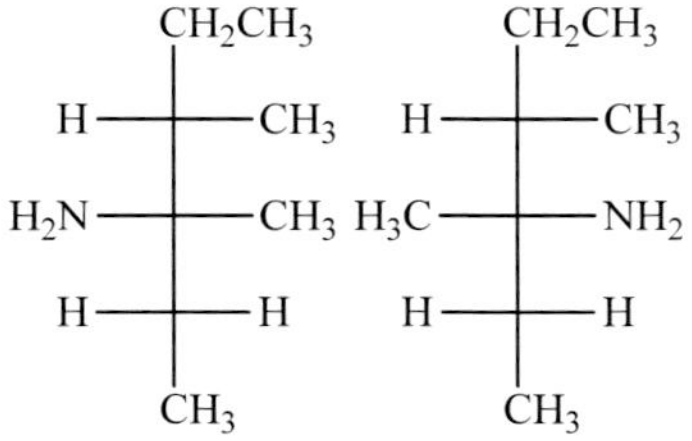

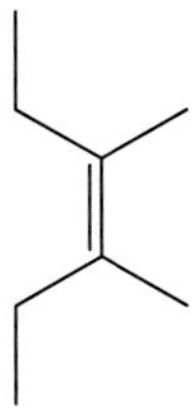

65. a) ácido 4-metil-4-oxopentanoico.

   b) 4-metil-4-cloropentanol.

   c) 4-metil-1,3-pentadieno.

   d) Se obtiene el siguiente éter doble.

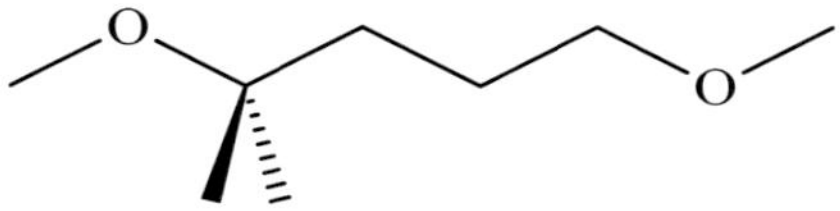

66.

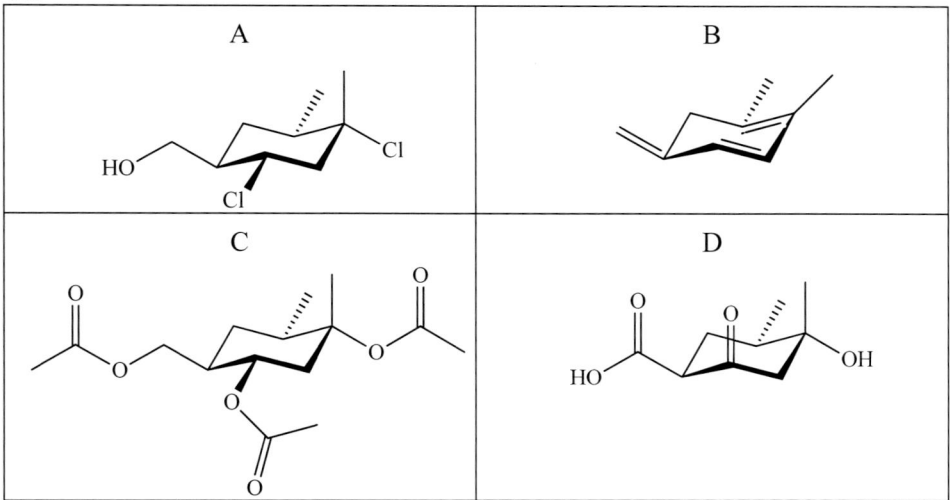

67. En todos los casos, los reactivos necesarios son ioduro de metilo en exceso y luego calentar con óxido de plata.

   a) 2-penteno

   c) 3,3-dimetil-1-buteno

   e) 4-metil-1,4-pentadieno

   g) 1,3-ciclohexadieno

   b) 4-metil-2-penteno

   d) 2-etil-3-metil-1-buteno

   f) 3,4-dimetilpenteno

   h) 1,3,7-octatrieno

68.

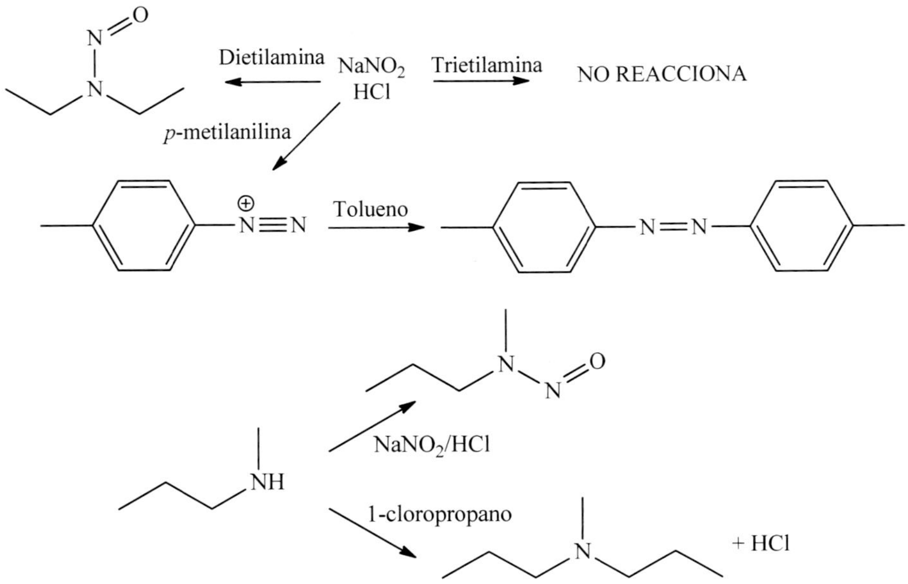
Dietilamina
NaNO2
HCl
Trietilamina
NO REACCIONA
p-metilanilina
Tolueno
N≡N
N=N
NaNO2/HCl
NH
1-cloropropano
+ HCl

69.

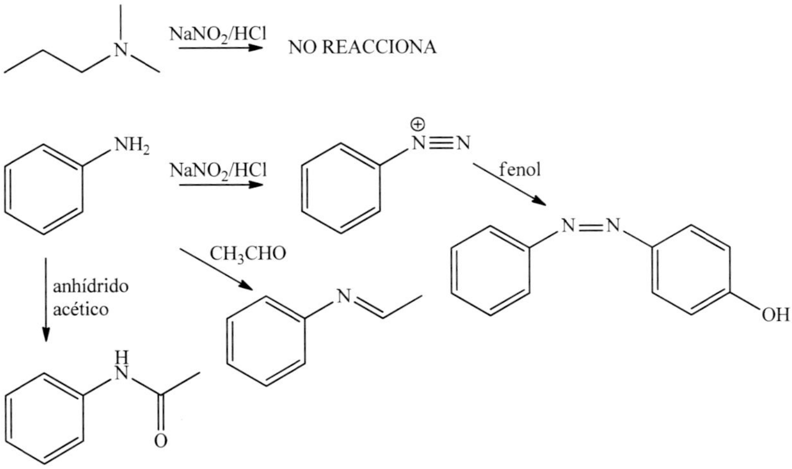
NaNO2/HCl
NO REACCIONA
NH2
NaNO2/HCl
N≡N
fenol
N=N
OH
CH3CHO
anhídrido
acético

70.

p-metilfenol < fenol < *p*-nitrofenol

ácido pentanoico < ácido butanoico < ácido 4-clorobutanoico

4-cloro-1-pentanol < 3-cloro-1-pentanol < 3-fluoro-1-pentanol

metilamonio $H_3C\text{-}NH_3$ < amonio NH_4^+ < anilinio $C_6H_5\text{-}NH_3^+$

ácido benzoico < ácido *p*-clorobenzoico < ácido *o*-clorobenzoico

71. a) El 3-oxobutanal da lugar a ácido 3-oxobutanoico. La butanodiona no reacciona con el reactivo de Tollens.

b) El compuesto se obtiene por reacción de 2,5-hexanodiona con exceso de hidroxilamina.

72. Para la 1,9-dihidroxi-5-nonanona

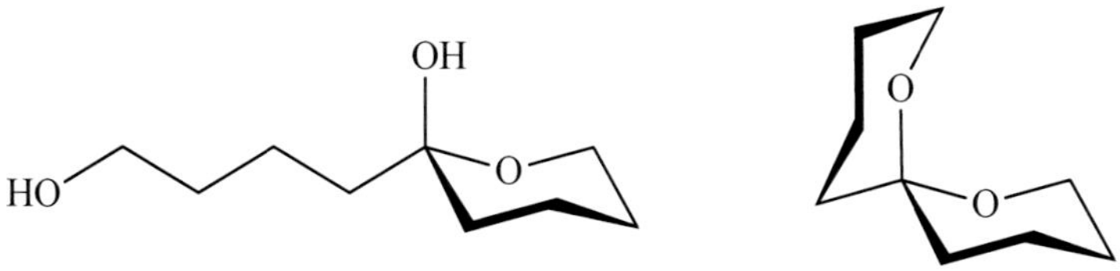

Para la 2,10-dihidroxi-4,8-dimetil-6-undecanona

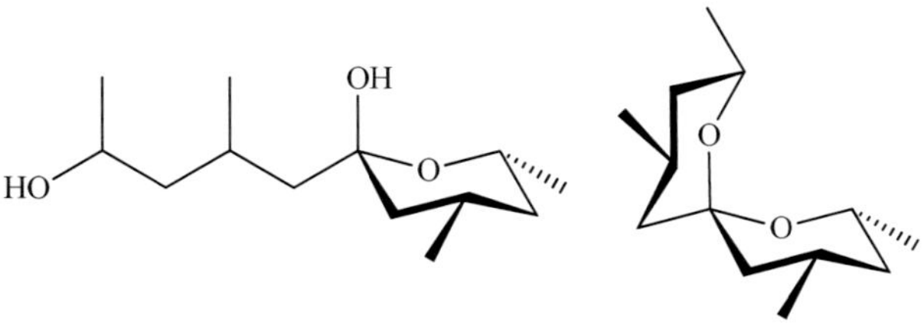

73. Se obtiene por reacción de dos moléculas de 5-hidroxi-4-metilpentanal.

74.

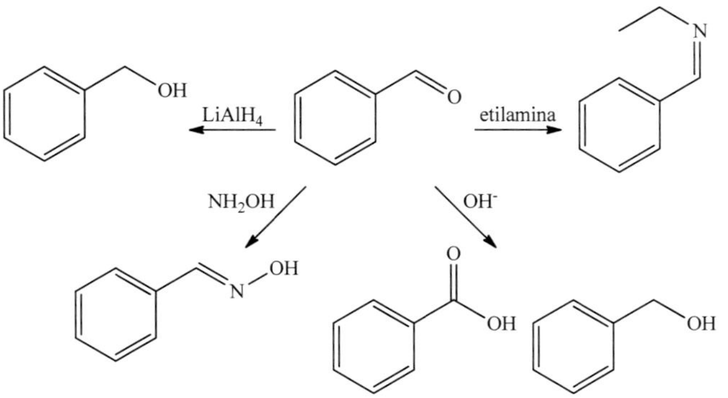

75. El compuesto (a) es el producto de la adición aldólica intramolecular de un compuesto dicarbonílico que a su vez es el producto de la condensación aldólica de otro compuesto tricarbonílico, y éste a su vez procede de la condensación de otros dos.

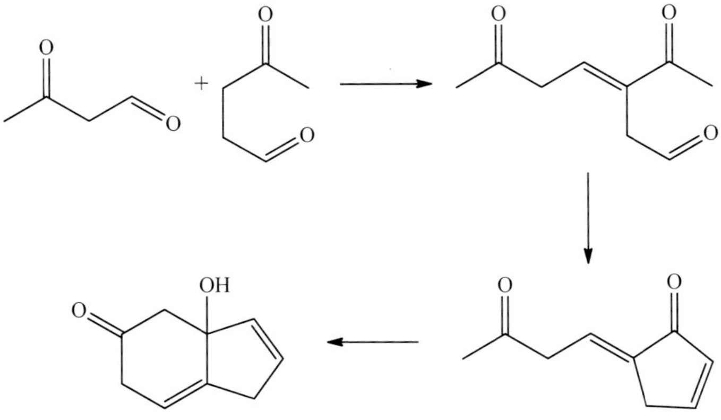

El compuesto (b) también es el producto de la condensación aldólica de un compuesto dicarbonílico (A), y se puede seguir la secuencia de reacciones de condensación aldólica hasta unos productos de partida:

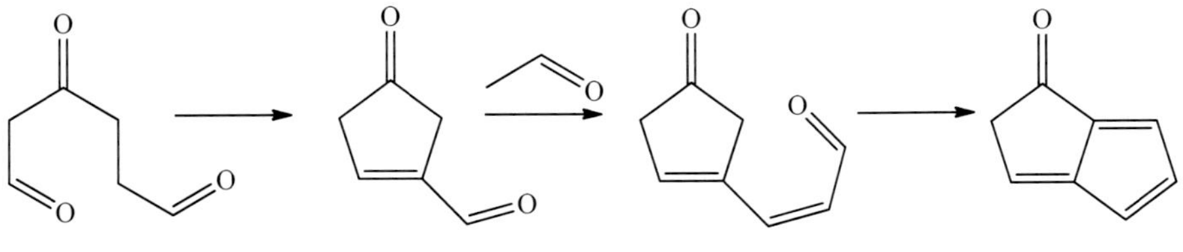

76. a)   Es estéricamente más estable el anómero α (la figura de la izquierda).

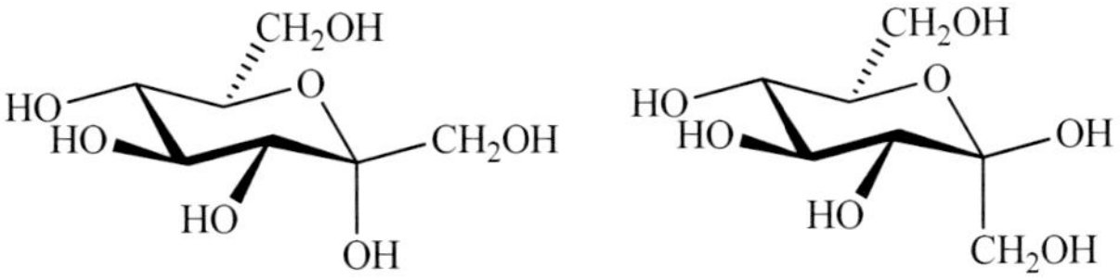

b)   Los compuestos que dan lugar al carbohidrato son los siguientes:

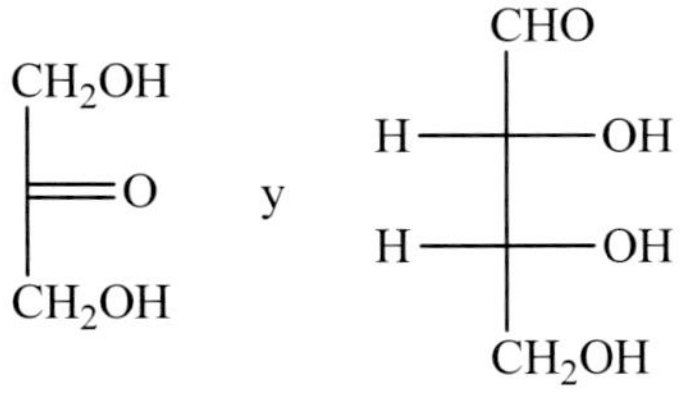

77. Con los dos compuestos representados, y sin contar la adición consigo mismo, se obtiene un total de 8 productos:

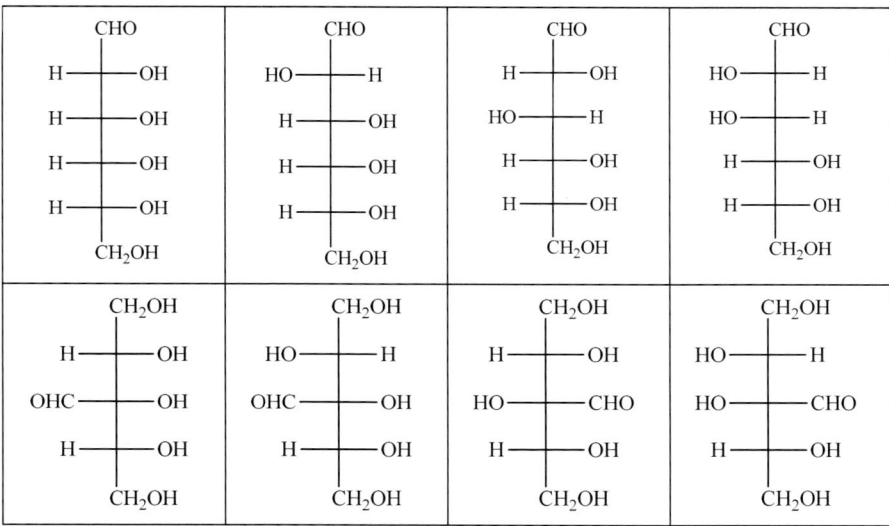

78. a) Los dos monosacáridos son naturales (D)

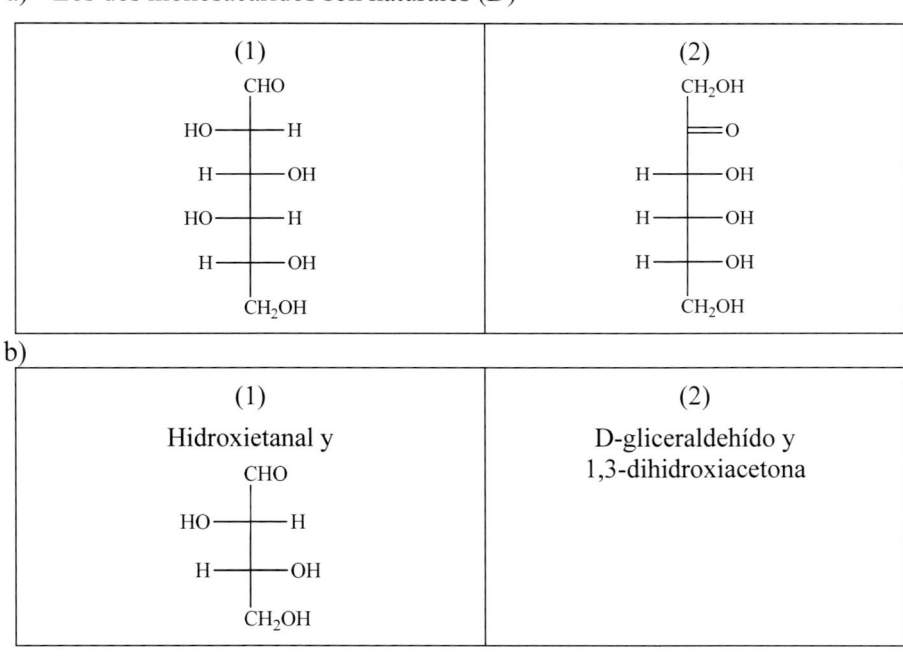

79. a) Los dos anómeros son:

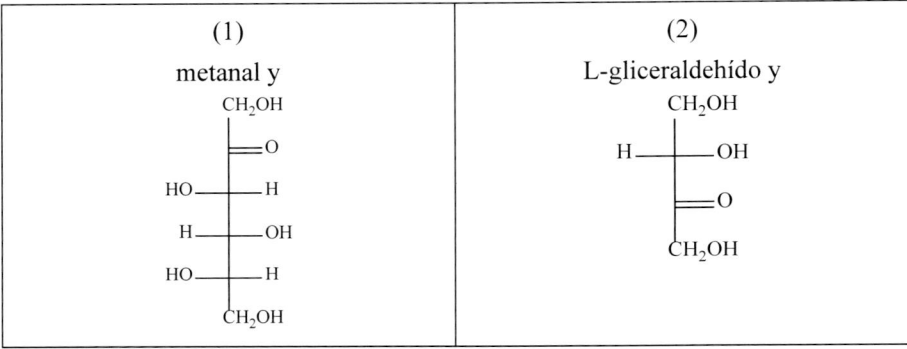

b) Pueden tener lugar dos fragmentaciones posibles, dando lugar a los productos siguientes:

(1)	(2)
metanal y	L-gliceraldehído y

80. a) Las moléculas de la parte superior son los anómeros de la L-glucosa, y las de la parte inferior los de la L-galactosa. Los estéricamente más estables son los de la parte izquierda.

b) El disacárido resulta ser la siguiente molécula:

81. a) ácido acético   ácido butanoico   ácido hexanoico
$K_a = 1,738 \cdot 10^{-5}$ $Ka = 1,513 \cdot 10^{-5}$ $K_a = 1,412 \cdot 10^{-5}$

b) ciclohexanol   ácido fenilmetanoico   fenol
$pK_a = 18$ $pK_a = 4,2$ $pK_a = 10$

c) ácido bromoacético   ácido cloroacético   ácido iodoacético
$pK_a = 2,90$ $pK_a = 2,86$ $pK_a = 3,18$

d) á. benzoico   á. p-hidroxibenzoico   á. p-nitrobenzoico
$K_a = 6,31 \cdot 10^{-5}$ $pK_a = 4,57$ $pK_a = 3,42$

e) amonio NH_4^+ metilamonio $H_3C\text{-}NH_3^+$ anilinio $C_6H_5\text{-}NH_3^+$
$pK_a = 9,26$ $pK_a = 10,65$ $pK_a = 4,62$

82. a) ácido m-metoxibenzoico < ácido m-metilbenzoico < ácido benzoico.

Ambos sustituyentes, metilo y metóxido, son electrodonantes y por lo tanto disminuyen la acidez del ácido benzoico, pero al ser el metóxido más electrodonante que el metilo, la disminución de la acidez es mayor.

b) ciclohexanol < 2-clorociclohexanol < fenol.

El fenol es el más ácido al deslocalizarse la carga negativa del anión fenóxido por todo el anillo aromático. El derivado clorado es más ácido que el que no posee el cloro debido al efecto inductivo (-I) del cloro.

c) ácido 2-iodobutanoico < ácido 2-bromobutanoico < ácido 2-clorobutanoico.

El efecto inductivo (-I) del halógeno, que estabiliza el carboxilato y confiere fuerza al ácido, es mayor cuanto más electronegativo es el halógeno.

d) *m*-metilfenol < 3-metil-5-nitrofenol < *m*-nitrofenol.

El grupo nitro electroatrayente confiere fuerza ácida al fenol, mientras que el metilo electrodonante disminuye la acidez.

e)

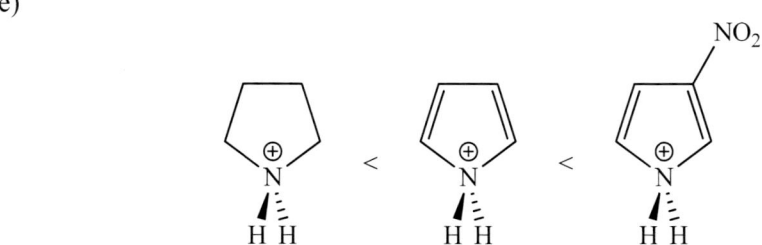

El catión de la izquierda es el ácido conjugado del tetrahidropirrol, que es una amina convencional, pero el central sería el del pirrol, y al desprotonarse la molécula sería aromática ya que el par electrónico no compartido del nitrógeno (y que en la molécula representada está unido al protón) se incorpora al anillo. El grupo nitro del compuesto de la izquierda atrae a dicho par electrónico, aumentando la aromaticidad.

83.

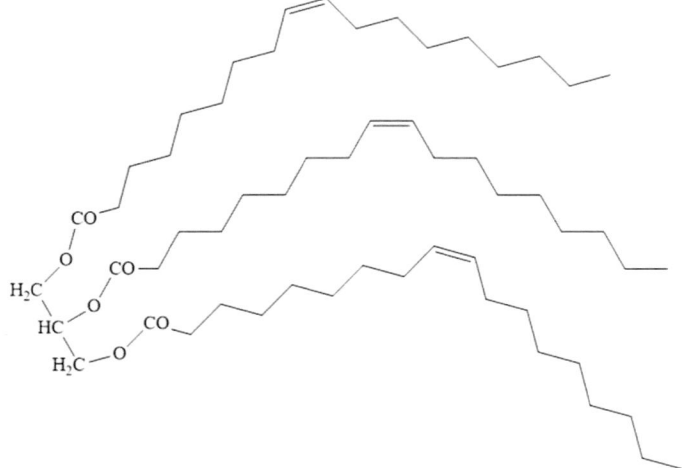

84. a) La estructura del lípido saturado es la siguiente:

El lípido que contiene el ácido oleico se muestra a continuación:

Y el lípido derivado del ácido linoleico resulta tener la siguiente forma:

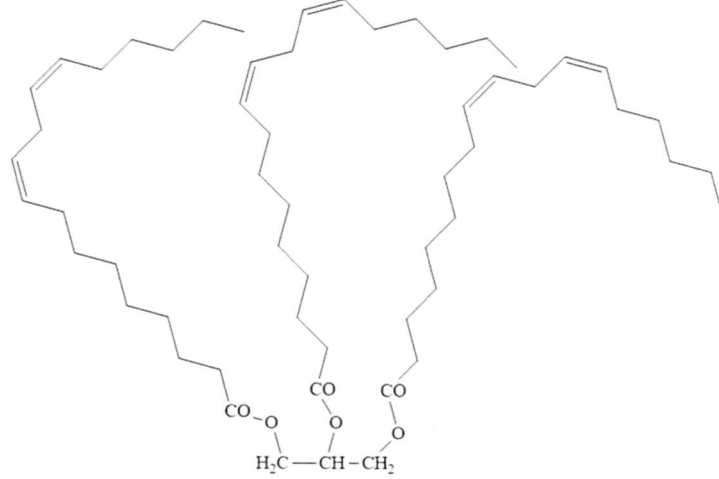

b) El lípido de mayor temperatura de fusión es el formado por ácido esteárico, seguido del compuesto por ácido oleico y el de menor es el del que contiene solo ácido linoleico, debido a la capacidad de empaquetamiento cada vez menor de las moléculas.

c) La reacción de hidrólisis en medio alcalino (saponificación) da lugar al glicerol y a la sal sódica del ácido graso correspondiente (jabón).

d) La reacción de transesterificación con metanol produce el éster metílico del ácido graso (combustible biodiésel).

85. a)

b) 1,2-etanodiol y Z-4-octaenoato de etilo

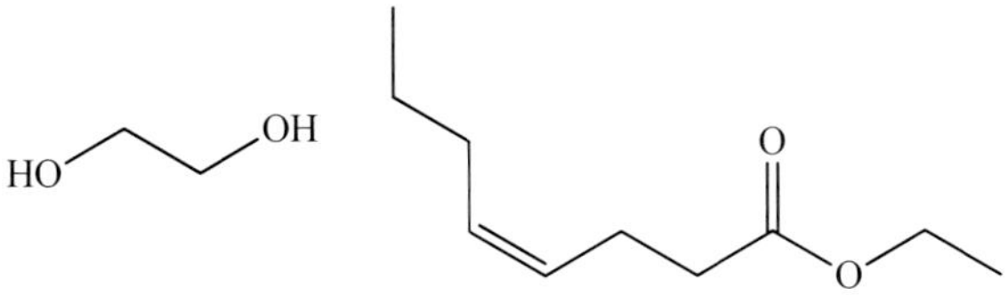

c) En primer lugar se hidroliza el cloruro de acilo por reacción con agua, dando lugar al ácido 2-metilbutanoico. Éste se hace reaccionar a continuación con Br_2 y catalizador de fósforo (reacción de Hell-Volhard-Zelinsky). Los dos pasos de la secuencia podrían invertirse: primero la bromación y a continuación la hidrólisis.

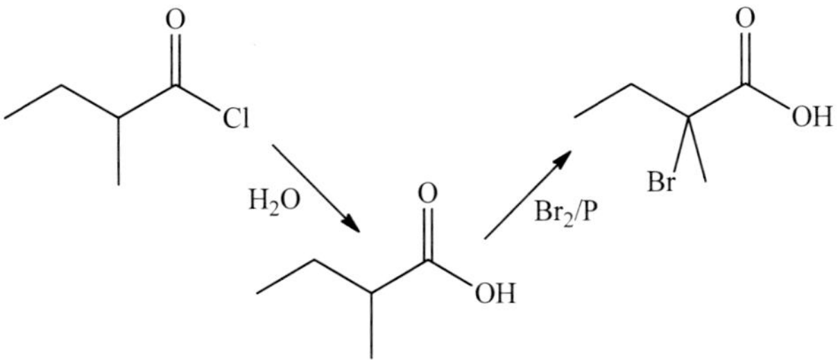

86. 1c

2c

3b

4c